规划历史与理论研究大系 | 主编 李百浩

城市规划历史与理论 04
Chengshi Guihua Lishi Yu Lilun 04

主编 董 卫　　　执行主编 李百浩 王兴平

东南大学出版社
SOUTHEAST UNIVERSITY PRESS
南京·2019

内容提要

本书是中国城市规划学会-城市规划历史与理论学术委员会会刊——"城市规划历史与理论"第 4 辑。本书所载的 24 篇论文,主要是第 9 届城市规划历史与理论高级学术研讨会暨中国城市规划学会-城市规划历史与理论学术委员会年会(2017 年)的会议宣读论文,内容围绕亚洲的规划教育、"一带一路"与包容性规划、亚洲条件下的规划方法等,涉及古代规划文化与思想、近现代城市规划、外国城乡规划演变与实践、城市空间形态、历史文化保护理论与实践等方面。

本书不仅对城乡规划管理与研究设计人员汲取古今中外城乡规划发展的历史经验有借鉴与指导作用,而且对城乡文化遗产保护部门与单位在保护城乡文化特色和城市再开发方面具有参考价值。本书既可作为城乡规划史、建筑史、风景园林史以及城市史、地方史等领域的研究资料,又可作为高等学校和社会各界人士了解城市规划发展变迁的参考用书和读物。

图书在版编目(CIP)数据

城市规划历史与理论 04 / 董卫主编. —南京:东南大学出版社,2019.12
(规划历史与理论研究大系/李百浩主编)
ISBN 978-7-5641-8609-8

Ⅰ.①城… Ⅱ.①董… Ⅲ.①城市规划-城市史-研究-世界 Ⅳ.①TU984

中国版本图书馆 CIP 数据核字(2019)第 256689 号

书　　名:城市规划历史与理论 04
主　　编:董　卫　　执行主编:李百浩　王兴平
责任编辑:徐步政　李　倩　　邮箱:1821877582@qq.com
出版发行:东南大学出版社　　社址:南京市四牌楼 2 号(210096)
网　　址:http://www.seupress.com
出 版 人:江建中
印　　刷:江苏凤凰数码印务有限公司　排版:南京新翰博图文制作有限公司
开　　本:787 mm×1092 mm　1/16　印张:19　字数:465 千
版 印 次:2019 年 12 月第 1 版　2019 年 12 月第 1 次印刷
书　　号:ISBN 978-7-5641-8609-8　定价:69.00 元
经　　销:全国各地新华书店　　发行热线:025-83790519　83791830

* 版权所有,侵权必究
* 本社图书若有印装质量问题,请直接与营销部联系(电话或传真:025-83791830)

中国城市规划学会学术成果

中国城市规划学会-城市规划历史与理论学术委员会会刊(2017年)
The Journal of Academic Committee of Planning History & Theory (ACPHT),
Urban Planning Society of China (UPSC) 2017

编委会

主任委员：
董　卫（东南大学） — Dong Wei (Southeast University)

副主任委员：
王鲁民（深圳大学） — Wang Lumin (Shenzhen University)
张　兵（中华人民共和国自然资源部） — Zhang Bing (Ministry of Natural Resources of the People's Republic of China)
张　松（同济大学） — Zhang Song (Tongji University)
李百浩（东南大学） — Li Baihao (Southeast University)
李锦生（山西省住房和城乡建设厅） — Li Jinsheng (Department of Housing and Urban-Rural Development of Shanxi Province)
赵万民（重庆大学） — Zhao Wanmin (Chongqing University)
王兴平（东南大学） — Wang Xingping (Southeast University)

委员：
段　进（东南大学） — Duan Jin (Southeast University)
何　依（华中科技大学） — He Yi (Huazhong University of Science and Technology)
刘奇志（武汉市自然资源和规划局） — Liu Qizhi (Wuhan Natural Resources and Planning Bureau)
刘晓东（杭州市规划和自然资源局） — Liu Xiaodong (Hangzhou Bureau of Planning and Natural Resources)
吕　斌（北京大学） — Lü Bin (Peking University)
吕传廷（广州市城市规划编制研究中心） — Lü Chuanting (Guangzhou Municipal Research Center of Urban Planning)
邱晓翔（北京清华同衡规划设计研究院有限公司长三角分院） — Qiu Xiaoxiang (Yangtze River Delta Branch of THUPDI)
任云英（西安建筑科技大学） — Ren Yunying (Xi'an University of Architecture and Technology)
孙施文（同济大学） — Sun Shiwen (Tongji University)
谭纵波（清华大学） — Tan Zongbo (Tsinghua University)
田银生（华南理工大学） — Tian Yinsheng (South China University of Technology)
童本勤（南京市规划设计研究院有限责任公司） — Tong Benqin (Nanjing Academy of Urban Planning & Design Co., Ltd)
王西京（西安市人民政府） — Wang Xijing (The People's Government of Xi'an City)
武廷海（清华大学） — Wu Tinghai (Tsinghua University)
相秉军（北京清华同衡规划设计研究院有限公司长三角分院） — Xiang Bingjun (Yangtze River Delta Branch of THUPDI)
姚亦峰（南京师范大学） — Yao Yifeng (Nanjing Normal University)
叶　斌（南京市规划和自然资源局） — Ye Bin (Nanjing Bureau of Planning and Natural Resources)
俞滨洋（中华人民共和国住房和城乡建设部） — Yu Binyang (Ministry of House and Urban-Rural Development of the People's Republic of China)
张京祥（南京大学） — Zhang Jingxiang (Nanjing University)
张玉坤（天津大学） — Zhang Yukun (Tianjin University)
张正康（南京市规划设计研究院有限责任公司） — Zhang Zhengkang (Nanjing Academy of Urban Planning & Design Co., Ltd)
赵　辰（南京大学） — Zhao Chen (Nanjing University)
周　岚（江苏省住房和城乡建设厅） — Zhou Lan (Department of Housing and Urban-Rural Development of Jiangsu Province)

学委会简介

中国城市规划学会-城市规划历史与理论学术委员会 简介

2009—2011年,中国城市规划学会与东南大学建筑学院在南京连续召开了3次"城市规划历史与理论高级学术研讨会",以筹备成立"城市规划历史与理论学术委员会"。

2012年9月24日,民政部正式批准登记社会团体分支(代表)机构:中国城市规划学会-城市规划历史与理论学术委员会(社证字第4203-14号)。

2012—2018年,中国城市规划学会-城市规划历史与理论学术委员会先后在南京、平遥、泉州、宁波、南京、南京、桂林召开了7次学术会议,出版会刊"城市规划历史与理论"系列的第1—3辑,在学界具有较大的影响力。

中国城市规划学会-城市规划历史与理论学术委员会是中国城市规划学会(Urban Planning Society of China,缩写UPSC)所属的专业性学术组织之一,英文名为"Academic Committee of Planning History & Theory, UPSC",中文简称为历史与理论学委会,英文缩写为ACPHT。

历史与理论学委会是在中国城市规划学会的领导下,凝聚广大城市规划历史与理论研究工作者,以弘扬中华文化、传承城市文脉、总结发展历史、促进城市发展为宗旨,开展城市规划历史、实践和理论研究以及学术交流、科研咨询,为城乡规划学科建设奠定基础,推进我国城乡规划和建设的科学健康发展。

历史与理论学委会的主要任务是:研究总结我国传统城市、近现代城市发展历史和规划实践,探索城市规划理论与方法;组织开展城市规划历史与理论研究的学术交流,交流实践经验,促进城乡规划学科发展;积极开展城市规划历史与理论研究的国际学术交流与合作,借鉴国际经验推动我国城市规划理论研究,传播中国城市规划历史文化典范和现代实践经验;举办城市规划历史与理论学习培训,开展学科建设论证、科研咨询等技术服务;承办中国城市规划学会规定和交办的各项工作。

第1届历史与理论学委会由来自全国的31位知名专家学者组成,并聘请两院院士吴良镛教授、中国科学院院士齐康教授、中国工程院院士邹德慈教授、同济大学董鉴泓教授和天津大学沈玉麟教授作为顾问委员。

根据历史与理论委员会的工作章程,"城市规划历史与理论高级学术研讨会暨中国城市规划学会-城市规划历史与理论学术委员会年会"每年召开一次,面向国内外公开征集论文,一切有意规划历史与理论的人员均可参会。

  主 任 委 员:董 卫
  副主任委员:王鲁民 张 兵 张 松 李百浩 李锦生 赵万民
  秘 书 长:李百浩(兼)
  副 秘 书 长:王兴平
  挂 靠 单 位:东南大学建筑学院

2017年南京年会合影(第9届城市规划历史与理论学术研讨会)

前言

从当前全球政治与经济态势来看，亚洲对世界的影响从未像今天这样大，其所面临的发展机遇也从未有今天这样好；从世界历史的角度来看，亚洲是多个人类早期文明的发源地，养育了世界上最多的人口，拥有种类繁多的历史城市；从文化地理的结构来看，亚洲广袤的地理板块不仅拥有极为多样化的自然环境，也滋生了最为丰富的文化生态格局，1 000多个大小民族创造出了多姿多彩的城市与乡村；从中国未来发展的方向来看，亚洲是中国传统的经济和文化腹地，中国与亚洲其他区域始终存在着天然的、互为依托的历史性格局。

亚洲文明呈现出显著的"大河流域"和"大河文明"特点。"大河文明"之间密切的文化交流史的伟大意义，在于其打破了自然地理对人类发展的阻隔，第一次建构起一种新的"东方文明"体系，呈现出多元、持续、互动、融合的文化特征。近代以来，随着西方殖民帝国的东进，具有共同传统的亚洲国家经历了不同路径的近代化转型，有的主动开放建立了工业国家，有的被编入殖民者的殖民体系，有的被迫开始了近代化。以贸易经济为职能的开埠城市开始出现，以往作为行政中心的传统城邑职能下降，沿海城市得以迅速发展。

过去几十年里，亚洲是全球经济最活跃、增长最迅速的地区，亚洲城市化发展前景广阔。目前亚洲地区的城市人口每年增加4 400万人，预计到2025年亚洲将有一半的人口居住在城市，到2050年全球有53%的城市人口将分布在亚洲城市，也就是说，21世纪前50年的全球城市化基本上就是亚洲的城市化。随着城市化进程的推进，亚洲区域与城市整合趋势必将发生巨大变化，新的城市群和城市带会逐渐形成。

任何一门学科都有它的发展史。从某种角度来看，一部人类文明史就是城市形成与发展的历史。要研究亚洲城市的未来，必须了解它的过去和现在。随着经济全球化的不断发展和"一带一路"倡议的提出，亚洲其他国家和地区与中国周边地区的发展结构和形式都发生了深刻变化，互利合作的联系更加紧密。因此，研究亚洲城市及城乡规划不仅是中国发展的需要，也是亚洲与世界发展的需要。

本次会议以"亚洲视野下的城乡规划"为主题，旨在总结亚洲城乡规划的历史经验，推动亚洲地区城市规划历史与理论领域学术研究的开展，探寻未来城乡规划发展路径。

董 卫　李百浩　王兴平
2018年12月4日

目录

5　前言

第一部分　古代规划文化与思想
- 002　基于多尺度地理空间的南京古城早期过程研究　/姚亦峰
- 012　元大都"象天法地"规划初探　/徐斌
- 029　谕旨中的关怀:论雍正帝对建筑遗产的保护　/张剑虹
- 037　元大都日文研究综述　/傅舒兰
- 042　文献所见周初洛邑规划技术流程初探　/郭璐
- 054　先秦都城手工业生产空间演化与国家形态的互动关系研究　/张译丹

第二部分　近代城市规划
- 068　日伪时期华北八大都市计划大纲中的机场布局建设研究　/欧阳杰
- 078　基于阶段划分的泺口古镇历史演变研究　/杜聪聪　赵虎
- 089　近代镇江城市转型与形态演变研究　/柴洋波
- 112　连续与突变:历史转折点下1949年前后的兰州城市规划　/张涵
- 120　工业·市政·教育:晚清武汉的洋务实践与空间建设(1889—1907年)　/任小耿

第三部分　外国城乡规划演变与实践
- 130　"一带一路"背景下海外经济特区现状问题及政策风险识别:以老挝为例　/徐利权　谭刚毅　高亦卓
- 139　英殖民时期吉隆坡城市建设中华侨聚落的适应与发展　/涂小锵　陈志宏　康斯明
- 153　"一带一路"视野下湄公河流域的建筑遗存保护对策初探:以老挝占巴塞省段为例　/高亦卓　徐利权
- 161　外来影响下越南城市规划演变的文化特征　/丁替英　李百浩
- 188　将城市史引入越南建筑及城市规划教学中:导论性思考与展望　/黎琼芝　李明奎　任小耿(译)

第四部分　城市空间形态研究
- 196　形态基因视角下的城市地域特征研究:以成都为例　/李旭　陈代俊
- 204　都城权力空间:六朝建康城市形态转译与特征分析　/郑辰暐　董卫
- 224　宁波近代城市公共空间形成研究:以中山公园为中心　/李朝　李百浩
- 238　基于文化遗产信息分析的兰州城市形态演变　/陈谦　郭兴华　张涵

第五部分　历史文化保护理论与实践
- 249　根植文化·空间激活:烟台奇山所城历史街区保护与更新策略研究　/王骏　邱瑛　王刚

258 东北亚视野下的辽宁地区线性文化遗产整体性保护策略 /霍 丹 齐 康
　　　肖新颖 孙 晖

266 文物保护规划与城乡规划体系的衔接研究 /李 琛 苏春雨

276 基于东亚视角对西南地区苗族传统聚落空间中自然观的研究 /任亚鹏 王江萍

290 **后记**

Contents

5 FOREWORD

PART ONE ANCIENT PLANNING CULTURE AND THOUGHT

002 Research on Early Process of Nanjing Ancient City Based on Multi-Scale Geospatial / Yao Yifeng

012 A Preliminary Study on the 'Modeling Heaven and Earth' in the Planning of Dadu of the Yuan Dynasty / Xu Bin

029 The Care from Decrees: Research on the Protection of Architectural Relics from the Yongzheng Emperor / Zhang Jianhong

037 Review of Japanese Studies about Dadu (Great Capital City) in the Yuan Dynasty / Fu Shulan

042 A Preliminary Study of Planning Technical Process of Luoyi in the Early Zhou Dynasty Based on the Literature Research / Guo Lu

054 An Analysis of the Interaction between the Evolution of Productive Space of Handicraft Workshops in Chinese Capitals and Governmental Formation in the Pre-Qin Dynasties / Zhang Yidan

PART TWO EARLY-MODERN URBAN PLANNING

068 Research on Airport Layout Construction in the Eight Urban Planning Outlines of North China during the Japanese Puppet Regime / Ou Yangjie

078 Research on the Historical Evolution of Luokou Ancient Town Based on Stage Division / Du Congcong Zhao Hu

089 Study on the Transformation and Morphological Evolution of Zhenjiang City in Modern Times / Chai Yangbo

112 The Continuity and Transmutation: the Urban Planning of Lanzhou before and after the Historical Turning Point of 1949 / Zhang Han

120 Industry, Municipality and Education: Westernization Practice and Space Construction in Wuhan in the Late Qing Dynasty (1889–1907) / Ren Xiaogeng

PART THREE EVOLUTION AND PRACTICE OF URBAN AND RURAL PLANNING IN FOREIGN COUNTRIES

130 Current Situation and Policy Risks in Special Economic Zones Overseas against the 'One Belt One Road' Background: the Case of Laos / Xu Liquan Tan Gangyi Gao Yizhuo

139 Adaptation and Development of Overseas Chinese Settlement in the Construction of

Kuala Lumpur City in the British Colonial Period　/ Tu Xiaoqiang　Chen Zhihong　Kang Siming

153　Preliminary Study on the Protection Countermeasures of Building Remains in Mekong River Basin from the Perspective of 'One Belt One Road': Taking the Provincial Section Champasak in Laos as an Example　/ Gao Yizhuo　Xu Liquan

161　Cultural Characteristics of Urban Planning Evolution in Vietnam under External Influences　/ Dinh Tea Ahn　Li Baihao

188　Introducing Urban History into the Teaching of Vietnamese Architecture and Urban Planning: Introductory Thinking and Prospect　/ Le Quynh Chi　Le Minh Khue　Ren Xiaogeng (Translator)

PART FOUR　RESEARCH ON THE URBAN SPATIAL FORM

196　Study on Urban Regional Characteristics from the Perspective of Morphological Genes: Take Chengdu as an Example　/ Li Xu　Chen Daijun

204　The Power Space in Capital City: Historical Mapping and Feature Analysis of the Urban Form of Jiankang in Six Dynasties　/ Zheng Chenwei　Dong Wei

224　Research on the Formation of Public Space in Modern Ningbo: Centered on Sun Yat-Sen Park　/ Li Zhao　Li Baihao

238　Urban Morphology Evolution of Lanzhou Based on Cultural Heritage Information Analysis　/ Chen Qian　Guo Xinghua　Zhang Han

PART FIVE　THEORY AND PRACTICE OF HISTORICAL AND CULTURAL PROTECTION

249　Rooted in Culture · Space Activation: Research on the Protection and Renewal Strategy of Qishan Suocheng Historic Area in Yantai　/ Wang Jun　Qiu Ying　Wang Gang

258　The Integrated Conservation Strategy of Linear Cultural Heritage in Liaoning Province from the Perspective of Northeast Asia　/ Huo Dan　Qi Kang　Xiao Xinying　Sun Hui

266　Study on the Connection between Conservation Planning for Cultural Relics and Urban and Rural Planning System　/ Li Chen　Su Chunyu

276　Studies on the View of Nature in Traditional Settlement Space in Miao Ethnic Group in Southwest China from the East Asian Perspective　/ Ren Yapeng　Wang Jiangping

290　POSTSCRIPT

第一部分　古代规划文化与思想
PART ONE　ANCIENT PLANNING CULTURE AND THOUGHT

基于多尺度地理空间的南京古城早期过程研究

姚亦峰

Title:Research on Early Process of Nanjing Ancient City Based on Multi-Scale Geospatial

Author:Yao Yifeng

摘 要 "地理空间"是城市变迁的连续基础,是城市空间发展的内在驱动力。以多尺度地理空间的视角探寻南京城市早期雏形过程,从而更深入地发现城市历史运行轨迹以及可持续发展途径。山脉走向、河流网络、湖泊分布以及冲积小平原,形成了南京城市空间的景观历史演绎。本文由外部表层观察到深层本质多层次探索,包括观察大尺度区域格局、中尺度历史地貌景观以及小尺度城市建筑现象。在春秋初期至秦汉末期,南京地区已经有越来越密集的人居营造活动。公元229年东吴建都南京,政治、军事、经济和文化影响逐渐叠加入地理空间内,形成了南京的城市文化生态传统。早期城市起源形态对于地理环境选择的思路清晰可辨。地理格局的重要作用始终隐含在南京的景观变化中。现代城市景观纷繁多样,掩饰了其最重要的本性品质。从地理空间视角研究历史城市能够更加全面和深刻地抓住历史风貌的本质。以地理学研究空间分异规律、时间演变过程以及区域特征的途径和方法,辨析区域分异"格局"、时空演变"过程"、人地关系"耦合",从而在更广阔的范围和深度上把握历史城市风貌的肌理。

关键词 南京;长江影响;地理空间;多尺度;城市景观

Abstract:'Geographic space' is the continuous basis of urban change and the internal driving force of urban space development. Exploring the early embryonic process of Nanjing city from the perspective of multi-scale geospace, so as to further discover the historical track of the city and the way of sustainable development. Mountain trend, river network, lake distribution and alluvial small plains form the historical interpretation of Nanjing urban space. This paper observes the deep-seated multi-level exploration from the external surface, including observation of large-scale regional patterns, mesoscale historical landforms, and small-scale urban architectural phenomena. During the period from the early Spring and Autumn Period to the end of the Qin and Han Dynasties, the Nanjing area has become more and more intensive in human settlements. In 229 AD, the capital of the Soochow was, Nanjing, politi-

作者简介
姚亦峰,南京师范大学地理科学学院教授,中国城市规划学会-城市规划历史与理论学术委员会委员

cal, military, economic and cultural influences gradually joined the geospatial space, forming the urban cultural ecological tradition of Nanjing. The idea of choosing the geographical environment in the early forms of urban origin is clearly identifiable. The important role of the geographical pattern has always been implicit in the landscape changes in Nanjing. Modern urban landscapes are diverse and cover up their most important qualities. Studying historical cities from a geospatial perspective can capture the essence of historical features more comprehensively and profoundly. Using geography to study the spatial differentiation rules, time evolution process and regional characteristics of the ways and methods, to distinguish regional differentiation 'pattern', time and space evolution 'process', human-land relationship 'coupling', thus grasping the mechanism of historical urban landscape in a broader scope and depth.

Keywords: Nanjing; Changjiang River Influence; Geospace; Multi-Scale; Urban Landscape

1 引言

地理空间是城市起源的最基本驱动力，也是后来构筑城市空间的第一要素。以地理视角研究城市具有重要的本质意义，比建筑空间研究更加广阔和深刻。卡尔·索尔（C. O. Sauer）提出[1]"文化景观"是某个文化群体利用自然景观的产物，其中文化是媒介。

城市发展过程中有诸多影响因素，政治、经济和文化等等的确对其有很重要的影响，但是这些都是人类活动赋予地理空间而形成的影响因素。实际上，地理空间是城市历史发展的纯内生变量，是最核心的内生动力。在以往的社会演替研究中，空间被看作自然常态[2]，是一种外部变量，而非社会创造。本文理解的"地理空间"是城市景观变迁的关键所在，是连续的景观创造，是根本的城市空间发展驱动机制。

时间流逝表现出朝代更迭，遗留下历史文献和古迹。地理空间表现着城市延续在时空之中的构成方式。在数千年的岁月里，山脉一直固定保留，水系也许还有改变，但是流域主脉依旧存在。这是研究城市变迁的最好物证，更是空间内运行轨迹的标志物。虽然古城、宫殿毁灭了，但是依照山川的城郭墙基依稀可辨。

本文通过从外部表层观察到深层本质分析，提出以下三个层次的研究：

第一，分析地貌整体格局以及相对应的城市空间结构；

第二，观察人类活动现象，这包括基本生存核心空间和影响范围区；

第三，研究城市景观形成和变迁的地理内在动力机制，这是多元和多尺度视角的。

2 地理格局和地貌的重要影响

城市景观的历史变迁，由单一到多种功能，由偶然变化到形成传统，其贯穿始终的是地理景观空间。探寻城镇起源点在数千年历史阶段的地理空间中的变迁轨迹，能够深刻辨析城市传统景观价值，明晰地区内人类与自然景观可持续的深远运行方向，进而科学地制定景观风貌保护规划。

在城镇起源最初时期，策划者首先以"地理景观意向"选址建城，对于多个尺度地理空间的考察和分析，选址会有游移变化，地理空间大中小序列有嵌套结构关系。但是由于没有政治、经济、文化、居住等多要素的交错叠加,其中单一意图显示直接而清晰可辨。探寻地理环境系统中的历史城市遗址和建筑空间变化规律,其时间源头的地理空间意识是重要的研究依据。

南京城市起始于三国东吴(229年)建都。但是在此之前,从西周、春秋战国到秦汉,南京地区已经有1 000多年的人居活动[3],有定居村落、军事城堡,也有古驰道、码头渡口。再往前追溯3 000多年,还有数百处新石器人类聚落[3]。探寻南京城市起源以及雏形发展过程,研究地理山脉水系与早期人居环境的空间关系,对于现代南京城市景观研究有重要的意义。

从中国版图的大尺度辽阔空间分析,区域范围内南京地理格局的首要重大影响是长江。长江辽阔浩荡,在下游地区切割运行,北岸缓坡平坦,南岸多陡壁岩崖[4]。如著名的湖南的城陵矶,安徽的采石矶,南京的燕子矶、三山矶、采石矶等,古代这些沿长江的山脉悬崖都设有一系列军事堡垒和烽火台。

南京地处长江下游河谷冲积平原和低山丘陵的复合部位,由宁镇山脉的三条支系——幕府山、紫金山、牛首山山脉构成,分别在北部、中部和南部延伸围合形成多个空间。长江支流秦淮河侵蚀这一带地貌,营造形成10 km²的冲积平原小盆地[5],南京古城区就是在此地势平坦的小盆地中起源和演化变迁的(图1)。

史前时期南京地区森林密布,荆棘丛生,河流湖泊纵横。距今5 000年前,在长江支流的上游方向,南京原始居民选择在秦淮河与金川河的中上游沿岸台地建立村寨[6],这些地段靠近水源,又不会被洪水淹没。考古发现的200多处原始居民聚落村分布在四个密集区:秦淮河流域、金川河流域、六合滁河沿岸和远郊丹阳沿江地带。以秦淮河中游的湖熟遗址最为集中[6],考古学界以"湖熟文化"命名。

原始居民既有的地理格局认识,主要还是在自身狩猎活动区域内,为个体或者群体生存经济考虑。其相对于后来君王国家意念的地理格局意识,范围尺度要小很多(图2)。

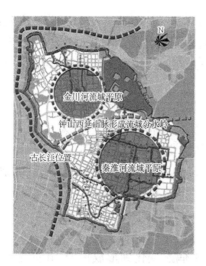

图1 以钟山西延山脉为分水岭的秦淮河流域平原和金川河流域平原示意图

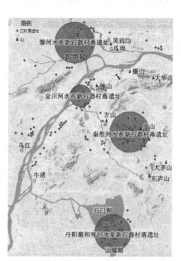

图2 新石器时期南京古村落分布示意图

从春秋战国到秦汉,逐渐形成几个城堡和驰道,而除此之外,南京地区整体上还是自然荒野,荆棘丛生,河流湖泊遍布。玄武湖名"桑泊"[6],浩瀚无际,与长江浑然一体,时常洪水汹涌。秦淮河为800 m宽,金川河等也是宽阔大河,莫愁湖等还在长江水面之下。

古代长江水面宽阔,波涛汹涌,是南北人类的交流障碍,也是抵御入侵的天然屏障。这也就成为选址建都的最基本原因。朱偰评论[7]:"三山驻师,终鼎足割据之势。五马渡江,开南朝偏安之局。"

六朝时期,城市和周围一系列军事战略堡垒是依据自然山川地形因势构筑,进一步附加"王气""紫光""风水"而且映射天文星象等唯心说法,但是其最重要的部分依然是遵从客观的自然、依据唯物的。

三国之后,陆续有东晋,南朝的宋、齐、梁、陈建都于此地,基本仍沿旧制对地理格局进行充分利用。六朝时期各朝代都面临需要时刻抵御长江北岸强敌的侵犯,因此城建利用山脉建设城墙,沿长江还设有一系列军事堡垒和烽火台。在秦淮河入长江口的山岗地段,六朝依托山崖建立"石头城"。其地势险要,军事战略地位尤显突出。史书多有记录争夺石头城的激烈战斗。石头城后来成为千百年来文人墨客歌咏的著名临江景观。如今长江河道西移,从石头城西部崖壁依然可以看到江水冲刷的自然痕迹。

3 多尺度时空范围的人类活动遗迹

地理格局研究需要多个尺度清楚地界定所关注的空间问题[8],探索各个尺度空间内的城市运行规律,以及如何将不同尺度上的研究结果关联起来,从而能够既全面地认识整体世界,又深入地把握局部环境。

本文设定所研究的多尺度地理空间表现在三个尺度:区域空间、领地空间、核心空间。

区域空间,表现的是跨越多个城市地域的广大范围。这个大尺度范围还是有共同地理基础的区域,城市之间有相互影响,有主从、互补或者共轭等关系机制。

领地空间,表现的是地貌范围。山脉水系连续的作用影响超出城市用地范围。

核心空间,表现的是城市范围。古代城市往往是城墙边界(图3)。

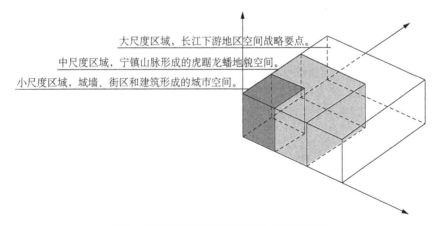

图 3 多尺度空间嵌套构筑城市景观示意图

现代南京城市建设规划在其行政管辖范围内分为明朝城墙的老城区、绕城公路的都市区和远郊县城的区域三个地理范围空间[9],这些都属于南京领地空间范围。在这三个地理空间内都有各个历史时期的遗址古迹。经时空统计辨析发现,越是悠久时期,其古迹点散布越是分散,即散布在区域广大范围内;随着时间延伸,古代至近现代时期,古迹点分布越来越集中,以至密集积压在老城区内。这说明此地理区域内人们对于房屋位置的选择越来越趋于稳定。据2010年的调查统计[9],老城区有古迹点1 200个,都市区和远郊县城的区域古迹单位总共不到老城区的1/4。古迹沿秦淮河、长江、玄武湖等水系边缘散布的数量多于沿山区域,表明沿水系的地理空间始终是人类活动的重要场地。

3.1　大尺度区域演替空间:长江中下游流域"节点""轨迹"与"领域"

在大尺度地理空间范围内,把城市现象进行抽象,将其看成空间联系的"切换点"或"节点",将山脉河流看作"线条"。在时空背景中,地域整体系统内的这些点线运作轨迹是有规律联系的。本文试图研究解释城市社会的历史过程,并逐步明晰多个尺度空间的嵌套关系。

从长江中下游区域或者中国华东地区的大尺度空间来看,南京城市位置逐步明确地形成固定的景观空间节点。无论是三国时期从浙江扩张过来的孙权,因"五胡乱华"避难的晋室南渡,"靖康之耻"后南退的北宋军队,元朝末期从安徽来的朱元璋军队,近代从广西来的太平天国军队,还是20世纪初从南方北伐过来的国民党军队等,历朝历代对于南京所处位置控制长江下游地区的作用是有共识的。南京成为这一带广大空间的核心点。

在战争时期,南京是对峙前沿重要的控制要点。在和平时期,南京是经济交流沟通的重要控制要点,也是以长江为界的南北空间转换要点。在近现代,津浦铁路的过长江点在南京,中华人民共和国成立后第一座由中国独立自主建造的具有战略意义的长江大桥也选址在南京,而非他地。

三国东吴时期(222—280年),229年孙权选址定都,开始在现在南京市区范围内建设都城[10]。相比较春秋战国时期的霸主,孙权从更大尺度的视角审视区域地理格局。他曾经考虑在镇江、南昌、武汉等地选址建都[10],然而从当时黄河中原至江东范围的大尺度格局考虑,最终定都南京,但不是秣陵县位置,而是临近长江,直接面对江北的对峙局面。

在中国版图的宏大尺度范围内俯瞰南京位置,东南方向连接太湖水网地带,西部连接皖南丘陵地区,隔江对应的是江淮大平原。这三个方向都是中国最主要的经济场地。从地理区域空间来看,南京是空间联系的"切换点"或"节点"(图4)。

以南京为核心点,还辐射形成一系列城镇体系,近郊有东山街道、汤山街道、湖熟街道,远郊有漆桥街道、固城街道等历史古镇,都是具有两千年历史的古镇。南京东面有镇江市,南面有高淳区、溧水区,江北有六合区、浦口区以及六合区的程桥街道、冶山街道等历史古镇。南京即由这些多个点构成"控制面"或者"控制圈"。

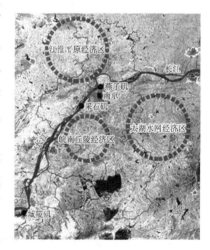

图4　长江南岸著名的"三矶"以及经济区域分布示意图

3.2 中尺度领地空间：宁镇山脉地貌区域

地貌连续范围跨越多个城镇，形成相对独立的地理空间，是本文理解的中尺度地理空间。山脉水系是影响人工城市建构的最基本核心动力。城市历史上多次毁灭，又有多次重新建设，而地貌是最稳定、最持久、最基本的城市空间发展机制。地理脉络支撑着古都主体空间存在，也引导形成人地关系变迁的历史轨迹。其表现在城市功能上有军事防御、经济发展、商贸流通、景观空间构造，甚至风水天象星座的映射。这些都是人工建筑所无法替代的。

宁镇山脉长150 km有余，沿着长江南岸延伸，也是太湖流域区的边缘。公元前543年，伍子胥开挖"胥河"后，在固城湖入口筑城"濑渚邑"以御楚，使得吴国军事势力从太湖跨越宁镇山脉，扩展到固城湖，进而入长江[11]，并且以此作为水军攻击楚国的路线。另一座是楚国（公元前571年）建设在长江北部即现六合西北程桥街道的"棠邑"，在滁河下游一带。由于早期出现这两座古军事城堡，南京处于吴国与楚国交界，史称"吴头楚尾"[9]。

战国时期（公元前475年—公元前221年），在南京现代城区范围内先后建立有吴国"冶城"、越国"越城"和楚国"金陵邑"三个军事城堡。这也是后来南京三国时东吴建城的先期雏形。这显然为后来南京城市的正式建立奠定了地理格局内选址的基础。

在春秋战国改朝换代的纷争时期，这多个连续建立的城堡，以及布局演化的轨迹，依然显示出各国君王所处位置的视角有差异，对于南京这一带战略控制地位的认识逐渐形成共识，即把控这一带就有控制长江南岸大面积区域的重要作用。因此在后来的历史时期，南京发展成为重要城市，成为历代兵家激烈争夺之地，多次发生屠城掠地事件（图5）。

公元前210年，始皇帝嬴政出巡，过金陵，登临摄山（现栖霞山）纵目，并埋双璧以祭告天地。《建康实录》[12]记述，"望气者云：'五百年后，金陵有天子气。'因凿钟阜断金陵长陇以通流，至今呼为秦淮"。史料记录，秦始皇以唯心主义判断出南京地理格局潜在的威胁，就破坏其原有地理景观空间，以求得自己内心安宁。实质上是意识到此地点在大尺度地理区域范围内，确实具有重要的军事战略价值，且此地的地貌形态有利于防御，而且具有控制广大区域的重要据点作用。在以后的时间里会有人利用这个地理形势掌控格局，崛起而与北方的主人分庭抗礼。

图5 春秋战国时期（公元前770—公元前221）南京古城邑分布示意图

东吴孙权在赤壁之战取胜后,在镇江考虑选址建都,视角在长江中下游大尺度范围寻查[10],最后评价南京周围的地貌景观是"钟山龙蟠,石城虎踞,此乃帝王之宅"。这个著名的地貌景观评价影响了南京后来数千年的城市建设。

地理空间格局的基本组成是山脉和水系:山脉是军事防御或者居住的依托形态,水系是交流联系的重要途径。

城镇作为历史文化留存,是自然环境与人类活动长久相互作用的结果。地貌形势是城市构建最基本的元素。历史年代的建筑会遭受损坏,而地貌景观具有较强的整体性和稳定性,是延续古城景观的最根本要素。现代南京城市规划建设强调实用功能,历史讴歌的连绵山脉被分断,水系被大规模填埋,"虎踞龙蟠"的地貌景观基本被挖掘破碎,这是城市景观的重大损失。

3.3 小尺度核心空间:城市建筑街区

相对于自然地貌或者河流而言,城市建筑空间尺度比较小。建筑具有人类文化寓意。马丁·海德格尔有言[13]:"住所是人类与物质世界之间精神统一形式的基本单元。通过反复体验和复杂联系,人类住所空间建构赋予地方含义。"

古代城市首先表现出的是城墙围合,形成城市边界。南京城市历史上连续有10个王朝建都,城市建筑营造依山、抱湖、临江。在各个历史时期,地理尺度格局与城市规模有不同的对应关系,但是始终把地理景观形态判断和格局分析视为城市规划的根本点,确定城市最初的景观形态。现代城市规划研究应该以历史地理格局作为时空变迁的基本参照(图6)。

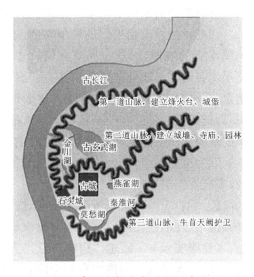

图6 东吴定都南京后依顺地貌河流构筑城市示意图

南京城市约2 500年历史,城市建设阶段表现为四个阶段[9]:六朝时期(222—589年),都城称"建康",城周二十二里六十步(1里=500 m),规划是以"君"为本,宫城居中规整,半圆形山脉环抱成"金陵王气"。南唐时期(937—975年),都城称"金陵",按照"筑城以卫君,造郭以守民"的规划思想来建设都城,城周长二十五里四十四步。明朝时期(1368—1402年),都城称"应天府",集政治、经济、军事多种功能于一身,修筑了四重城郭,为世界建筑史首例,其中都城周长34 km。民国时期(1912—1949年),建都称"南京",修筑Z字形中山路——为中国首个三块板道路,种植六排悬铃木大树,形成著名的城市浓荫景观大道。

每一历史时期城市主人都按照其各自文化理念营造城市空间,有传承的,也有变化的。由于使用的基础地理空间是固定一致的,形成了城市历史文化信息的叠加。在时间延续的过程中,各个城市景观"相继占用"相同的一个地理空间,继而相互吸收、融合、涵化,城市发展逐渐整合为一种传统景观,留下了珍贵的城市历史遗产(表1)。

表 1　西周到六朝时期南京古城变迁

朝代	历史时间	历史名称	城市地理位置	城池大约面积	史料记录
西周	勾吴,公元前1122年	太伯、仲雍建勾吴国	无锡梅李镇	挖掘胥河沟通太湖至固城湖,再到长江	《史记·吴太伯世家》
春秋	楚国,公元前571年	棠邑	长江北部六合程桥街道,濒临滁河	考古发掘面积为18 000 m²	《春秋左氏传》
春秋	吴国,公元前543年	濑渚邑	高淳固城街道,濒临固城湖	周长七里三百三十步,内有子城,周长一里九十步	《高淳县志》
战国	吴国,公元前495年	冶城	南京朝天宫,古秦淮河入江口	周围二里一十步	《景定建康志》
战国	越国,公元前472年	越城	南京长干桥,古秦淮河入江口	周围二里八十步	《景定建康志》
战国	楚国,公元前333年	金陵邑	南京石头城,古秦淮河入江口	周围七里一百步,开有二门	《景定建康志》
秦朝	会稽郡,公元前221年	秣陵县	江宁秣陵街道,古秦淮河中游	县治不详	《史记·秦始皇本纪》
汉朝	会稽郡,公元前202年	秣陵县	江宁秣陵街道,古秦淮河中游	县治不详	《汉书·地理志》
三国	东吴,222—280年(229年建都南京)	建业	南京市区	城周二十里十九步,开有六门	《唐·建康实录》
东晋	317—420年	建康	南京市区	城周二十二里六十步,开有十二门	《唐·建康实录》
南朝	宋、齐、梁、陈,420—589年	建康	南京市区	城周二十二里六十步,开有十二门	《唐·建康实录》

4　人地关系景观和多尺度空间嵌套体系

地理地貌在时空延伸过程中是连续地、不间断地、强力地影响着城市景观不断地运动、变化和发展。南京地域在两千多年时间里,城市由起初单一的军事或者交通功能发展成为多项复杂功能。历史上自然生态、军事、经济、社会历史和人文艺术层层叠加和渗透,景观形成其特有的文化生态传统。按照哲学理论,其内部矛盾相互作用乃是发展的源泉。这个内部矛盾应该就是人地关系的对立统一运动,即人与地的相互作用,表现在经济上的人地关系、军事上的人地关系,还有社会文化和艺术上的人地关系,等等,总体上就是哲学上的人地关系。这是个对立统一矛盾的两个方面,要保持和谐发展而不要毁坏其中一个方面。对于人类而言就是不要毁坏其生存基础的地理空间,更进一步就是保持人地关系的可持续发展。

地理空间可以理解为城镇发展的"硬件",而其中"文化传承"是"软件"。海德格尔有言[13]:"只有理解人类的生存本质,才能理解人类的生存空间。"在历史城市化过程中,逐步强化的城镇建设表层显示是以人的军事和经济功能为目的,而深层把握则是人地关系永久可持续发展问题。现代城市规划建设过分强调对于人类的使用功能,密集成群的摩天高楼、密集成网的交通道路、迅速庞大的建筑空间解构了自然地貌空间所承受的尺度容量。

地理景观在空间延伸过程中表现出持续扩展联系。本文提出以人为核心的抽象地理空间的三个尺度,这三重空间相辅相成、嵌套耦合。景观规划应该用以下视角统筹和谐:

第一,研究古都起源的地理核心空间,保持这个地理内核并且传承,具有特别的历史意念。古城后来的空间衍化和稳定需要有一个"内核"来保持;宁镇山脉在南京地区围合形成的地貌空间史称"虎踞龙蟠",是城市起源和发展的最本质的"关键内核",具有深刻的影响意义。

第二,研究古都空间延伸的地理脉络,依顺自然山水脉络系统实地调查古城起源和发展遗迹,考察体现古都景观特征的重要河流和山岭,分析目前古都风貌保护与现代城市建设的主要冲突地段,确定历史城市与自然融合的景观空间格局,这是形成古都特色的基础。

第三,研究古都文化生态,探寻古都历史时期人地关系发展协调的轨迹,研究自然景观系统对应古都特色的格局、过程和尺度,继承古都文脉。保持山体轮廓的连续性、河流水系的完整性,以及连续的遗产廊道,形成景观基本网络,构成自然景观与人文景观系统叠加的南京古都保护格局,最终达到整体环境的可持续发展。

第四,研究多尺度地理空间嵌套的人文遗迹分布状态。城市景观规划充分发挥历史上山脉、河流、城墙、街巷、绿化等景观空间有机交融的特色,显示历朝城市轴线和道路系统线形。按照地理格局、景观界面、历史街区和文物古迹四个层次,构成整体保护系统。

5 研究结论

以地理视角研究历史城市具有更加广阔和深刻的重要意义。由外部表层观察到深层本质研究,包括:观察区域城镇变迁现象,分析地貌格局和城市空间结构,研究其景观形成和变迁的基本内在动力机制。

南京城市景观在两千多年时间里不断地运动、变化和发展着,其内部人地关系的对立统一矛盾相互作用乃是发展的源泉。早期城邑或者定居点建设,地理脉络的影响非常清晰。这是城镇起源的根本依据。这个基本属性在后来漫长纷繁的历史演变过程中,依然是很重要的因素。只是越来越庞大的人工建设层层叠加掩饰了地理的显著作用,使得地理似乎成为前期或者潜在的影响力量。现代城市规划建设过分强调对于人类的使用功能,庞大的建筑空间解构了自然地貌空间所承受的尺度容量。

春秋战国到秦汉,控制水系成为军事首选。南京早先城邑选址多次变更,都是对于这一带水系格局的控制选点。

地理格局作为一个客观存在的现象无法伸缩变化,但是基于多尺度或者多视角观察,结论却大相径庭。小尺度范围研究,可以更详细地了解城市系统运行的方式和机制;大尺度范围研究,可以有整体格局和宏观区域的认识和把握。本文提出三个尺度的地理空间嵌套耦合,即小尺度城市核心空间,中尺度地貌领地空间以及大尺度区域空间,以此作为地理景观规划的研究思路。

[本文为2016年教育部人文社会科学基金项目"基于山水画视角的乡村景观格局构建"(16YJA760047)]

参考文献

[1] SAUER C O. Morphology of landscape [M]. Los Angeles: University of California Press, 1974.
[2] 童强.空间哲学[M].北京:北京大学出版社,2011.
[3] 吴建民.长江三角洲史前遗址的分布与环境变迁[J].东南文化,1988(6):16-36.
[4] 中国科学院《中国自然地理》编辑委员会.中国自然地理:历史自然地理[M].北京:科学出版社,1982.
[5] 罗宗真.六朝考古[M].南京:南京大学出版社,1994.
[6] 蒋赞初.南京史话[M].南京:南京出版社,1995.
[7] 朱偰.金陵古迹图考[M].北京:中华书局,2006.
[8] 大卫·哈维.地理学中的解释[M].高泳源,刘立华,蔡运龙,译.北京:商务印书馆,2011.
[9] 苏则民.南京城市规划史[M].北京:中国建筑工业出版社,2016.
[10] 郭黎安.六朝建都与军事重镇的分布[J].中国史研究,1999(4):73-81.
[11] 司马迁.史记[M].上海:上海辞书出版社,2006.
[12] 许嵩.建康实录[M].张忱石,点校.北京:中华书局,1986.
[13] 马丁·海德格尔.存在与时间[M].陈嘉映,王庆节,译.北京:三联书店,2006.

图表来源

图1至图6:笔者绘制.
表1源自:笔者绘制

元大都"象天法地"规划初探

徐 斌

Title：A Preliminary Study on the 'Modeling Heaven and Earth' in the Planning of Dadu of the Yuan Dynasty

Author：Xu Bin

摘 要 元李洧孙《大都赋》和熊梦祥《析津志》记载了元大都的规划具有"象天法地"的显著特征。本文综合运用文献、考古、历史地理、天文学史等多学科资料,针对元大都"象天法地"规划思想和方法开展系统性和实证性研究。本文分析元大都"象天法地"规划的相关文献,复原《大都赋》创作之时的天文图式和都城布局模式,揭示元大都"象天法地"的建城意境和谋求"天地对应"的空间秩序方法,为元大都规划复原研究提供新的思路。

关键词 元大都;象天法地;城市规划

Abstract：The characteristic of 'Modeling Heaven and Earth' in the planning of Dadu, which was the capital city of the Yuan Dynasty, was recorded in *Dadu Fu* written by Li Weisun of the Yuan and *Xi Jin Zhi* by Xiong Mengxiang of the late Yuan. This paper combines multidisciplinary materials from historical literature, archaeology, historical geography and history of astronomy, to carry out the systematic and empirical study on the thought and method of 'Modeling Heaven and Earth' of the planning of Dadu. This paper analyzes the related literatures, and then recovers the astronomical pattern and the layout of the city at the time when *Dadu Fu* was written, and then reveals the concept of the planning and the method to implement it according to the order of the heaven and earth. It shall provide a new approach to the research of the recovery of the planning of Dadu.

Keywords：Dadu of the Yuan; Modeling Heaven and Earth; City Planning

1 引言

"象天法地"是中国古代都城规划的重要特征,其目的是在中央集权的帝国时代,通过都城与星空的同构,为君权天授提供有力支撑。"象天法

作者简介

徐 斌,故宫博物院,博士后

地"规划是指在都城布局中,以某一重要时刻(如岁首黄昏)的星空图式作为都城空间布局模式。通过这种以特殊时刻天象为都城布局模式的"象天"设都手法,将代表空间的都城与代表时间的历法统一起来,在都城规划中反映"天地对应、时空一体"的思想。

北京地区作为全国首都肇始于元代,元大都的兴建为明清两朝和今日北京的发展奠定了坚实基础。元大都的规划完整而独特,在中国乃至世界城市规划史上都具有重要地位。文献表明,元大都的规划具有"象天法地"的显著特征。这一特征已经引起部分学者的思考,如吴庆洲认为,"元大都选择太微垣为宫城之位,不用北辰宇宙模式"[1]。武廷海认为,"元大都规划基于天文图格局拟定皇城南北边界及重要功能区位置"[2]。从"象天法地"视角推进元大都规划复原研究,是探索元大都规划思想和方法的新路径,具有突出的学术价值和广阔的空间。

2 《大都赋》和《析津志》

元李洧孙《大都赋》和熊梦祥《析津志》均包含了元大都规划"象天法地"的内容,是探究元大都规划思想和方法的重要文献。

清朱彝尊《日下旧闻》有张鹏序曰:"金则疆域有图,元则建都有纪。"[3]① "元代建都之纪"指的是李洧孙所撰《皇元建都记》,也称《大都赋》。但朱彝尊本人并未看过《大都赋》,据清《钦定日下旧闻考》记载:"元李洧孙《大都赋》,朱彝尊惜其未见,今从《永乐大典》中录出增载,可以证元都之方位制度矣。"[3]② 今日所见《大都赋》,即收录于《钦定日下旧闻考》。文中的"方位"很明显是与空间相关的内容,《大都赋》是研究元大都规划布局的核心资料。

根据王潜③《李洧孙墓志》的记载,《大都赋》作于元大德二年(1298年),此时距离至元四年(1267年)元大都开始建设仅31年,距离至元二十二年(1285年)元大都基本建成仅过去了13年[4]④。

> 李洧孙,字甫山,宁海人,以词赋中选第一擢甲戌进士,第授黄州司户参军,未上而黄州以版图归国,栖迟海滨者二十余年。郡府以名刺上,乃为强起抵京师,述《大都赋》以献,时大德二年也。六年,乃得杭州路儒学教授,选为江浙同考官。天历二年卒,学者尊之曰霁峰先生,所著诗赋、赞颂、箴铭、表启、碑志、序说总若干卷,重修《台州图经》,列于学官[5]⑤。

黄潜还为李洧孙《霁峰文集》作序,更加详细地记载了《大都赋》在当时的影响:

> 先生因作《大都赋》以进,一时馆阁诸公咸共叹赏,交荐于上,擢教授杭学,而其赋遂为人传诵[6]⑥。

明初宋濂为黄潜门人,作有《题李霁峰先生墓铭后》,对《大都赋》及李洧孙的文笔评价颇高:

> 濂儿时伏读霁峰先生所撰《大都赋》,即慕艳其人,逮长受经于黄文献公,为言先生博学而能文,议论英发,如宝库宏开,苍璧、白琥、黄琮、玄圭杂然而前陈,光彩照耀不可正视,盖豪杰之士也[7]⑦!

《析津志》乃元末熊梦祥所作,时间上晚于《大都赋》。据徐苹芳考证,《析津志》的主要写作时间在元至正十四年(1354年)至十七年之间(1357年)[8]。熊梦祥曾历任大都路儒学提举、崇文监丞,有机会接触到大量关于元大都的文献资料。《析津志》对大都的城垣街市、朝堂公宇、河闸桥梁、名胜古迹、人物名宦、山川风物、物产矿藏、岁时风尚、百官学校等有翔实记载,是一本专门记载北京和北京地区历史地理的志书,也是研究元大都的重要资料。原书惜已失传,经北京图书馆善本组整理,汇为《析津志辑佚》出版[9]。

熊梦祥本人,对地理之术颇为推崇,《析津志辑佚》中即保留了一段刘秉忠依据地理形势"辨方位",确定中书省位置的记载。熊梦祥认为此举关系重大,后人对中书省位置的调整及开凿金口河等工程破坏了"地脉",影响了元朝的国运帝祚:

> 中书省,至元四年,世祖皇帝筑新城,命太保刘秉忠辨方位,得省基,在今凤池坊之北。……其内外城制与宫室、公府,并系圣裁,与刘秉忠率按地理经纬,以王气为主。故能匡辅帝业,恢图丕基,乃不易之成规,衍无疆之运祚。自后阅历既久,而有更张改制,则乖戾矣。盖地理,山有形势,水有源泉。山则为根本,水则为血脉。自古建邦立国,先取地理之形势,生王脉络,以成大业,关系非轻,此不易之论。自后朝廷妄用建言,不究利害,往往如是。若五华山开金口,决城濠,泄海水,大修造,动地脉,伤元气而事功不立。比及大议始出,则无补于事功矣[9]③。

两篇文献在谈及元大都的规划布局时,都提到了"方位",这说明忽必烈与刘秉忠在共同裁决元大都规划时,是十分重视"方位"的。那么,在采取"象天法地"规划手法时,如何从天地对应的角度,为主要功能区布局寻找"方位"上的依据,就成为下文要探讨的主要内容。

3 文献分析

《大都赋》的内容十分广泛,全文从天文、地理、风俗、方物、遗迹、都城、职贡、兴农、出行、游猎等方面,全面介绍了元大都的风貌和文化。在都城部分,又细分为轴线、城墙、道路、城坊、宫城、庭、水系、御苑、宗庙、官署、对外交通、市场 12 个部分。现将其中涉及元大都主要功能区和"象天法地"规划的内容摘录于下:

> 上法微垣,屹峙禁城。
> 撒斗杓之嵘嵘,对鹑火之炜煌。
> 象黄道以启途,仿紫极而建庭。
> 道高粱而北汇,堰金水而南萦。俨银汉之昭回,抵阁道而轾大陵。
> 左则太庙之崇……右则慈闱之尊……
> 既辨方而正位,亦列署而建官。都省应乎上台,枢府协乎魁躔,霜台媲乎执法,农司符乎天田[3]②。

文中的微垣、斗杓、鹑火、黄道、紫极、银汉、阁道、大陵、上台、魁躔、执法、天田,都是古代天文学中的星名或术语。而禁城、庭、高粱、金水、昭回、都省、枢府、霜台、农司,则是元大都的宫城、水系、城坊、官署等主要功能区。

类似地,在《析津志辑佚》中,也能找到有关"象天法地"规划的记载:

> 世祖皇帝统一海寓,定鼎于燕。省部院台、百□庶府、焕若列星[9]①。
> 北省始剏公宇,宇在凤池坊北,钟楼之西。
> 中书省,至元四年,世祖皇帝筑新城,命太保刘秉忠辨方位,得省基,在今凤池坊之北。以城制地,分纪于紫微垣之次。
> 枢密院,在武曲星之次。
> 御史台,在左右执法天门上。

> 太庙,在震位,即青宫。
> 天师宫,在艮位鬼户上。
> 至元四年二月己丑,始于燕京东北隅,辨方位,设邦建都,以为天下本。四月甲子,筑内皇城。位置公定方隅,始于新都凤池坊北立中书省。其地高爽,古木层荫,与公府相为樾荫,规模宏敞壮丽。莫安以新都之位,置居都堂于紫微垣[9]⑩。

可以看到,《析津志辑佚》不仅包含了天文术语,如紫微垣、武曲星、左右执法天门,还涉及八卦方位,如震位、艮位鬼户。其所对应的地面建筑分别为都堂、枢密院、御史台、太庙、天师宫。

从内容来看,《析津志辑佚》中后两条文献存在部分重叠。根据徐苹芳的研究,《钦定历代职官表》中还有一条关于《永乐大典》引《析津志》的类似文献:

> 至元四年四月,筑燕京内皇城,置公署,定方隅。始于新都凤池坊北立中书省。以新都位置,居都堂于紫微垣[8]⑪。

综合来看,这三条文献都谈及按照都城的方位,将都堂布局在紫微垣的位置。那么,这里的"都堂"究竟指什么呢?从前后文来看,似乎是指中书省。前述吴庆洲和武廷海关于元大都"象天法地"规划的研究,也是以此为依据的,认为中书省对应于紫微垣,进而推断出宫城对应于太微垣的结论。但从与熊梦祥交往密切的欧阳原功所书《中书右丞相领通惠河都水监事政绩碑》来看,明确记载了与"紫宫"(即紫微垣)对应的是宫城,而非中书省:

> 国治水官,象天元冥,都水有政,治国大经。于穆皇元,龙兴朔方,秉令天一,并牧八荒。乃据析津,乃建神州,囊括万派,衡从其流。东浚白浮,遵彼西山,即是天津,流毕昴间。西扼紫宫,南出皇畿,又东注海,万派攸归。东溪天池,若为我潴,给我漕挽,径达宸居。河济淮江,陈若指掌,我凿二渠,利尽穿壤[3]⑫。

这篇文献,徐苹芳认为也属于《析津志》原书的一部分。由此看来,《析津志》中的"都堂",指的是元大内宫廷。同时,这篇文献还提供了元大都引自白浮泉的水系对应于天津(银汉)的证据,与《大都赋》中的"道高梁而北汇,堰金水而南萦。俨银汉之昭回,抵阁道而轻大陵"相呼应。

值得注意的是,《大都赋》与《析津志》两篇文献所涉及的天文术语与地面建筑也存在内容上的重叠。如《大都赋》中的"微垣",从古代天文学视角来看,既可以指"太微垣",也可以指"紫微垣"。如果作"紫微垣"解,那么"上法微垣,屹峙禁城",与"仿紫极而建庭""以城制地,分纪于紫微垣之次""置居都堂于紫微垣""以新都位置,居都堂于紫微垣"就表达了同样的意思,即以"紫微垣"比拟大内宫殿。

进一步来看,还可以找到两文在其他方面的对应。如御史台,《大都赋》作"霜台媲乎执法",《析津志辑佚》为"御史台,在左右执法天门上",都是指御史台对应执法二星。如枢密院,《大都赋》作"枢府协乎魁躔",《析津志辑佚》为"枢密院,在武曲星之次",魁指北斗斗魁,武曲星即北斗七星,都是指枢密院对应北斗。又如太庙,《大都赋》作"左则太庙之崇",《析津志辑佚》为"太庙,在震位,即青宫",都是指太庙位于正东方位。

综上可以认为,《析津志辑佚》在描述元大都布局方位时,与《大都赋》的观点是一致的。考虑到两篇文献的写作时间还存在借鉴传抄的可能。因此,在讨论元大都"象天法地"规划时,就可以综合利用这两份材料,探讨同一空间模式下星图的"落地"(表1)。

表1 《大都赋》和《析津志辑佚》关于元大都"象天法地"规划的记载

天文术语或八卦方位		地面建筑
《大都赋》	《析津志辑佚》	
紫微垣/紫极	紫微垣/紫宫	禁城/都堂/庭
斗杓	—	—
鹑火	震位	太庙
黄道	—	中轴线道路
银汉	天津	高梁河/金水河
阁道	—	—
大陵	—	—
上台	—	都省(尚书省)
魁躔	武曲星(北斗)	枢府(枢密院)
执法	执法	霜台(御史台)
天田	—	农司(大司农司)
—	艮位	天师宫

4 天文复原

《元史·天文志》记载：

> 若昔司马迁作《天官书》，班固、范晔作《天文志》，其于星辰名号、分野次舍、推步候验之际详矣。及晋、隋二《志》，实唐李淳风撰，于夫二十八宿之躔度，二曜五纬之次舍，时日灾祥之应，分野休咎之别，号极详备。后有作者，无以尚之矣。是以欧阳修志《唐书·天文》，先述法象之具，次纪日月食、五星凌犯及星变之异；而凡前史所已载者，皆略不复道。而近代史官志宋《天文》者，则首载仪象诸篇；志金《天文》者，则唯录日月五星之变[4]⑭。

正是出于"凡前史所已载者，皆略不复道"的考虑，《元史·天文志》只记载了天文仪器和特殊天象，并未对"三垣二十八宿"进行逐一描述。再考察元代编写的三本天文志书——《宋史·天文志》《金史·天文志》和《辽史·历象志》，其中，《宋史·天文志》详细记载了周天星宿的组成，而《金史·天文志》和《辽史·历象志》也没有再重复记录。因此，要了解元初周天星宿的面貌，可以参考《宋史·天文志》关于"三垣二十八宿"的记载[10]⑭。

另一方面，传世天文图为理解古人对周天星宿的划分提供了直观的参考。遗憾的是，虽然元代天文学的发展大放异彩，涌现出郭守敬这样著名的天文学家，但却没有天文图传世。因此，只能依据前后时期的天文图，与《宋史·天文志》相互参看，并辅以天文复原软件 Stellarium⑮，来重现元初的天文图式。

距离元大都营建时间最近的两幅绘制精良的传世天文图，分别是南宋苏州石刻天文图和明代北京隆福寺万善正觉殿藻井天文图(图1)。其中,南宋苏州石刻天文图为南宋黄裳所绘,但据席泽宗[11]、潘鼐[12]考证,其内容是北宋元丰年间(1078—1085年)的天文观测数据。而对于明代北京隆福寺万善正觉殿藻井天文图的内容有不同的认识,伊世同[13]认为此图依据的是唐代天文图,而潘鼐[14]认为此图本自元、明官方天文图。不过,上述争论并不妨碍关于此天文图空间模式的研究。无论是南宋苏州石刻天文图,还是明代北京隆福寺万善正觉殿藻井天文图,二者所反映的都是隋唐《步天歌》以来确定的"三垣二十八宿"的天空格局,与元初关于周天星宿的划分差别不会太大。

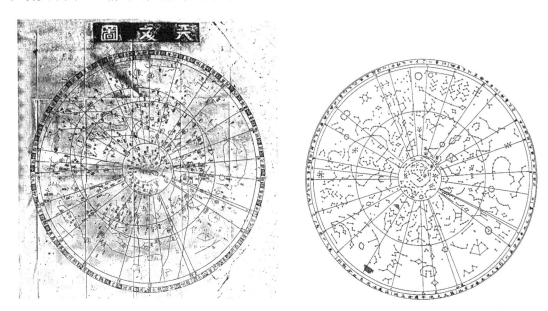

图1　南宋苏州石刻天文图(左)和明代北京隆福寺万善正觉殿藻井天文图(右)

下面就以《宋史·天文志》的记载为主,试析《大都赋》和《析津志辑佚》中关于"象天法地"规划的星名和天文术语。

紫微垣。其位于天文图正中,中心为北天极。《宋史·天文志》记载:"紫微垣东蕃八星,西蕃七星,在北斗北,左右环列,翊卫之象也。……北极五星在紫微宫中,北辰最尊者也,其纽星为天枢。天运无穷,三光迭耀,而极星不移,故曰'居其所而众星共之。'"[10]⑯

斗柄。斗柄即北斗斗柄。《宋史·天文志》有:"北斗七星在太微北,杓携龙角,衡殷南斗,魁枕参首,是为帝车。运于中央,临制四海,以建四时、均五行、移节度、定诸纪,乃七政之枢机,阴阳之元本也。"[10]⑯斗柄具有指示时节的重要功能。

鹑火。周天十二次度之一。南宋苏州石刻天文图和明代北京隆福寺万善正觉殿藻井天文图上都绘有鹑火的分次。《新唐书·天文志》记载:"柳、七星、张,鹑火也。初,柳七度,余四百六十四,秒七少。中,七星七度。终,张十四度。"[15]⑰这说明鹑火的跨度是从柳宿七度至张宿十四度。

黄道。《宋史·天文志》释"黄赤道"曰:"以日躔半在赤道内,半在赤道外,出入内外极远者皆二十有四度,以其行赤道之中者名之曰黄道。凡五纬皆随日由黄道行。"[10]⑱黄道是日和五纬运行的轨道,与赤道呈二十四度夹角。

银汉。其也被称作云汉、天汉。《新唐书·天文志》保存了僧一行"天下山河两戒考"[15]⑰,按照天地分野的对应关系将云汉分为两支,并详细描述了不同时节云汉在天空中的位置和走向。

阁道。阁道属奎宿。《宋史·天文志》记载:"阁道六星,在王良前,飞道也,从紫宫至河神所乘也。一曰主辇阁之道,天子游别宫之道也。"[10]⑱营室有"离宫"的含义,与"别宫"同义。阁道跨越天汉,连接紫宫(紫微垣)与别宫(营室),具有桥的意象。

大陵。大陵属胃宿。《宋史·天文志》曰:"大陵八星,在胃北,亦曰积京,主大丧也。"[10]⑲关于胃宿,《宋史·天文志》有:"胃宿三星,天之厨藏,主仓廪,五谷府也。"[10]⑱胃宿是天之仓廪,大陵浮于天汉而联系胃宿,也应有桥梁、通道的意思。

上台。上台属三台,是连接紫微垣和太微垣的通道。《宋史·天文志》曰:"三台六星,两两而居,起文昌,列抵太微。一曰天柱,三公之位也。在人曰三公,在天曰三台,主开德宣符。西近文昌二星,曰上台,为司命,主寿。……又曰三台为天阶,太一蹑以上下。一曰泰阶,上阶上星为天子,下星为女主。"[10]⑯

魁躔。魁指北斗斗魁,《宋史·天文志》在"北斗七星"下曰:"魁第一星曰天枢,正星,主天,又曰枢为天,主阳德,天子象。……又曰一至四为魁,魁为璇玑。五至七为杓,杓为玉衡。"[10]⑯魁躔即北斗斗魁的轨迹,也可以理解为斗魁所在方位。斗魁与斗杓相互对应,据《新唐书·天文志》记载:"斗杓谓之外廷,阳精之所布也。斗魁谓之会府,阳精之所复也。杓以治外,故鹑尾为南方负海之国。魁以治内,故陬訾为中州四战之国。"[15]⑰

执法。执法二星属太微垣。《宋史·天文志》引《晋书·天文志》曰:"(太微垣)南蕃中二星间曰端门。东曰左执法,廷尉之象。西曰右执法,御史大夫之象。执法所以举刺凶邪。……左右执法各一星,在端门两旁,左为廷尉之象,右为御史大夫之象,主举刺凶奸。"⑳执法具有监察、刺史的意思。

天田。二十八宿中共有两个天田,分属角宿和牛宿。其中,角宿天田由两颗星构成:"在角北,主畿内封域。"[10]㉑牛宿天田由九颗星构成:"在斗南,一曰在牛东南,天子畿内之田。其占与角北天田同。"[10]㉑《大都赋》中的天田所指,还需要进一步联系地面建筑来确定。

在明确《大都赋》和《析津志辑佚》中星名和天文术语的所指之后,可以进一步使用天文复原软件 Stellarium 来精确复原《大都赋》创作之时的天文图式,以弥补缺乏元代天文图实物的遗憾,为从"象天法地"角度复原元大都规划模式提供参考。为了明确《大都赋》创作之时的天文图式,需要对当时的历法做一番考察。《元史·历志》记载,元代起初承用金代《大明历》,后由耶律楚材编《西征庚午元历》,以正《大明历》,但并未颁用。至元四年(1267年),西域札马鲁丁进《万年历》,世祖稍颁行之。至元十三年(1276年),遂诏前中书左丞许衡、太子赞善王恂、都水少监郭守敬改制新历。至元十七年(1280年)冬至,历成,诏赐名曰《授时历》。至元十八年(1281年),颁行天下。《授时历》"以累年推测到冬夏二至时刻为准,定拟至元十八年辛巳岁前冬至,当在己未日夜半后六刻,即丑初一刻"[4]㉒,即将十八年的岁首时刻确定为至元十七年(1280年)冬至己未夜半后六刻。根据张培瑜的复原,其对应的公历时间为1280年12月14日1点49分。其后各年的冬至,基本都在12月13—14日之间,例如《大都赋》创作之时的大德二年,其岁首对应的公历日期为1297年12月14日[16]。

有关秦汉都城"象天法地"规划的研究揭示出以历法岁首黄昏时刻星象为都城布局模式的手法[17],推测与古人观测"昏旦中星"的习惯相关。东汉蔡邕《月令章句》记载:"日入后漏三刻为昏，日出前漏三刻为明，星辰可见之时也。"夏至周代所使用的历法《夏小正》出现了"正月，初昏参中""四月，初昏南门正""五月，初昏大火中"等记载，说明至迟在西周时期已对部分月份的"昏旦中星"进行了观测和记录。而在《礼记·月令》和《吕氏春秋·十二纪》中，则包含了完整的关于十二月"昏旦中星"的记录，说明战国时期已经形成观测"昏旦中星"的传统：

孟春之月，日在营室，昏参中，旦尾中。
仲春之月，日在奎，昏弧中，旦建星中。
季春之月，日在胃，昏七星中，旦牵牛中。
孟夏之月，日在毕，昏翼中，旦婺女中。
仲夏之月，日在东井，昏亢中，旦危中。
季夏之月，日在柳，昏火（心）中，旦奎中。
孟秋之月，日在翼，昏建星（斗）中，旦毕中。
仲秋之月，日在角，昏牵牛中，旦觜觿中。
季秋之月，日在房，昏虚中，旦柳中。
孟冬之月，日在尾，昏危中，旦七星中。
仲冬之月，日在斗，昏东壁中，旦轸中。
季冬之月，日在婺女，昏娄中，旦氐中[18]②。

古人对"昏旦中星"的观测以及秦汉都城以岁首黄昏星象为"象天"设都模式的特征，为复原元大都"象天法地"规划的天文模式提供了启示。本文即取大德二年岁首黄昏（1297 年 12 月 14 日 21 点 00 分）北京地区（N39°54′，E116°23′）的天象进行复原，并将涉及元大都"象天法地"的星宿标注出来，如图 2 所示。

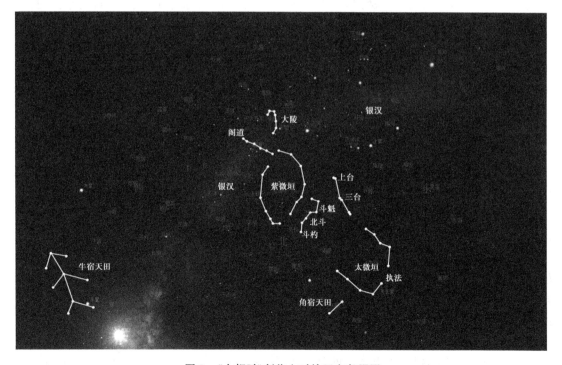

图 2 《大都赋》创作之时的天文复原图

5 都城复原

上述两篇文献所见的元大都主要功能区包括大内(禁城/庭/都堂)、高梁河、金水河、昭回坊、中书省或尚书省(都省)、枢密院(枢府)、御史台(霜台)、大司农司(农司)、太庙、天师宫。下文依据文献和前人研究,确定其具体位置。

大内。元大内的位置,前人依据文献和考古资料已有相当丰富的考证。由于元大内的位置与元大都轴线密切相关,一直存在争议,有明清故宫武英殿轴线[19-23]、明清故宫断虹桥轴线[24]和明清故宫中轴线[25-30]三种观点。笔者另有文章对此问题展开讨论,在此只简述结果:元大内的范围,可根据《辍耕录》的记载"周回九里三十步,东西四百八十步,南北六百十五步"[31],按照金代尺度,取 1 尺=0.315 m、1 步=5 尺、1 里=240 步进行复原。由此复原的元大内,其中轴线不可能位于明清故宫武英殿或断虹桥轴线处,因为此时其西边界会侵入北海和中海,于常理不合。更有可能的是,元大都轴线与明清故宫中轴线重合,只是元大内位置略偏北,其南界在今太和殿一线,北界在今陟山门街—景山公园西门—景山公园东门一线,东西界与今故宫东西墙基本重合[32]。新近故宫考古研究所于隆宗门外发现的元明清"三叠层"遗址,经多学科专家讨论,判断为大明殿西庑基址,为元大都轴线位于明清故宫中轴线这一论断提供了有力证据[33]。

高梁河和金水河。根据侯仁之、邓辉等学者的研究,元代北京地区存在两套水系,分别是人工修建的白浮泉—高梁河—积水潭漕运系统,以及玉泉山—金水河—太液池宫苑用水系统[22,27-28,34-35]。高梁河(属于通惠河)和金水河的走向,《元史·河渠志》有较为明确的记载:"通惠河,其源出于白浮、瓮山诸泉水也。世祖至元二十八年,都水监郭守敬奉诏兴举水利,因建言:'疏凿通州至大都河,改引浑水溉田,于旧闸河踪迹导清水,上自昌平县白浮村引神山泉,西折南转,过双塔、榆河、一亩、玉泉诸水,至西水门入都城,南汇为积水潭,东南出文明门,东至通州高丽庄入白河,总长一百六十四里一百四步。'""导昌平白浮之水西流,循西山之麓,会马眼等诸泉,潴为七里泺,东流入自城门西水门,汇积水潭,又东并宫墙,环大内之左,合金水河南流,东出自城东水门。""金水河,其源出于宛平县玉泉山,流至和义门南水门入京城,故得金水之名。"[4]②据此描述可以大致勾勒出高梁河与金水河的走向。

昭回坊。元大都坊名之一。《钦定日下旧闻考》引《析津志》明确记载了昭回坊的位置:"双青杨树大井关帝庙又北去,则昭回坊矣。前有大十字街;转西,大都府、巡警二院;直西,则崇仁倒钞库;西,中心阁;阁之西,齐政楼也,更鼓谯楼;楼之正北,乃钟楼也。"[3]②大都府(大都路总管府)的位置已经得到确定,据此也可以确定昭回坊的位置,即应在大都路总管府之南,元大内之东北。

中书省或尚书省。《元史·百官志》记载:"世祖即位,登用老成,大新制作,立朝仪,造都邑,遂命刘秉忠、许衡酌古今之宜,定内外之官。其总政务者曰中书省,秉兵柄者曰枢密院,司黜陟者曰御史台。"[10]⑥中书省、枢密院、御史台是元初最重要的三个官职。稍晚时期设立的尚书省也非常重要。元初,中书省与尚书省的罢立交织在一起。元至元四年(1267 年),首先于凤池坊北设立大都中书省,见《析津志辑佚》记载:"至元四年二月己丑,始于燕京东北隅,辨方位,设邦建都,以为天下本。四月甲子,筑内皇城。位置公定方隅,始于新都凤池坊北立中书省。"至元二十四年（1287年），在五云坊东立尚书省，见《析津志辑佚》记载："至元二十四年闰二月，立尚书省……时五云坊东为尚书省。"至元二十七年（1290年），将尚书省并入中书省，并将中书省迁至尚书省位置，见《析津志辑佚》记载："至元二十七年，尚书省事入中书省……于今尚书省为中书省，乃有北省南省之分。"至顺二年（1331年），以原中书省址为翰林院，见《析津志辑佚》记载："后于至顺二年七月十九日，中书省奏，奉旨，翰林国史院里有的文书，依旧北省安置，翰林国史官人就那里聚会。繇是北省既为翰林院，尚书省为中书都堂省固矣。"[9]⑨《大都赋》的写作时间为大德二年（1298年），此时尚书省并入中书省，并且省基在城南五云坊东。

枢密院。《析津志辑佚》记载："枢密院，在东华门过御河之东，保大坊南之大御西，莅军政。""枢密院西为玉山馆，玉山馆西北为蓬莱坊、天师宫。""枢密院南转西为宣徽院，院南转西为光禄寺酒坊桥。"[9]⑧据此，枢密院应在宫城东华门之东，保大坊南。

御史台。根据《析津志辑佚》的记载，御史台的位置先在大都"肃清门之东"，后在"澄清坊东，哈达门第三巷"："国初至元间，朝议于肃清门之东置台，故有肃清之名。而今之台乃立为翰林国史院，后复以为台。台在澄清坊东，哈达门第三巷。转西有廊房，所口馆西南二台及各道廉访司，官吏攒报一应事迹，谓之台房。"[9]㉖《钦定日下旧闻考》引《元一统志》也有："澄清坊，地近御史台，取澄清天下之义以名。"[3]㉗《元一统志》成书于至元二十三年（1286年），早于《大都赋》成文的大德二年（1298年），据此，李洧孙笔下的御史台应位于澄清坊东。

大司农司。据《元史·百官志》记载，大司农司设立于至元七年（1270年），是掌管"农桑、水利、学校、饥荒之事"的职能机构。具体位置见《析津志辑佚》记载："丽春楼，在顺承门内，与庆元楼相对，乃伯颜太师之府第也。今没官，为大司农司楼。今祠佛焉。"顺承门是元大都南三门中位于西边的门，其位置在元大都西南角。《析津志辑佚》又有："庆元楼，在顺承门内街西。""朝元楼，在顺承门内，近石桥，庆元楼北。"[9]㉗此处的石桥应是指甘石桥，即顺承门内街跨越金水河的重要通道。由此判断庆元楼应在甘石桥南、顺承门内街西，即阜财坊一带。丽春楼（大司农司楼）与庆元楼相对，曾经是伯颜宅第，后为祠佛之处，推测其位置也应在顺承门内街西。因为根据《析津志辑佚》记载："庆寿寺圣容之殿，在顺承门里，近东。"[9]㉘顺承门内街东已有始建于金世宗大定二十六年（1186年）的大庆寿寺。阜财坊西还有大都城隍庙，是留存至今的为数不多的元大都遗址之一（图3）。从街道格局推测，大司农司应在城隍庙的东北，下文进一步结合"象天法地"的规划理念进行验证。

太庙。根据前引《大都赋》和《析津志辑佚》的记载，太庙位于宫城正东，居震位，为青宫。《析津志辑佚》还载："报恩寺，在齐化门太庙西北，太子影堂在内，俗名方长老寺。"[9]㉘齐化门是元大都东面的中间一门，考古判断的太庙位于齐化门内稍北。

天师宫。《析津志辑佚》记载："蓬莱坊，天师宫前。"又有："枢密院西为玉山馆，玉山馆西北为蓬莱坊、天师宫。"[9]㉘这说明天师宫的位置在蓬莱坊北，枢密院西北。再加上"艮位"的描述，天师宫应位于宫城东北。

上述大部分功能区，赵正之等依据文献、考古和历史街道格局已有非常细致的考证，并绘制了元大都规划复原平面[25,36]（图4、图5）。本文以此二图为基础，修改元大内的范围，补充大司农司的位置，并依据上文的判断，复原《大都赋》创作之时的都城布局。

图3 元大都城隍庙遗址

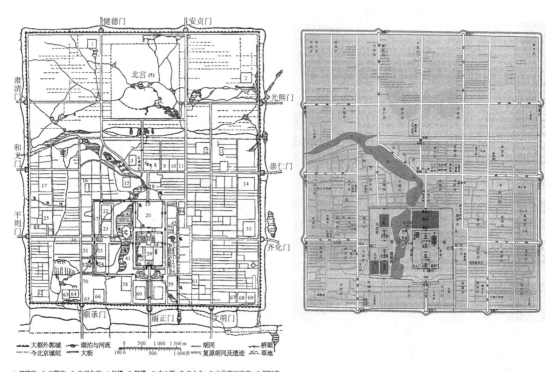

1.健德库 2.光熙库 3.中书北省 4.钟楼 5.鼓楼 6.中心阁 7.中心台 8.大天寿万宁寺 9.倒钞库
10.巡警二院 11.大都路总管府 12.孔庙 13.柏林寺 14.崇仁库 15.尚书省 16.崇国寺 17.和义库
18.万宁桥 19.厚载红门 20.御苑 21.厚载门 22.兴圣宫后苑 23.兴圣宫 24.大永福寺 25.社稷坛
26.玄都胜境 27.弘仁寺 28.琼华岛 29.瀛洲 30.万松老人塔 31.太子宫 32.西前苑 33.隆福宫
34.隆福宫前苑 35.玉德殿 36.延春阁 37.西华门 38.东华门 39.大明殿 40.崇天门 41.犛山台
42.留守司 43.拱宸堂 44.崇真万寿宫 45.羊库 46.草场沙滩 47.学士院 48.生料库 49.柴场
50.鞍辔库 51.军器库 52.庖人室 53.牧人室 54.成卫之室 55.太庙 56.大圣寿万安寺 57.天库
58.云仙台 59.太乙神坛 60.兴国寺 61.中书南省 62.都城隍庙 63.刑部 64.顺承库 65.海云、可庵
双塔 66.大庆寿寺 67.太史院 68.文明库 69.礼部 70.兵部

图4 赵正之等元大都规划复原图

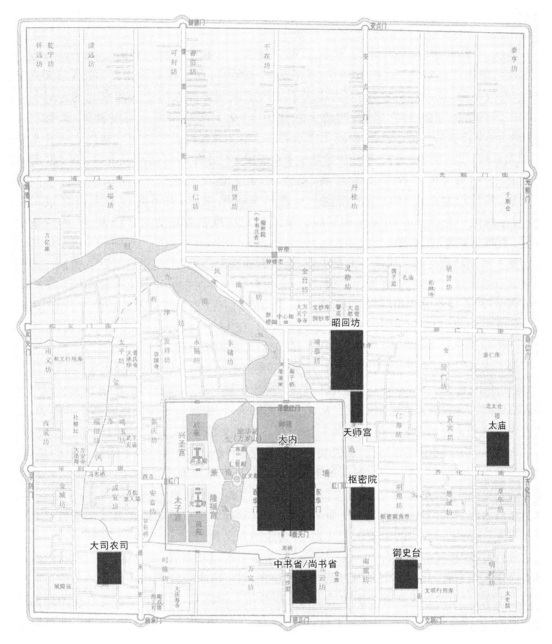

图5 《大都赋》创作之时的都城平面布局复原图

6 元大都"象天法地"规划猜想

在获得《大都赋》创作之时的天文复原图和都城平面布局复原图之后,按照《大都赋》和《析津志辑佚》的描述,比对二者,探究元大都"象天法地"的规划思想和具体方法。

首先,从"上法微垣,屹峙禁城""仿紫极而建庭""以城制地,分纪于紫微垣之次""置居都堂于紫微垣"四句,可以判断紫微垣对应大内。这种以朝宫对应天极的做法由来已久,可以追溯到秦咸阳、汉长安的规划，是"象天法地"规划中最常用的意象。"二十八宿环北辰"，元大内作为天子行使权力的空间，是当之无愧的天极。

其次，判断魁矔(斗魁)、斗杓、鹑火的对应建筑。文献在涉及三者时使用了具有方位指示性的描述。一句是"太庙，在震位，即青宫。天师宫，在艮位鬼户上"。按照后天八卦方位，震位在东，艮位在东北，这与太庙居于大内正东而天师宫居于大内东北的布局是一致的。另一句是"撷斗杓之嶪嶪，对鹑火之炜煌"。从天文复原图上可以看到，大德二年（1298年）岁首黄昏，斗柄指南，而鹑火之次在东。但斗杓、鹑火究竟对应地面上的什么建筑，《大都赋》没有明载，还需进一步分析。《大都赋》中另有一句话涉及北斗，即"枢府协乎魁矔"。相对应地，《析津志辑佚》有"枢密院，在武曲星之次"。这两句话表达了同样的意思，都是以北斗斗魁对应枢密院。从都城复原图来看，枢密院位于大内之东稍偏南，与斗魁位于紫微垣东稍偏南相对应。从斗魁对应枢密院成立可以推断，斗杓应指中书省，而鹑火则象征太庙。

接下来，取"霜台媲乎执法"和"御史台，在左右执法天门上"两句进行验证。执法二星位于太微垣最南端，此时应在紫微垣东南，这与御史台位于大内东南的方位一致。

再来看"农司符乎天田"一句。前文判断大司农司应位于大都城隍庙的位置，即大内西南。天文复原图中有两个"天田"，一个是角宿天田，在大内东南；另一个是牛宿天田，在大内西南。按照天地对应的原则，象征大司农司的天田应指牛宿天田。

最后来看"道高梁而北汇，堰金水而南萦。俨银汉之昭回，抵阁道而轻大陵"和"东浚白浮，遵彼西山，即是天津，流毕昴间。西挹紫宫，南出皇畿，又东注海，万派攸归"两句，很明显是以高梁河—金水河水系象征银汉。从天文复原图来看，银汉呈现为环抱紫微垣的走势，恰好与太液池—金水河左右环抱大内的态势相同。同前文的斗杓、鹑火一样，阁道、大陵所对应的地面建筑并没有明确记载。从天文复原图来看，阁道、大陵都是浮于银汉之上的星宿，象征跨越水面的桥梁、道路。按照天地对应的原则，从都城复原图来看，阁道可能指跨越太液池的万岁山东桥，是连接大内与广寒殿两个重要功能区的通道；大陵可能指海子东侧、跨越金水河的海子桥，是联系大内与北面中心台、钟鼓楼地区的重要通道。海子东侧曾是元大都的码头、仓库区，与前述《宋史·天文志》中大陵的含义相似。

最后剩下"都省应乎上台"一句。"都省"应指中书省或尚书省，根据上文的分析，此时尚书省已并入中书省，并且迁至大内南面的五云坊东，对应天文复原图中斗杓所指方位，即"撷斗杓之嶪嶪"。而此时天文复原图中的上台二星位于大内之东，无法确定与之对应的地面建筑。但从《析津志辑佚》中发现了御史台包含"三台"的记载，为进一步解释"上台"的对应建筑留下了空间：

而我世祖皇帝建国以来，于至元五年七月诏立御史台，定台纲三十六条。三台立而海宇清肃，凡吏之捉身不正者，罔不自励，以密赞治道为心。兼累朝备降诏旨，作新风宪，可谓任重道远矣。乃作台谏志[9]⑱。

从上文的分析还可以看出，天文复原图和都城复原图的对应主要体现在"方位"层面，这与《大都赋》和《析津志》将"方位"作为元大都规划布局的重点是相符合的（图6）。

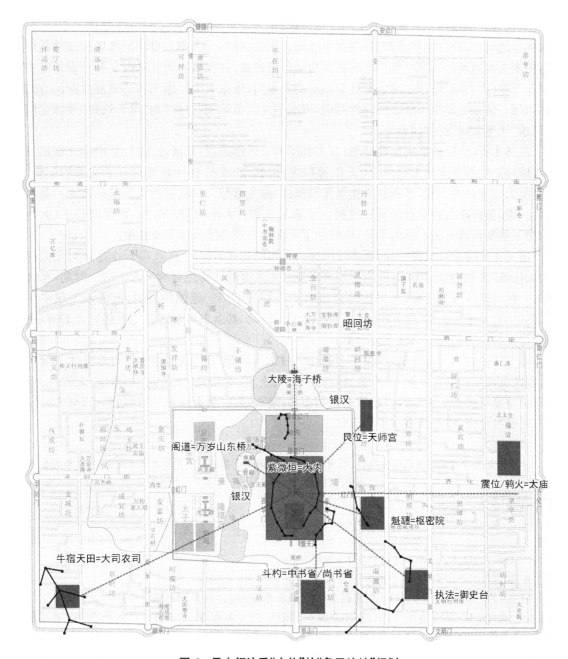

图6 元大都注重"方位"的"象天法地"规划

7 结论与讨论

本文依据李洧孙《大都赋》和熊梦祥《析津志》的记载，尝试解析元大都"象天法地"规划的思想和方法。首先，通过文献判读，确定两文记载的元大都"象天法地"规划模式相同，为综合利用材料，探讨同一空间模式下天地对应的规划方法提供了可能。其次，针对《元史·天文志》不记载周天星宿并且没有传世元代天文图的情况，利用《宋史·天文志》和《新唐书·天文志》，明晰两篇文献所涉及的星宿；再使用天文复原软件Stellarium，精确复原《大都赋》创作之时（大德二年岁首黄昏）的星空布局。再次，针对元大都主要功能区屡次迁移的情况，依据文献判断《大都赋》创作之时主要功能区的位置，并在前人研究基础上补充最新考古材料，复原《大都赋》创作之时的都城空间布局。最后，依据天文复原图和都城复原图的空间模式，逐一解读各星宿与地面建筑的对应，揭示了元大都重视"方位"的"象天法地"建城意境和谋求"天地对应"的空间秩序。

总体来看，复原的结果比较理想。《大都赋》和《析津志》总共涉及12处星宿与地面建筑的对应，除了"都省应乎上台"一句无法解释之外，其余11处都较好地符合了文献的记载。特别是大司农司的位置，考古并未提供任何依据，而文献与天田星宿的位置都指向元大都西南角一带，为判断大司农司的所在地提供了新的依据。天地对应的解读，不仅明确了《大都赋》中一些星宿或天文术语的所指，也揭示了元大都主要功能区的天文意象。

需要指出的是，《大都赋》的著述时间比元大都的始建时间晚了31年。李洧孙对元大都"象天法地"规划理念的解读，可能与刘秉忠规划元大都时的构想有所出入。这一时期，元大都的一些功能区屡次迁移，也可能是造成这一差别的原因。遗憾的是，目前还未发现早于《大都赋》的关于元大都"象天法地"规划的文献。因此，刘秉忠规划之初的设想究竟如何，还需等待新材料的涌现才能被重新挖掘。

本文还注意到，《大都赋》中除了上述12处"象天法地"的功能区外，还明确提到了詹事院、宣政院、卫尉院、宣徽署、泉府署、将作署、六尚女官、太史院、集贤院、军器监、太常寺、翰林国史院等官署建筑[3]⑫，这些建筑的规划布局，是否存在"象天法地"的规划思想，与之对应的又是哪些星宿，都有待进一步的研究。

［感谢清华大学建筑学院武廷海教授、中国科学院国家天文台黎耕副研究员的宝贵意见，特此致谢！本文为中国博士后科学基金项目（2016M591132）、英国剑桥李约瑟研究所李氏基金（Li Foundation Fellowship）项目］

注释

① 参见《钦定日下旧闻考》卷一百六十，《日下旧闻》原序。
② 参见《钦定日下旧闻考》卷六，李洧孙《大都赋》并序。
③ 从后文黄溍门人宋濂《题李霁峰先生墓铭后》的记载来看，此处的"王潜"很可能是"黄溍"的笔误。
④《元史》卷六记载："四年春正月……戊午，立提点宫城所。……城大都。……夏四月甲子，新筑宫城。"说明元大都的营建始于此。卷十三又载："二十二年……二月……壬戌……诏旧城居民之迁京城者，以赀高及居职者为先，仍定制以地八亩为一分；其或地过八亩及力不能作室者，皆不得冒据，听民作室。"说明此时除居住建筑外，元大都已经基本建成。
⑤ 参见《浙江通志》卷一百八十一。
⑥ 参见《四部丛刊·初编·集部》卷十八。
⑦ 参见《文宪集》卷十三。
⑧ 参见《析津志辑佚·中书省照算题名记》。
⑨ 参见《析津志辑佚·中书断事官厅题名记》。
⑩ 参见《析津志辑佚·朝堂公宇》。
⑪《辑本析津志》引《钦定历代职官表》卷四《内阁下》。
⑫ 参见《钦定日下旧闻考》卷八十九《郊坰二》，欧阳原功书《中书右丞相领通惠河都水监事政绩碑》。

⑬ 参见《元史》卷四十八《天文志》。
⑭ 参见《元史》卷四十八至卷五十一《天文志》。
⑮ Stellarium是一款虚拟星象仪软件，可以通过设置观测时间和地点来计算天空中行星和恒星的位置，并按照不同的坐标体系显示出来。
⑯ 参见《宋史》卷四十九《天文志》。
⑰ 参见《新唐书》卷三十五《天文志》。
⑱ 参见《宋史》卷四十八《天文志》。
⑲ 参见《宋史》卷五十一《天文志》。
⑳ 参见《宋史》卷五十《天文志》。
㉑ 参见《元史》卷五十二《历志》。
㉒ 参见《吕氏春秋》卷一至卷十二《十二纪》。
㉓ 参见《元史》卷六十四《河渠志》。
㉔ 参见《钦定日下旧闻考》卷三十八《京城总纪二》。
㉕ 参见《元史》卷八十五《百官志》。
㉖ 参见《析津志辑佚·台谏叙》。
㉗ 参见《析津志辑佚·古迹》。
㉘ 参见《析津志辑佚·寺观》。
㉙ 参见《析津志辑佚·城池街市》。
㉚ 《钦定日下旧闻考》卷六，李洧孙《大都赋》并序："詹事、宣政、卫尉之院，错峙而鼎列；宣徽、泉府、将作之署，蓁布而珠连。玉堂则两制擅美，丹屏则六尚总权，艺苑则秘府史局，俊林则昭文集贤。武备军需，兵戎之管；奉常胄闱，礼乐之原。大府都水之分其任，章佩利用之布其员。医院以精方剂，清台以察璇玑。拱卫、侍卫以严周庐，群牧、尚牧以阜天闲。仓庾积蓄之重，库藏出纳之烦，职崇卑而并举，才细大而不捐。"

参考文献

[1] 吴庆洲.建筑哲理、意匠与文化[M].北京:中国建筑工业出版社,2005.
[2] 武廷海.元大都规画猜想[R].南京:第4届城市规划历史与理论高级学术研讨会暨中国城市规划学会-城市规划历史与理论学术委员会年会,2012.
[3] 于敏中.钦定日下旧闻考[M].北京:北京古籍出版社,1985.
[4] 宋濂.元史[M].北京:中华书局,1976.
[5] 嵇曾筠.浙江通志[M].上海:商务印书馆,1934.
[6] 张元济.四部丛刊[M].上海:商务印书馆,1919.
[7] 宋濂.文宪集[M].吉林:吉林出版集团,2005.
[8] 熊梦祥.辑本析津志[M].徐苹芳,整理.北京:北京联合出版公司,2017.
[9] 熊梦祥.析津志辑佚[M].北京图书馆善本组,辑.北京:北京古籍出版社,1983.
[10] 脱脱,等.宋史[M].北京:中华书局,1977.
[11] 席泽宗.苏州石刻天文图[J].文物参考资料,1958(7):27,25.
[12] 潘鼐.苏州南宋天文图碑的考释与批判[J].考古学报,1976(1):47-62.
[13] 伊世同.《步天歌》星象——中国传承星象的晚期定型[J].株洲工学院学报,2001,15(1):1-8.
[14] 潘鼐.中国古天文图录[M].上海:上海科技教育出版社,2009.
[15] 欧阳修,宋祁.新唐书[M].北京:中华书局,1975.
[16] 张培瑜.三千五百年历日天象[M].郑州:河南教育出版社,1990.
[17] 徐斌.法天地而居之——中国古代都城规划中的"象天法地"[Z].北京:中国科学院国家天文台,2018.

[18] 吕不韦.吕氏春秋[M].陆玖,译注.北京:中华书局,2011.
[19] 朱偰.元大都宫殿图考[M].上海:商务印书馆,1936.
[20] 王璧文.元大都城坊考[J].中国营造学社汇刊,1936(3):69-120.
[21] 王璞子.元大都城平面规划述略[J].故宫博物院院刊,1960(00):61-82,196.
[22] 侯仁之.北平历史地理[M].邓辉,申雨平,毛怡,译.平装版.北京:外语教学与研究出版社,2014.
[23] 王子林.元大内与紫禁城中轴的东移[J].紫禁城,2017(5):138-160.
[24] 姜舜源.故宫断虹桥为元代周桥考——元大都中轴线新证[J].故宫博物院院刊,1990(4):31-37.
[25] 赵正之.元大都平面规划复原的研究//《建筑史专辑》编辑委员会.科技史文集(第2辑:建筑史专辑)[M].上海:上海科学技术出版社,1979:14-27.
[26] 元大都考古队.元大都的勘查和发掘[J].考古,1972(1):19-28,72-74.
[27] 侯仁之.元大都城与明清北京城[J].故宫博物院院刊,1979(3):3-21,38.
[28] 侯仁之.试论元大都城的规划设计[J].城市规划,1997(3):10-13.
[29] 单士元.北京明清故宫的蓝图//《建筑史专辑》编辑委员会.科技史文集[第5辑:建筑史专辑(2)][M].上海:上海科学技术出版社,1980:103-108.
[30] 徐苹芳.元大都在中国古代都城史上的地位——纪念元大都建城720年[J].北京社会科学,1988(1):52-53.
[31] 陶宗仪.南村辍耕录[M].北京:中华书局,1959.
[32] 徐斌.元大内规划复原新探[R].北京:故宫博物院博士后出站报告,2017.
[33] 徐华烽.隆宗门西遗址发现元明清故宫"三叠层"[J].紫禁城,2017(5):42-51.
[34] 邓辉,罗潇.历史时期分布在北京平原上的泉水与湖泊[J].地理科学,2011,31(11):1355-1361.
[35] 邓辉.元大都内部河湖水系的空间分布特点[J].中国历史地理论丛,2012,27(3):32-41.
[36] 中国大百科全书总编辑委员会《考古学》编辑委员会.中国大百科全书:考古学[M].北京:中国大百科全书出版社,1986.

图表来源

图1源自:席泽宗.苏州石刻天文图[J].文物参考资料,1958(7):27,25;潘鼐.中国古天文图录[M].上海:上海科技教育出版社,2009.

图2、图3源自:笔者绘制.

图4源自:赵正之.元大都平面规划复原的研究//《建筑史专辑》编辑委员会.科技史文集(第2辑:建筑史专辑)[M].上海:上海科学技术出版社,1979:14-27;中国大百科全书总编辑委员会《考古学》编辑委员会.中国大百科全书:考古学[M].北京:中国大百科全书出版社,1986.

图5、图6源自:笔者绘制.

表1源自:笔者根据于敏中.钦定日下旧闻考[M].北京:北京古籍出版社,1985;熊梦祥.辑本析津志[M].徐苹芳,整理.北京:北京联合出版公司,2017;熊梦祥.析津志辑佚[M].北京图书馆善本组,辑.北京:北京古籍出版社,1983整理绘制.

谕旨中的关怀：
论雍正帝对建筑遗产的保护

张剑虹

Title：The Care from Decrees：Research on the Protection of Architectural Relics from the Yongzheng Emperor

Author：Zhang Jianhong

摘　要　雍正帝在位期间下达了保护建筑遗产的系列谕旨，这些谕旨涉及负责人员、遗产现状、修缮原则、用料、费用落实、竣工验收核查等诸多方面的事项，执行力强，构成了当时建筑遗产的防护网，较好地传承与发扬了中华传统文化。历代帝王陵寝、名山大川寺庙道观、孔庙是保护的重点，对这些遗产的保护也反映了雍正帝的个人爱好与特点。

关键词　雍正帝；谕旨；建筑遗产

Abstract：The Yongzheng Emperor had issued a series of decrees on architectural relics protection. And these decrees included a lot of contents, such as responsible personnel, relics status, repair principles, materials, cost implementation, completion acceptance check. Meanwhile, these decrees owned strong executive ability, so they constituted the protection network of architectural relics, inheriting and carrying forward the Chinese traditional culture successfully. The protection points were ancient imperial mausoleums, temples in well-known mountains and the Confucian temple, on which protections have embodied the Yongzheng Emperor's personal hobbies and characteristics.

Keywords：The Yongzheng Emperor；Decrees；Architectural Relics

1　引言

联合国教科文组织《保护世界文化和自然遗产公约》在定义"文化遗产"时，将文化遗产分为文物、建筑群和遗址。其中是这样定义"建筑群"的：从历史艺术或科学角度来看，在建筑式样、分布均匀或与环境景色结合方面，具有突出的普遍价值的单立或连接的建筑群。本文所讲的"建筑遗产"属于文化遗产中的建筑群，根据建筑群这一定义，

作者简介

张剑虹，故宫博物院，副教授，博士后

建筑遗产指的是前代遗留下来的有历史和艺术价值、能够体现和传承文化传统的建筑,具体表现形式有宫殿、帝王陵寝、各类道观庙宇等等。当然,作为近现代出现的词,"建筑遗产"对雍正帝来说,是非常陌生的,无从想象的,他所处的时代没有这个词。然而,名词没有,但指向对象却存在,清朝入主中原时中华大地上前朝遗留下来的各类建筑遗产并不比今天逊色,雍正帝对这些建筑遗产进行了不遗余力地保护,本文拟采用文献分析、历史分析等方法从谕旨的角度来论述之。

康雍乾三位皇帝中,雍正帝在位时间最短,不及另外两位皇帝在位时间的1/5,但对建筑遗产的保护却毫不逊色。赵广超在《紫禁城100》一书中引用了一则数据:"专家根据《日下旧闻考》统计,康熙建寺庙1所,修9所,雍正建寺庙7所,修7所,乾隆建寺庙1所,修15所。"[1]虽然作者没有进一步界定"寺庙"的范围,单从数据来看,足以说明问题。本文从历代帝王陵寝、寺庙、道观、孔庙等角度论述雍正帝如何对建筑遗产进行保护与修缮的。

2 历代帝王陵寝

在中国历史上,历代帝王陵寝一向是重要的建筑遗产,是保护的重点。大多数帝王都会对前代帝王陵寝给予修葺、维护等,像西周天子挖掘商王陵寝这类事件很罕见。保护历代帝王陵寝与供奉历代帝王像的做法是一致的,体现的是帝王对皇权体制的认可与维护以及对法统的维持,同时也向世人与后代表明自己的合法性与神圣性。深谙中华传统文化的雍正帝也是如此。

雍正登基后,针对明陵的看守与祭祀,设立了世袭侯爵奉祀制度。雍正元年(1723年)九月,他说自己发现了一道康熙帝未下达的谕旨,在该谕旨中,康熙帝称赞了朱元璋的功绩超过了汉唐宋诸君,为此,下令访求明太祖的后裔,以便奉祀:"朕近于圣祖仁皇帝所遗书笥中,检得未经颁发谕旨。以明太祖崛起布衣,统一方夏,经文纬武,为汉唐宋诸君之所未及,其后嗣亦未有如前代荒淫暴虐亡国之迹,欲大廓成例,访求支派一人,量授官爵,以奉春秋陈荐,仍世袭之……谨将圣祖所遗谕旨颁发,访求明太祖支派子姓一人,量授爵秩,俾之承袭,以奉春秋祭飨。"[2]第二年,便找到了正白旗籍、正定知府朱之琏,并将其封为一等侯世袭,承担明朝诸陵的祭祀:"有镶白旗现任直隶正定府知府朱之琏,乃明太祖第十三子代简王嫡派,谱牒明确,已奉旨授为一等侯爵世袭,即仍令于本旗居住,授爵之后,遣往江宁祭明太祖陵一次,以礼部司官一人,斋祭文同往致祭……祭毕回京,往昌平州祭明十三陵一次,嗣后每年春秋二季,于该旗都统处具呈。前往昌平明陵致祭,至遇有应往江宁祭明太祖陵之处,礼部届期奏请,令其前往,应办事宜,均照初次例行。"[2]雍正帝的这一做法虽然意在消除反清思明思想,但却延续下来,扩展至其他古昔帝王陵寝。乾隆十六年(1751年),乾隆帝曾封姒氏后人世袭八品官,奉祀会稽禹陵。

雍正七年(1729年),雍正帝颁发了一道著名的保护历代帝王陵寝、先圣先贤名臣烈士坟茔的上谕,原文如下:

> 自古帝王皆有功德于民,虽世代久远,而敬神崇奉之心不当驰懈,其陵寝所在乃神所凭依,尤当加意防卫,勿使亵慢。至于广圣先贤、名臣忠烈芳型永作楷模,正气长留天壤,其祠宇茔墓应当恭敬守护,以申仰止之忱。着各省督抚传饬各属捍境内所有古昔陵寝祠墓,勤加巡视防护稽查,务令严肃洁净,以展诚恪。若有

应行修葺之处,着动用本省存公银两,委官办理。朕见历代帝王,皆有保护古昔陵寝之饬谕,而究无奉行之实,朕于雍正元年恩诏内,即以修葺历代帝王陵寝通行申饬,亦恐有司沿积习,视为泛常,嗣后着于每年年底,应令该地方官将防护无误之处结报,督抚造册转报工部汇齐奏闻。倘所报不实,一经发觉,定将该督抚及地方官分别议处。明太祖墓在江宁,昔我圣祖仁皇帝历次南巡,皆亲临祭奠,礼数加隆。着江南总督转饬有司加防护,其明代十二陵之在昌平州者,自本朝定鼎以来,即设立太监陵户,给以地亩,令其虔修禋祀,禁止樵采。圣祖仁皇帝时屡颁谕旨,严行申饬,着该督转饬昌平州知州、昌平营参将,并差委人员时加巡视,务令地境之内,清静整齐,倘陵户或有不敷,着该督酌议加赠,此南北明陵二处,亦着该督抚于每年岁底册报工部汇奏"[2]。

该道谕旨反映了雍正帝对古昔帝王陵寝的态度,要"加意防卫""恭敬守护",并配以系列执行措施。其中与修葺密切相关的是命令各省督抚要动用本省存公银两,采取措施,对所辖境内的古昔陵寝要尽日常管理、维护、修葺之责,每年将防护具体情况造册上报朝廷。该道谕旨确定的保护制度为后继之君贯彻执行。

3 寺庙

一方面,佛教贯穿了雍正帝的一生,无论是从精神信仰,还是政治意图。冯尔康先生将雍正帝视为"崇佛、用佛的精神教主"。在康雍乾三位皇帝中,从精神上笃信佛教的当属雍正帝,他曾写过一首题为《自疑》的诗:"谁道空门最上乘,漫言白日可飞升。垂裳宇内一闲客,不衲人间个野僧。"[3]诗中,雍正帝将自己化作为僧人。雍正帝自号破尘居士、圆明居士,年青时期雇人代他出家,亲自说法,并收门徒14人;在西山建大觉寺,亲自著述《拣魔辨异录》;在其组织刊刻的经史子集各书中,唯以佛经为突出。

另一方面,在处理西北边疆蒙古族、藏族等民族关系时,佛教起了关键作用。清朝,厄鲁特蒙古、西藏等地区信仰佛教,政教合一,从宗教入手控制这些地区是一个有效的方法。康雍乾三位皇帝深谙此道,因此倡导佛教,帮助他们平叛西北叛乱。

另外,就雍正帝个人来说,吃斋念佛成为他在争夺皇位活动中的一个保护伞。他的兄弟们为争夺皇位大打出手,甚至威胁到康熙帝的安全,让康熙帝疲惫不堪,而他平日除了完成康熙帝交办的任务,就是吃斋念佛,从不参与这些斗争。这一切都是利好现象。

佛教之于雍正帝,是精神信仰,又能带来政治上的好处。因此,对佛教寺庙进行修缮、分拨大量银两就不在话下了。本文以浙江诸寺、河南少林寺等为例,分析雍正帝具体如何修缮佛教庙宇的。

雍正帝在位期间对浙江佛教庙宇给予了较多的关注,其中原因可从雍正元年(1723年)给浙江巡抚李馥奏折的朱批中发现,朱批云:"浙江俗称僧海,乃衲子卓锡胜地,而近来丛林凋谢,可胜叹息。汝可于公务之暇,留心护持。"[4]前后陆续修缮了普陀山普济寺和法雨寺,杭州净慈寺、崇福寺、六和塔、西峰寺等。

(1)坚持依据原来式样进行修缮。修缮普陀山寺庙时,"法雨寺之九龙殿、御碑亭,共有四处俱用黄瓦脊料成造,今照旧式,酌估添换"[5]。修缮六和塔时,"所有旧日塔座,若外面损坏而塔心尚可存留,切勿轻易拆毁,可将外面加修完整,仍存禅师灵迹。若旧塔已经倾圮,不可加修,如何仿照旧式,刻期建造,以复旧观,着速行具奏请旨,钦此"[6]。但雍正帝也会根据建筑遗产的具体情况而有所变通。修缮崇福寺时,雍正帝发布了一道上谕:"浙江崇福寺亦系临济祖庭,着李英传谕隆升,令伊就其基址重新修理,如基址狭窄,有应行增添更改之处,着隆升将旧朝基址,并新定式样绘图呈览,钦此。"[6]据此,相关官员前往崇福寺查勘,"旧存庙宇基址一百四十一间,实系基址狭窄,庙宇参差低小,且年久倾圮"[6]。可见,雍正帝并非要求依据原来式样对崇福寺进行修缮。

(2) 坚持量力而行。雍正十二年(1734年),雍正帝下令修缮杭州净慈寺,承办官员预估修葺所需费用为白银7万多两,雍正帝认为花费太多:"动七八万两修理寺庙,使不得,另行定议具奏,或将修理尚可。"[7]根据这一指示,承办官员们又重新勘估,先修建重要部分,将预算控制在白银3万两以内。

(3) 将寺庙修葺与僧人管理相结合。值得注意的是,雍正帝不仅仅重视寺庙的修缮,而且加强了僧人队伍的整饬,把寺庙的修缮与僧人的管理结合起来。雍正九年(1731年),在修缮普陀山寺庙时,雍正帝给负责工程的浙督李卫指示不必修葺寺僧的寮舍:"南海普陀珞珈山乃名山旧刹,朕意欲动数万金大加修理,但两寺僧重皆忞平常,其寮舍屋宇或似可不必代伊等整齐者,其圣所公堂或应更黄琉璃瓦处,可酌量料计一二。"[5]看到这个指示,李卫将寺中房头僧的情况汇报给雍正帝,并提出惩治措施:"查各处业林,常住禅僧固有贤愚不一,惟房头僧众多,未遵守戒律,于本寺之废兴成毁毫无相关,仍假借名色募化设骗,所得资财尽饱私囊,富者盘剥日积,贫者窝顿匪类,且逐渐蚕食霸占常住,非但不服方丈管束,并有勾结党羽,操其去留之权,大抵名山古刹多因房头糟蹋损坏者,不一而足,此等一种和尚,在国家为无籍游民,于佛门大属败类,似当立法尽听方丈管辖,如有违犯,驱逐出寺,押令还俗,将田土房屋归入常住公共,永远为业,抑或变价修理庙貌,庶不至于分立门户,漫无稽查。"[5]另一个例子是雍正十三年(1735年)的少林寺门头房改造工程。雍正帝给时任河东总督王士俊发出具体指示:"朕阅图内有门头二十五房,距寺较远,零星散处,俱不在此寺之内,向来直省房头僧人类多不守清规,妄行生事,为释门败种,今少林寺既行修建,成一业林,即不应令此等房头散处,寺外难于稽查管束,应将所有房屋俱拆造,于寺墙之外左右两旁,作为寮房,其如何改造之处,着王士俊酌量办理。至工竣后,应令何人住持,候朕谕旨,从京中派人前往。钦此。"[7]

4 道观

纵观雍正帝一生,可以说其成于佛教,死于道教。关于成于佛教,上文已提及,不再赘述。何为死于道教?如同好多帝王一样,雍正帝也追求强身健体、长生不老,对道家炼制的丹药深信不疑,平时经常赐大臣们各种丹药、药丸,自己也服用,服用量大了,身体就出问题了,最终死于此。

雍正帝当皇子时,就和道士结交,谋求皇位时相信武夷山道士的算命,继位后对道家依然有兴趣。雍正五年(1727年),白云观道士罗清山去世后,雍正帝命内务府官员料理其后事,追封其为真人。娄近垣、贾士芳、张太虚、王定乾等道士均受到他的宠信。信仰道教、宠信道士,自然就对道观场所进行保护修缮。他在位期间对全国主要道教观址进行了修缮,在此我们专门探讨道教圣地——江西龙虎山上清宫的修缮。

有清一代,对龙虎山上清宫最大规模的修缮是雍正帝主持进行的。雍正九年(1731

年),特赐帑银 10 万两重修上清宫。雍正十年(1732 年)八月,该工程竣工,除将原有殿宇修葺一新外,新建了碑亭、斗母宫、后堂、库房、厢房、斋堂、厨房、虚靖祠及二十四道院等。

下面是督修官通政使臣留保给皇帝汇报上清宫的具体情况:

> 上清宫去龙虎山二十里,在镇市之东,阁殿庑宇共八十六间,南北一百二十三丈,东西三十丈五尺,其最后三清阁已就倾颓,应增补重建,仍用绿琉璃瓦盖庑,大门外增建木牌坊一座,以肃观瞻,其余殿宇廊房酌量拆卸整理。再,看得上清宫西北隙地地基层累而上,实属天然位置,新建大门三间,进为前殿五间,接穿廊七间,随上斗尊殿七间,殿旁东西焚修住房各五间,前殿东西配殿各五间,迴围墙垣南北三十三丈五尺,东西十六丈,其斗尊殿用黄琉璃瓦盖庑,前殿与穿廊用绿瓦,以黄瓦镶砌脊边,此两处工程,臣等估计共需银五万九千三百三十一两零。再,龙虎山之正一观、提点司、法坛、真人祠、炼丹亭等处,亦量加增修,共需银五千六百五十两零。现在采办物料,觅雇工匠,于五月二十五日动工,平筑地基,约于明年春夏之间可以告竣。再,原奉谕旨"动帑十万,将所余银两置买田亩,为上清宫香火之资,以垂永久。钦此"。伏查除估计工程需银六万四千九百余两,俟工程大局有定,臣等拟将余银内动用二万两,会同地方官陆续置买田亩,为合山道院香火地,其田租分派支用,令真人总其大成,拣选谨厚法官,轮流掌管,自是以往所有香火田,应令该府县存案,永为修补庙宇、供给香火之资,真人不得视为己,囊私相售易,如此则上清庙殿香田,可以并垂永久,万古常新矣[8]。

看到该奏折,考虑到当地的杉木不耐久固,不适合盖房,雍正帝批示用楠木、松木,不必赶工期:"若求速成,开得江西杉木,不可造盖房屋,不耐久固,倘就近觅取楠楠,另将就用松,如不可便,迟些时日不妨。"[8] 由此可见,工程质量是被摆在第一位的。

5 孔庙

冯尔康先生认为"雍正对孔子的尊崇,超越于前辈帝王,做人所未做,言人所未言"[3]。雍正元年(1723 年)即诏谕全国各地要兴修文庙:"直隶各省府州县卫所,一应祭祀,宜尽诚敬,诸坛庙、孔庙及从祀各神位,应悉照古志阙里等志修造,按次排定,其一应供献、祭器等项,俱宜精洁备美,逐一绘图,著为成式,厘为定数,颁示天下,礼部详议具奏。"[9]雍正十一年(1733 年)六月给内阁发布谕令,强调文庙祭品不得缩减:"祀事修明,国家令典,孔子文庙,春秋祭仪,尤宜备物尽敬,闻外省州县中,有因荒裁剪公费者,朕思公费既减,必致祭品简略,或转派累民间。二者均未可定,着各省督抚查明所属,若有因荒减费之州县,即于存公银内拨补,以足原额,务令粢盛丰洁,以展朕肃将禋祀之诚,其各凛遵毋忽。"[10]

对阙里孔庙的修复是雍正帝在位期间的一件大事,该工程从雍正二年(1724 年)至雍正七年(1729 年),花费了数十万两白银,耗时 5 年之久,超过了雍正帝在位时间的 1/3。雍正二年(1724 年)七月,山东曲阜阙里孔庙发生火灾,不少殿堂被烧毁。得知孔庙遭受火灾,雍正帝决定立刻重修,从正项钱粮中拨付修复款项,派官员前往阙里勘估所需物料、银两等。从动工至结束,雍正帝一直非常关注,多次下达谕旨过问工程的进度以及细节性问题,更换不称职的官员,处决侵蚀钱粮的官员。这在帝王对历史遗产的保护方面是不常见的。

(1) 对修复提出具体要求。"前闻孔庙被灾,朕即降旨,遣大臣前往,作速估计,动支正项钱粮,择日兴工,务期规制复旧,庙貌重新。"[11]在恢复旧貌的基础上增添、加修。雍正七年(1729 年)二月,发布上谕:"此次修理文庙工程,务期巍焕崇闳,坚致壮丽,纤悉完备,焕然一新,倘旧制之外,有应行添设者,有应加修整者,俱着估计奏闻,添发帑金,茸理丹护,工成之日，朕当亲往瞻谒，以展尊礼先师、至诚至敬之意。"[12]该内容在同年三月初七日给通政使留保的谕旨中又被重复了一次[13]。除了提出整体性要求，雍正帝对个别建筑的用料也提出了具体要求。雍正二年（1724年）九月谕："阙里文庙特命易盖黄瓦，鸿仪炳焕，超越前模。"[14]

（2）严密督察工程的进展情况。一是下达了多道谕旨。督修官留保在一道奏折中提到："阙里文庙自雍正三年六月蒙皇上发帑兴修，谆谆训诲，至再至三。"[13]二是派亲信大员前往工地监督。负责、从事阙里孔庙修复工程的均为山东各级官员，雍正帝派出了较为信任的外部官员对其进行监督，主要有岳浚、留保和田文镜三人。这三人不负使命，基本上把工程中存在的问题反映给了雍正帝，甚至还提出处理措施。以留保为例，雍正七年（1729年）正月上谕："遣通政史留保前往曲阜督率在工人员，尽心竭力敬谨办理，克期竣事，以慰朕怀。"[15]留保不负使命，及时地将相关官员在工程中的表现情况汇报给了雍正帝："乃原任巡抚陈世倌经始无方，耽误于先，接任抚臣塞楞额迟延玩愒，因循于后，辜负圣恩，违背圣旨，实名教之罪人，而王章所难宥者也，相应纠参，请旨交部，严加议处。再查，原任布政使布兰泰、张保、岳浚皆有协理承办之责，乃俱优游坐视，相率效尤，均属不合。至监督道员徐德俶、牟综元身任督修，较之布政司，尤亲切，乃敢怠玩苟且，诸事草率，贻误钦工，咎实难逭，相应附参，交部议处。"[13]

（3）及时更换不称职的官员，严厉惩罚贪污的官员。首先，将侵蚀钱粮的钮国玺秋后处决："陈世倌滥用劣员钮国玺，以致侵蚀钱粮，而采置木植不堪应用，贻误之罪，实不可逭，钮国玺应斩，着监候，秋后处决。钮国玺侵蚀银两，着勒限严追，如力不能完俱着落，陈世倌名下赔补还项。"[16]其次，处理了此项工程中消极怠工的山东各级官员："承修迟误之知府金以成，同知张文炳、张文瑞，通判黄承炳，知州高令树、王一夔、王敷贲，知县马兆英、崔弘烈、干斐、张曰琏、王澍、何一蕙等现任者，俱着离任，修理工程，其缺委员署理，若该员果能尽心修造，俟庙工告成，该抚等奏闻，仍准复还原任，其降革离任者，不许另补，回籍，仍令在工办理，俟工竣之日，该抚等分别奏闻请旨，其佐贰杂职协修微员，免其离任，令在工效力，工成，准其回署，冒帑之员，着该抚钦差即行题参，从重治罪，曲阜知县孔毓琚身系世职，不便离任，但伊为圣裔，更宜身先竭力，若仍怠玩，着即题参，严加议处。庙工甚为繁剧，协办需用多人，且既有离任之员，亦需委署事，着该部于候选候补府厅州县人员内拣选十数员，候朕命，往山东交与该抚及钦差，以备办工署事之用。办工之员，着该抚量给养廉之资，俟工成酌量议叙留在东省，遇缺即补，其置备物料需用银两，若有各员名下应追之项，着先动司库钱粮办理，令于该员名下勒限追还，不得因此稽误工程，其钮国玺误工亏帑一案，如变产之外，力不能完，仍遵前旨，于陈世倌名下赔补，从前督催迟误之抚司道员，自陈世倌、塞楞额以及布兰泰、张保、岳浚、徐德俶、牟综元等，着留保分别查明，交部议处。"[12]

（4）注重事后查核。雍正八年（1730年）、雍正九年（1731年），留保和岳浚关于查阙里文庙工价钱粮事的奏折很清楚地交代了这个问题，下面是留保的回报情况：

臣等逐一查核，正续各工核减银二千三百六十两二钱二分八厘外，有节省，共银一万五百一十四两八钱一分二厘，连核减银共一万二千八百七十五两四分，正续各工价，用银十四万两九千七百九十五两七钱九分零，再查各工，除正续估计外，一切另估添设工程，俱于节省项下支领应用。查御碑楼二座，装塑圣贤像十七，并置造神座，添设大成门棨恩二十四载并戟架，增建前代碑亭一座，修饰阙里牌坊、修葺孔氏故宅门，共动用节省银七千七百九两零六钱八分一厘。以上正续并另添各工，实用银一十五万两七千六百九十六两四钱七分一厘,应行报销,实剩节省,并核减银三千七百七十四两三钱五分九厘,其采买树牌架木之原价银一千二百两,应交原经手官,照例变价,查雍正三四等年,济南府经历夏礼贤,领司库银,又领曲阜工所银,共计六千七百九十八两六钱四分,先后置大小架木一万二千五百零二根,应照例交原经手官变价还项,至截留浙江省架木一千六百根,照依前议,交地方官运送还,通合并声明。据济东道张体仁将各工总数详报前来,臣等复核无异,除各工动用各款细数,并节省支剩数目,仅造细册,由抚臣查明送部核销外,所有清查庙工各总数,理合会同巡抚臣岳浚合词具题[17]。

从该奏折中可以看出,留保将工程每一项花费都严格核查,这样做也是雍正帝所要求的。

(5)借阙里孔庙修复工程,颁布谕旨,惠及孔林和其他地方文庙。雍正二年(1724年),发布上谕:

前闻孔庙被灾,朕即降旨,遣大臣前往,作速估计,动支正项钱粮,择日兴工,务期规制复旧,庙貌重新,览钱以垲所奏,内外大小臣工,幼业诗书,仰承圣泽,各宜捐资修建等语,虽为当理,今有旨,已令动支钱粮,不必再令臣工捐资,但朕亦不便阻儒士之私情,今直省府州县文庙学宫,或有应修者,本籍科甲出身现任之员及居家进士举人生员,平日读圣人之书,理宜饮水思源,不忘所自,如有情愿捐资,不必限以数目,量力捐出修理各该地方文庙学宫并祭器等项,其不愿者,不必强勒[11]。

雍正八年(1730年),谕内阁:

皇五子致祭阙里文庙典礼告成回京,奏称恭谒孔林,周视制见享堂,墙垣间有年久倾圮之处,朕尊崇先师,夙夜周敷,今庙貌已经鼎新,林园允宜修葺,着钦天监选员前往,会同衍圣公孔传铎,相度方位,宜于何时营治,详慎定议。届期朕命大臣前赴曲阜,与衍圣公孔传铎协同敬谨修理,务令崇闳坚固,光垂永久,以昭朕尊礼先师之至意[18]。

6 总结

一方面,建筑遗产并非冰冷的物质实体,它更是民族传统文化的承载者与传承者。作为以德配天的皇帝,自然非常重视保护建筑遗产,雍正帝也不例外。雍正帝下达的建筑遗产保护的系列谕旨,内容详细具体,涉及负责人员、遗产现状、修缮原则、用料、费用落实、竣工验收核查等诸多方面的事项,基本上涵盖了建筑遗产修缮与保护的主要事项。谕旨的执行力强,负责官员要把落实情况及时上奏。这些谕旨构成了建筑遗产的防护墙。另一方面,建筑遗产的保护也能反映出皇帝的个人爱好。雍正帝尊儒、崇佛、信道,儒释道既从精神层面支持了他,也从政治层面给他带来了好处,相关的建筑遗产自然被给予更多的关注与保护。

参考文献

[1] 赵广超.紫禁城100[M].北京:故宫出版社,2015:226.
[2] 中华书局出版社.清会典事例[M].北京:中华书局,1991:933-934.
[3] 冯尔康.雍正传[M].北京:人民出版社,1985:422,445.
[4] 中国人民大学清史研究所.清史编年(第四卷:雍正朝)[M].北京:中国人民大学出版社,2000:26.
[5] 台北故宫博物院编辑委员会.宫中档雍正朝奏折(第十七辑)[Z].台北:台北故宫博物院,1979:449-450.
[6] 中国第一历史档案馆.雍正朝汉文朱批奏折汇编(29)[M].南京:江苏古籍出版社,1991:11-12.

[7] 中国第一历史档案馆.雍正朝汉文朱批奏折汇编（28）[M].南京：江苏古籍出版社，1991：256-257，754.

[8] 中国第一历史档案馆.雍正朝汉文朱批奏折汇编(32)[M].南京：江苏古籍出版社，1991：549.

[9] 故宫博物院.雍正帝谕直隶各省府州县卫所孔庙悉照阙里等志修造事[A].北京：故宫博物院，文档编号：长编08714.

[10] 中华书局影印.清世宗实录(卷132)//中华书局.清实录[M].北京：中华书局，2008：227.

[11] 故宫博物院.雍正帝谕令动用正项钱粮重修阙里被灾孔庙及捐资修理各地孔庙事[A].北京：故宫博物院，文档编号，长编60268.

[12] 故宫博物院.阙里文庙工程迟滞钦差留保等前往督催事[A].北京：故宫博物院，文档编号：长编60332.

[13] 台北故宫博物院编辑委员会.宫中档雍正朝奏折：第二十六辑[Z].台北：台北故宫博物院，1979：962-963.

[14] 故宫博物院.雍正帝谕文庙大成殿著用黄瓦[A].北京：故宫博物院，文档编号：长编24488.

[15] 故宫博物院.雍正帝谕遣通政使留保赴阙里督办孔庙修建工程事[A].北京：故宫博物院，文档编号：长编27802.

[16] 中国第一历史档案馆.雍正朝汉文谕旨汇编（第七册：上谕内阁）[M].桂林：广西师范大学出版社，1999：228.

[17] 故宫博物院.经筵日讲官通政使司通政使留保查奏阙里文庙工价钱粮事[A].北京：故宫博物院，文档编号：长编60087.

[18] 中华书局影印.清世宗实录(卷101)[M]//中华书局.清实录.北京：中华书局，1985：345

元大都日文研究综述

傅舒兰

Title: Review of Japanese Studies about Dadu (Great Capital City) in the Yuan Dynasty
Author: Fu Shulan

摘 要 本文整理了元大都研究的相关日文文献,在对相关学者的研究切入点、研究方法等客观分析的基础上,梳理了在日本元大都研究的总体特征、发展路径与现状。
关键词 元大都;日文研究;综述;北京

Abstract: This is a literature review based on the published research papers and books about Dadu (Great Capital City) in the Yuan Dynasty. Based on the objective analysis of scholars' research perspectives and methods, this paper summarizes the general characteristics, development paths and current situations of research about Dadu in Japan.
Keywords: Dadu (Great Capital City) in the Yuan Dynasty; Japanese Studies; Review; Beijing

元大都始建于1267年,规模宏大、规划齐整,是当时世界上少有的大城市之一。元朝灭亡后,明朝在元大都南半侧的基础上改建、增建,逐渐发展成后来延续明清两代的北京城。由于地理位置的重要性、所在历史时期的特殊性,元大都成为日本中国学研究的重点之一。除了翻译引介中文资料的整理成果外,还有不少原创性的研究成果。这些有原创观点的研究,是本文综述的对象。总体来说,由于日本学者不能直接参与考古发掘,相对于更注重复原研究的中国学者,日本学者的研究主要基于史料考证。下文依次从早期、1960年代后、近期,对以日文发表、有原创性观点的研究做一个整理和介绍。

1 早期研究的开展

随着二战前日本中国学的兴起,自1920年代开始,就有若干学者开始对中国城市展开研究。其中涉及元大都研究的有以下三位:主攻东洋建筑学的村田治郎、东洋考古学的驹井和爱以及日

作者简介
傅舒兰,浙江大学建筑工程学院区域与城市规划系,副教授

本考古学的山根德太郎。这三位都在中国驻留过较长的时间。

其中最早的是村田治郎,他于1924年至1937年任职于南满洲铁道株式会社开办于大连的南满洲工业专门学校。1934年,他在《满洲学报》上发表了《元大都平面图形的问题》。该文基于法国传教士布鲁布克(Rubruk)实录中关于"orda"(中央)一词的记叙,提出元大都将宫城布置在南侧中央是沿袭蒙古人的习俗而非依据《周礼》。而1927年曾在中国停留一年的驹井和爱,则与村田治郎持完全相反的看法。他在1940年《东亚论丛》上登载的《元上都及大都的平面》一文中提出明确的反论:大都在宫城内设置琼华岛一事直接导致都城平面布局的特点,而《周礼·考工记》中匠人营国仍是其思想基础,也是刘秉忠在上都模仿唐长安建设的经验基础上形成的。第三位是1948年在北京驻留过一年的山根德太郎,他于1949年在《人文研究》上发表了题为《元大都的平面布局》的长文[1-2]。该文虽然同样着眼于探求宫城南偏的原因,但研究的展开更为严谨。该文是在系统考察之前关于元大都平面布局的考证研究基础上写作的。通过对1930年《中国营造学社汇刊》刊发的关铎《元大都宫苑图考》、1936年商务印书馆出版的朱偰《元大都宫殿图考》、1936年《中国营造学社汇刊》刊发的王璧文《元大都城坊考》等研究的梳理,山根德太郎首先明确了大都"宫城靠近大都南城墙设置"是经得起考证的基础事实,随后才进一步展开对其成因的讨论。他不否认村田治郎"蒙古人习俗说"对其的启示,但认为这个说法仍需进一步的论据支撑。而对于驹井和爱的"周礼说",他则进行了比较系统的反论:他认为从中国历史上各朝的思想更迭演进与都城建设的事实来看,与其说元大都是基于不变的《周礼》经文,不如说是延续了各时代地方城市建设经验积累所形成的都城营造传统。而这些地方城市更多的是基于自然条件,选择满足人类聚居所需的地理、政治、经济、军事等需求而成立。虽然该文后篇为反驳"周礼说",偏向皇家尊崇教义的流变过程,提出了元代宫殿偏南乃是宋学兴隆再倡《周易》后"以天为阳"、与星象对应的结论①,但其提出的元大都建设更多基于自然条件的观点,在后一时期侯仁之先生的研究中得到了充分的论证。

2　1960年代后的研究

随着1960年代北京城市建设的推进和相应考古发掘报告的公布,1960—1970年又掀起了新一轮的元大都研究热潮。相对于学者频出的中国(王璧文、赵正之、侯仁之、徐苹芳、陈高华等人),日本则鲜见新的研究。尤其是在传统的考古与建筑史领域,直到2000年代以后,才出现撰文探讨元朝建筑中西藏、蒙古元素的福田美穗[3-4]。反而在历史学领域,沿袭战前元朝史研究的方向开始出现了新的发展。在元史研究领域,较早涉猎元大都的学者是田村实造。他于1943年在《史林》发表了题为《从历史所见北京的国都性》的文章。该文考察了从金到清北京地区内部北方民族与汉民族的互动关系,提出了北京城市乃是北亚与中国文化复合投射的产物。

而对于元大都专门史的研究,则首推1966年爱宕松男发表于《历史教育》中国历史城市特辑的《元大都》一文。该文虽然篇幅不长,但围绕忽必烈以后的汗位继承、蒙古政权建立的政治历史过程来定义大都建设的重要性的研究路径,显然与以上提及的平面研究不同。从政权建立和争斗的历史过程来看,元大都的最终建成标志着元朝政权的重心转移到传统的汉族地域，同时也能佐证作者关于大都建设主要受喇嘛教影响的观点。值得一提的是，该文中所提的城内外均繁华、大都上都形成"二都制"的两点认识，以及对元大都建11座城门乃是寻求哪吒太子加护的新说，对后续研究产生了比较大的影响。

1984年撰写了《忽必烈与大都——蒙古型"首都圈"与世界帝都》[5]的杉山正明，正是基于对爱宕松男"二都制"认识的发展和延伸的基础上，试图联系并解释前述既有研究所揭示的元大都各项特征。该文在逐步论述了燕京非传统汉族政权中心城市所在地、燕京在忽必烈之前已是蒙古统治的范围、燕京正好位于包涵整个蒙古地区的中国地域中心、忽必烈政权源头所在的部落军团正好统治覆盖上都与燕京地区等观点的基础上，揭示了大都必然选址于燕京地区的原因，进而将"为何建设大都"的问题归结为大都乃顺应忽必烈在权力斗争中胜出后，需通过建设宏伟帝都展现其威仪震慑其他诸王的原因。在这个基础上，作者进而联系并解释了"大都皇城南偏"、皇城部分带有蒙古要素等等问题，乃是在皇城建设中强调忽必烈权力根源将冬营地琼华岛划入但城市总体规划则仍循《周礼》推进的结果。杉山正明还在1995年出版的《忽必烈的挑战——蒙古迈向海上帝国的道路》一书中，进一步强调了元大都作为从平地而起规划建设的城市，在元朝整个国家建设中的重要性，试图从城内积水潭经通惠河直通大海的事实引证其"元大都是作为世界中心被规划建设"的设想。

3 近期的研究推进

1990年代末到现在，元史研究的领域出现了两位较为值得关注的研究者——渡边健哉与乙坂智子。

渡边健哉从最早发表于《集刊东洋学》的《元代的大都南城》[6]（受爱宕松男"大都城内外均繁华"的认识启发）一文开始，专注于元大都研究。他连续刊发了针对元大都建设和形成过程中重要的组织机构"大都留守司"[7]，主要官员"大都留守——段贞"[8]，重要政令"至元二十年九月令"[9]，重要建筑比如"中央官厅建设""佛寺道观建设"[10-11]的文章，以及讨论"金中都与元大都的连续"[12]来观察前后时期的影响和延续等问题。2017年他将过往的研究再编，出版了《元大都形成史的研究：首都北京的原型》一书，无论在持续性还是涉猎的广度上都较前述学者有了进一步的突破。

乙坂智子早期聚焦于藏传佛教与元代政权的关系[13-15]，随后将研究拓展至明代藏传佛教（包括青海明敕建弘化寺的历史考证[16]、明藏传佛教的引入[17-18]、色目人回归以及明朝北京顺天府[19]等具体课题)，以及对元朝的对外政策"内附"制度等的研究[20-21]。近期则从汉藏融合的角度撰写了多篇论文，其中一篇就是通过观察元大都的佛教祭奠与称颂汉诗程序，解读元代通过庆典和仪式来塑造多元融合社会气象的方法和过程[22]。这篇文章不同于以往"元大都"研究中只关注都城建设和相关制度建设、人员及其思想，而是进一步从都城所承载的社会活动层面切入，解读空间的文化与政治意义。

4 总结

从以上对过往研究的整理可以看出，与"元大都"相关的日文研究有以下几个总体特征：

(1)基于史料文献的考证与分析。(2)研究传统上从都城空间布置与元大都历史地位两大方面展开,目前涉及更为细致的关于建设过程、制度、人物及其思想以及空间的文化与政治意义等方面。(3)从相关研究开始的政治背景,到后期许多文章着重讨论的蒙古元素、蒙藏影响以及与汉族的关系等,可以观察到,一部分研究不可避免地带有了政治倾向性,需谨慎与辩证地看待这些观点。再观察其开展和发展的总体过程,可以总结出其发展路径,即日本最初是在"东亚共荣圈"导向的中国学范畴内开展对元大都的研究的,1960年后由于中国考古发掘的推进和资料的公开出现了一个研究小高潮,目前在历史学领域形成了较有特色与系统的研究成果与代表性学者。

注释

① 1950年代以后,山根德太郎将研究重心转到"难波"。

参考文献

[1] 山根德太郎.元「大都」の平面配置[J].人文研究,1949,1(2):1-31.
[2] 山根德太郎.帝都燕京について——人文科学委員会第2回大会・歷史学研究報告(要旨)[J].人文,1948,2(1):114-115.
[3] 福田美穂.元朝の皇室が造営した寺院:チベット系要素と中国系要素の融合[J].種智院大学研究紀要,2005(9):15-30.
[4] 福田美穂.元大都の皇城に見る「モンゴル」的要素の発現(特集中国の都市と建築)[J].仏教芸術,2004(272):34-67.
[5] 梅原郁.中国近世都市与文化[Z].京都:京都大学认为科学研究所,1984.
[6] 渡辺健哉.元代の大都南城について[J].集刊東洋学,1999(82):103-121.
[7] 渡辺健哉.元朝の大都留守司について[J].文化,2002,66(1-2):34-53.
[8] 渡辺健哉.元朝の大都留守段貞の活動[J].歷史,2002(98):72-96.
[9] 渡辺健哉.元大都形成過程における至元20年九月令の意義[J].集刊東洋学,2004(91):77-96.
[10] 渡辺健哉.元の大都における中央官庁の建設について[J].九州大学東洋史論集,2010(38):49-71.
[11] 渡辺健哉.元の大都における仏寺・道観の建設——大都形成史の視点から[J].集刊東洋学,2011(105):62-79.
[12] 渡辺健哉.金の中都から元の大都へ(シンポジウム都城の変貌:東アジアの9世紀—15世紀)[J].中国:社会と文化,2012(27):9-28.
[13] 乙坂智子.元初におけるラマ教受容[J].社会文化史学,1986(22):47-59.
[14] 乙坂智子.リゴンパの乱とサキヤパ政権——元代チベット関係史の一断面[J].仏教史学研究,1986,29(2):59-82.
[15] 乙坂智子.サキャパの権力構造:チベットに対する元朝の支配力の評価をめぐって[J].史峯,1989,3:21-46.
[16] 乙坂智子.明勅建弘化寺考:ある青海ゲルクパ寺院の位相[J].史峯,1991(6):31-68.
[17] 乙坂智子.ゲルクパ・モンゴルの接近と明朝[J].日本西蔵学会々報,1993(39):2-7.
[18] 乙坂智子.永楽5年「御製霊谷寺塔影記」をめぐって:明朝によるチベット仏教導入の一側面[J].日本西蔵学会々報,1997(41-42):11-21.
[19] 乙坂智子.帰ってきた色目人——明代皇帝権力と北京順天府のチベット仏教[J].横浜市立大学論叢人文科学系列,2000,51(1-2):247-282.

[20] 乙坂智子.元代「内附」序論——元朝の対外政策をめぐる課題と方法[J].史境,1997(34):29-46.
[21] 乙坂智子.元朝の対外政策——高麗・チベット君長への処遇に見る「内附」体制[J].史境,1999(38-39):30-53.
[22] 乙坂智子.聖世呈祥の証言——元大都仏教祭典と称賀漢詩文[J].史境,2008(56):41-65.

文献所见周初洛邑规划技术流程初探

郭 璐

Title：A Preliminary Study of Planning Technical Process of Luoyi in the Early Zhou Dynasty Based on the Literature Research

Author：Guo Lu

摘 要 周初营建洛邑是中国早期城市规划建设的重要事件。本文通过对《尚书》《逸周书》等早期文献的深入挖掘和系统分析,揭示了周初洛邑营建中以"度邑—相宅—丕作"为主体内容的城邑规划技术流程,进而分析了其特性,即兼顾物质与精神、融贯不同空间层次、以国家统治核心为规划活动的主导者。

关键词 洛邑;规划技术流程;文献研究

Abstract：The planning of Luoyi in the early Zhou Dynasty is an important event in the history of Chinese urban planning. The early documents, including *Shangshu*, *Yi Zhoushu*, etc. are excavated and analyzed systematically to reveal the urban planning technical process：Duyi (define the capital area) - Xiangzhai (select the sites of the city and its important buildings) - Pizuo (plan and construct the capital city and its suburbs). As a conclusion, the characteristics of this technical process are demonstrated：Consideration of both material and spiritual demand; Integration of different spatial scales; Leadership of the ruling core of the central government.

Keywords：Luoyi; Planning Technical Process; Literature Research

西周初年洛邑的营建是西周统一天下的关键性政治举措,也是中国早期城邑规划建设的重大事件,具有重要的历史地位。一方面,相关考古调查自1950年代起即已展开。东周王城[1]、西周墓葬[2]以及被汉魏洛阳城覆压的西周城址[3]等遗迹相继被发现,但总的来说,西周遗址不甚清晰,对于洛邑的具体位置乃至城邑数目都还存在较多争议,遑论洛邑规划研究;另一方面,《尚书》《逸周书》等早期文献中对洛邑营建多有记载,历史学、历史地理学等领域的学者已注意到这些文献,从营建时间[4]、城邑数目①、城址位置[5-7]、建城的历

作者简介

郭 璐,清华大学建筑学院,助理教授

史作用[8-9]等方面展开了研究。这些研究启发我们从历史文献的挖掘和分析入手,研究洛邑规划的技术流程,分析其基本特征。

本文将基于文献开展实证与建构相结合的历史研究。在先秦文献中,《尚书》的《召诰》《洛诰》、《逸周书》的《度邑解》《作雒解》,是较为可信的历史文献②,其中记录了大量有关西周营洛的信息;《史记·周本纪》可被视为在先秦文献基础上的综合集成,后世文献多源于此。这些不同文献中的相关信息存在隐性的关联,需要在文献挖掘的基础上进行逻辑概括和理论提升,建构整体体系,揭示内在规律。还要与先秦时期城邑规划的其他文献开展互证研究,包括金文材料、《诗经》《周礼》③的相关篇章等。此外,考古成果和历史时期地形地貌的研究也将发挥辅证作用。

综合各类文献可以看到,周人营建洛邑的工作主要包括三部分,即"武王度邑—召公、周公相宅—周公丕作",从司马迁的总结概括中也可看出这三个步骤:"成王在丰,使召公复营洛邑,如武王之意。周公复卜申视,卒营筑,居九鼎焉。"[10]本文将从这三个方面出发,解析洛邑规划的技术流程。

1 武王度邑:确定都城地区的范围

营建洛邑的设想始于周武王,在武王克殷之后,通宵难眠,担忧国家无法安定长久,召来周公,告知他在洛河、伊河一带建设新的都城的设想。武王称之为"度邑"。《逸周书·度邑解》对此有详细的记载:

呜呼!旦!我图夷,兹殷,其惟依天,其有宪命,求兹无远。天有求绎,相我不难。自雒汭延于伊汭,居阳(易)无固,其有夏之居。我南望过于三涂,北望过于岳鄙,顾瞻过于有河,宛瞻延于伊雒。无远天室,其名兹曰度邑[11]。

从文本内容可以看出,武王确定了一片区域作为营建都城的理想地区,也就是三涂山④、岳鄙(太行)⑤、天室山(嵩山)所界定的伊洛平原,这是一个非常广阔的区域,东西、南北均超过100 km,可以说确定了都城选址的大致范围。在西周早期文物何尊的铭文中有:"隹(惟)珷(武)王既克大邑商,则廷告于天曰:余其宅兹中或(国),自兹乂民。"[12]其所述与《逸周书·度邑解》为一事,是武王要定都于"中国",在此统治人民。西周早中期金文中的"国"(或)字大多是指一片区域[13],所谓"中国",即"中域",居于中心的地区。这个"中域"的确定,应当就是武王度邑的成果。

武王为何选择这一地区作为立都之所在?《尔雅·释诂》中指出,"度者,谋也",说明这是与政治谋略直接相关的,正如《逸周书·度邑解》所载,武王度邑的动因是"我未定天保,何寝能欲"[11]。"我图夷,兹殷"[11],是巩固政治统治的野心所驱动的。"度邑"是武王基于对统治疆域的政治形势、地理条件等的综合分析所进行的战略决策,在疆域范围内选定一个最适宜建立政治中心、实施政治统治的地区,而非一下子就精确到一个具体的地点。

首先,这一地区位于周人统治疆域居中的位置,便于实施统治。文献中常用"中国"或"土中"⑥来指代这一地区。基于当代历史地理研究可以看出,在西周东西、南北均超过1 000 km的统治疆域范围内,这一地区确实处于居中位置⑦(图1),到各处都交通便捷,是人流、物流汇聚的中心,是朝会和贡赋的中心,因而成为"天下之大凑"[11]"四方入贡道里均"[10]。其次,这一地区是夏人故地,具有政治文化上的权威性。正如武王所说"自雒汭延于伊汭,居阳(易)无固,其有夏之居"⑧。夏人的活动区域主要在今晋南豫西一带,伊洛一带正在其中。李零将中国早期文明的分布自西向东分为周、夏、商三大板块[14],武王选定的区域正在"夏板块"的中心位置(图2)。周人一直奉夏为政治和文化正统,亦常自称为夏人⑨,选择在夏人故地建都,具有政治和文化上的正当性和权威性。此外,这一地区较之周人故地,更靠近殷商遗民的聚居地,更易于进行管理和控制,《尚书·多士》即记载了洛邑建成之后迁殷遗民于此的史实。

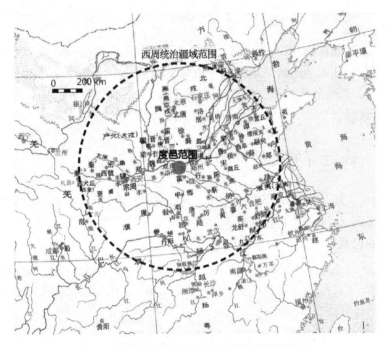

图1 度邑确定的范围与西周统治疆域的关系

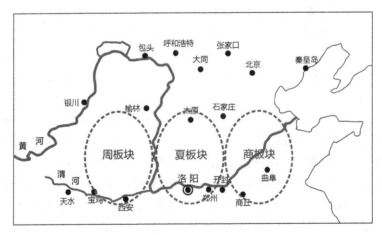

图2 都城地区与夏、商、周三大板块的关系

综上可以看出,武王度邑是在对统治疆域的整体形势全面把控的基础上,确定都城地区的大致范围,这是国家层面的战略决策。正如徐元文在《历代宅京记》序中所说:"卜都定鼎,计及万世,必相天下之势而厚集之。"[15]度邑就是要把握这种"天下之势"。

2 召公、周公相宅:择定城址和重要建筑的具体位置

武王时选择了都城建设的区域,但并未正式建设。武王去世后,周公辅佐成王,在东征胜利后,继承武王遗志,营建东都洛邑。召公主导、周公辅助,合作完成了"相宅"的工作。

《尚书》的《召诰》和《洛诰》中对相宅有详细的记载,综而观之,包括四个步骤:"召公先相宅"(《召诰》)[16],包括卜宅、攻位两步;然后周公"胤保大相东土"(《洛诰》)[16],包括再卜、祭祀两步。这四个步骤之后,选址完成,绘制图纸、汇报成王,谓之"定宅"(表1)。

表1 召公、周公相宅的工作流程

天数	日期	工作内容		主导者
1	戊申	太保朝至于洛,卜宅。厥既得卜,则经营(《召诰》)	卜宅	召公
2	—	—	—	—
3	庚戌	太保乃以庶殷攻位于洛汭(《召诰》)	攻位	召公
4	—	—		
5	—	—		
6	—	—		
7	甲寅	位成(《召诰》)		
8	乙卯	周公朝至于洛,则达观于新邑营(《召诰》)/朝至于洛师。我(周公)卜河朔黎水,我乃卜涧水东、瀍水西,惟洛食;我又卜瀍水东,亦惟洛食(《洛诰》)	再卜	周公
9	—	—	祭祀	周公
10	丁巳	(周公)用牲于郊,牛二(《召诰》)		
11	戊午	(周公)乃社于新邑,牛一、羊一、豕一(《召诰》)		

总的来说,这四个步骤中包括两类活动。

(1)"攻位"。这项工作花费了五天的时间,是"相宅"工作的主体。究竟何谓"攻位"?《广雅·释诂》:"攻,治也。""位"是中国古代空间规划中一个非常重要的概念,《尚书·盘庚下》载"盘庚既迁,奠厥攸居,乃正厥位"[16],说明是在迁都之后确立具体的建设地点;《周礼·春官·肆师》又言"凡师甸用牲于社宗,则为位"[17],社宗即为其所正之位。就洛邑营建而言,周公在"位成"的基础上完成了再卜和祭祀的工作,从中可以看出召公的工作成果:首先,周公在不同地点反复占卜,最终认为洛水之滨,涧水、瀍水东西一带是吉祥的地方,他显然是在验证召公择定的城邑位置;其次,周公在郊、社举行祭祀典礼,也就是说召公已经择定了郊庙和社稷的位置。总而言之,召公攻位首先是择定了城址,其次是确定了重要建筑物的位置,这就意味着城邑的范围和基本结构骨架已经确立了。《周礼》反复强调"辨方正位",所谓"正位"就是确定天下空间格局的主中心与分中心的位置,进而划分界域,形成天下空间秩序的基本框架[18]。与《周礼》相比,召公攻位是在城邑这一较小的尺度上确定了空间秩序的基本框架。

召公、周公最终择定的城址,如前文所述在洛水之滨,涧水、瀍水东西一带,又据《逸周

书·作雒解》应在洛水和郏山(即邙山)之间[11]。目前考古工作发现洛阳地区西周时期的遗址主要分布在三个片区,分别是涧河两岸[3,19]、瀍河两岸[2]、白马寺和汉魏洛阳片区[3]。其中瀍河两岸的面积最大,遗存最密集,延续时间最长,白马寺和汉魏洛阳片区的遗存则以西周晚期为主,也就是说西周遗存的分布是和文献记载相符合的。学界对洛邑城址有不同观点,认同度较高的主要有两种:①东周王城遗址一带,今涧河沿岸[7];②今瀍河两岸[11]。虽然具体的位置有所差别,但是大致区域是接近的,可以看出是在度邑所确定范围内的进一步聚焦(图3、图4)。

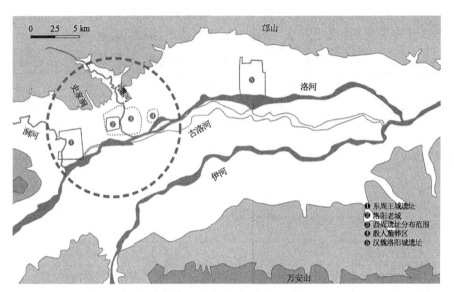

图 3　所推测的洛邑选址的可能范围

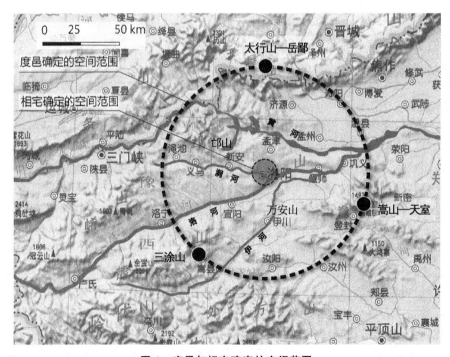

图 4　度邑与相宅确定的空间范围

（2）占卜、祭祀。这是赋予选址正当性和权威性的一个必需的步骤。建都洛邑要"奉答天命,和恒四方民"[16],洛邑是"王来绍上帝"[16]之处,洛邑的选址要得到上帝的认可才具有使万民臣服的精神力量。这是自殷商、先周时期起即已产生的传统[12]。邢台出土的西周早期卜骨,研究者认为就是用于占卜决断,为邢国选址的[20]。周原卜甲有"保贞宫"之辞,是卜问宫室营造之事[21],可见重要建筑物的选址也要进行龟卜。

从《尚书》文本来看,占卜、祭祀的行为在一天内完成,可以想象其内容和技术方法应是比较简洁的;但是多次进行,又说明其意义非常重要,需要反复强调。不管是召公在攻位前的占卜,还是周公在此后的再卜和祭祀,都可以被视为强化攻位所形成的秩序框架的正当性和权威性的必要仪式。以周公再卜为例,他只在三个地方进行了占卜,其中两个地点是吉祥的,一个地点作为反面的参照物。这更像是一种事先设计好的目的明确的仪式,而非真正意义上的听凭天意的随机选择过程。

综上,所谓相宅就是在度邑所选定的区域内选取最适宜的地点,确定城市及其重要建筑物的选址,确立城市的秩序框架,并以占卜和祭祀等活动对这一秩序框架的正当性和权威性进行强化。

3 周公丕作:王城和王畿的布局和建设

通过"度邑"和"相宅",城邑和重要建筑物的位置就确定下来了,下一步自然是具体的规划建设,这一系列的工作是周公率领殷商移民完成的,即"庶殷丕作"。

《逸周书·作雒解》详细记载了"丕作"的内容,从中可以看出,周公所做的是一个多层次的空间规划建设体系,以王城规划建设为核心,上至区域土地划分和城邑体系规划,下至郊庙、社稷、宫室、宗庙、明堂等重要建筑物的规划设计,事实上是对"宫庙—王城—王畿"空间形态的整体塑造。

（1）营王城。王城的规划建设是"丕作"的核心,《逸周书·作雒解》首先详述了周公所营建的王城及其郭区的尺度和具体位置:

乃作大邑成周于中土。城方千七百二十丈,郭方七十里。南系于雒水,北因于郏山,以为天下之大凑[14]。

《艺文类聚·居处部》《太平御览·居处部》等将城邑的规模引作"千六百二十丈"[22-23],180丈为1里,则城方9里,与《考工记》中的王城规模是一致的。《考工记》中还进一步阐释了王城方格网式的内部空间结构:"九经九纬,经涂九轨……"[16]

"郭方七十里"的含义历来聚讼不已。《说文》称"郭,郭也",有学者认为"七十里"的城郭尺度过大,应为十七里或二十七里[13]。值得注意的是,中国古代存在依山川为郭以御敌的传统,所谓"依山川为之,非如城四面为垣者"[24]。这在先秦文献中多有体现。《周礼·夏官司马》有"掌固"一职,"掌修城郭、沟池、树渠之固""若造都邑,则治其固,与其守法。凡国都之竟有沟树之固,郊亦如之",其重要方法就是"若有山川,则因之"[16]。洛邑所在的伊洛河平原,北为邙山,南为万安山、嵩山山脉,南北大约为25 km,周代一里大致为300—400 m[14],70周里与25 km是很接近的。也就是说,洛邑的"郭"很有可能就是依洛阳盆地四周高起的自然地形而形成的一个防御圈,并不完全依赖人工建设(图5)。郭的内部面积广大,应当也并非以密集的居住区为主,而是有大面积的农田。

（2）制王畿。在王城营建的基础上,空间布局和建设工作进一步扩展到了王畿地区,《逸周书·作雒解》对此有详细记载:

> 制郊甸,方六百里,国西土,为方千里。分以百县,县有四郡,郡有四鄙,大县立城,方王城三之一。小县立城,方王城九之一。都鄙不过百室,以便野事。农居鄙,得以庶士,士居国家,得以诸公大夫。凡工贾胥市臣仆州里,俾无交为[11]。

王畿地区形成了"县—郡—鄙"三个层级的土地划分,并建立了与之相适应的城邑体系,城邑规模也分"大县—小县—都鄙"三级,形成了王畿范围内层次分明、井井有条的空间秩序体系。在这个秩序体系里农、士、工、贾等不同的社会阶层都能各得其所,安居乐业。

一般认为西周王畿分为相互连接的东西两个部分,其中宗周王畿约方800里,成周王畿约方600里,合计方1 000里⑮。《逸周书·作雒解》所述也是此意。从洛邑的自然地理条件来看,豫西山地自关中平原东端延伸到黄河平原西端,其间分布有大小不等的低山丘陵和河谷冲积平原,历史上四面皆设有关卡,是一个相对独立的地理单元,洛邑正居其中,从西端秦时的函谷关到东端虎牢关,东西大约200 km,折合周里与600里相差不远。西周王畿有可能大致就在这样一个地理单元的范围内。这也与《国语·郑语》中史伯描述的"成周"范围是基本一致的⑯（图5）。

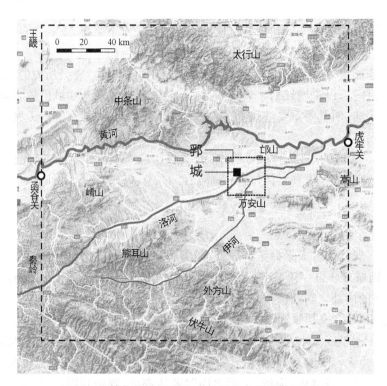

图5 洛邑的城郭、王畿与自然地理条件的关系示意

（3）立宫庙。在建设城邑、划分王畿的基础上,周公还率领众人建设了城邑内部及其周边的重要建筑,包括丘兆、社坛、大庙、明堂等⑰。《逸周书·作雒解》有载:

> 乃设丘兆于南郊,以祀上帝,配以后稷,日月星辰先王皆与食。封人社壇诸侯受命于周,乃建大社于国

中……乃位五官：大庙、宗宫、考宫、路寝、明堂[6]。

在中国传统城邑的规划建设中，重要建筑物的选址建设并不是随意的，而是与城邑乃至王畿整体的空间结构紧密结合在一起的，是在空间结构的关键位置有目的地建设重要建筑物，往往在四正或居中的方位上，例如《考工记》中就勾画了宫室居中、左祖右社的布局模式。洛邑营建中应当也有这样的考虑，可以看到郊（丘兆）、社的位置甚至是在召公攻位时即已择定，在城市整体空间结构的布设中发挥关键作用。

综上，所谓"周公丕作"，其主体内容是王城和王畿的布局和建设，"宫庙—王城—王畿"的空间形态得到了整体性的塑造。

4 结论与讨论

通过对西周洛邑营建的相关文献的梳理和研究，可以发现其中蕴含着一个系统的城邑规划技术流程：首先，度邑，基于天下形势，确定都城地区的范围，这是国家层面的战略决策；其次，相宅，择定城址和重要建筑物的具体位置，确立和强化城邑空间秩序框架；最后，丕作，进行"宫庙—王城—王畿"的布局和建设，塑造整体性的空间形态（图6）。

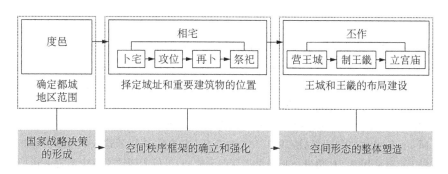

图6 "度邑—相宅—丕作"的规划流程

这一技术流程并非洛邑营建所独创的，在其他先秦文献中也能看到其痕迹。以《周礼》为例，其包含了一个以"辨方正位"与"体国经野"为核心的空间规划体系，前者是奠定规划基础、建构空间框架，相当于"度邑""相宅"；后者是塑造空间形态，形成天下尺度的空间秩序，相当于"丕作"[13]。梳理《周礼》职官，也可以看到，"度邑—相宅—丕作"的各项工作内容都有相应的职官来支撑，仅举几例如下：

度邑。《地官司徒·大司徒》："周知九州之地域广轮之数。"[17]《夏官司马·大驭》："掌天下之图，以掌天下之地。"[17]

卜宅。《春官宗伯·大卜》："国大迁……则贞龟。""凡国之大事，先筮而后卜。"[17]

攻位。《地官司徒·大司徒》："以相民宅，而知其利害。"[17]

祭祀。《春官宗伯·大卜》："建邦国，先告后土，用牲币。"[17]

丕作。《地官司徒·大司徒》："乃建王国焉，制其畿方千里而封树之。凡建邦国，以土圭土其地而制其域……凡造都鄙，制其地域而封沟之，以其室数制之。"[12]《地官司徒·小司徒》："凡建邦国，立其社稷，正其畿疆之封。"[17]

可以说西周营洛的规划技术流程和《周礼》的规划体系具有某种意义上的一致性。这个技术流程与现代城市规划体系有相近之处，同时也具有非常鲜明的特性。首先，兼顾物质与精神。周人对地理条件、自然资源等有系统深入的认知，包括疆域地理形势、选址范围的光照、土壤、水体等，王城和王畿的范围也是依自然地形条件而确定的；与此同时，又格外重视文化上的正统性和权威性，在度邑中对夏人故地的继承和对天室的依赖，在相宅过程中对占卜和祭祀的重视，都体现了这一点。其次，融贯不同空间尺度。自大尺度向小尺度、由区域向建筑分层次推进，但各个层次之间不是决然分开的，例如，相宅的过程中同时考虑城邑和重要建筑物的选址，不作则明显是将区域土地划分、城邑空间布局直至公共建筑营建作为一个整体来考虑。

此外，值得注意的是，洛邑规划的主导者是国家的统治核心，从武王度邑到召公、周公相宅，再到周公率庶殷丕作，莫不如此，周公在"定宅"之后还要专门画图向成王汇报。可见规划活动属于国家最高层的政治决策。之所以要营建洛邑，是武王担忧国家无法安定长久，所谓"我未定天保，何寝能欲"[11]。在洛邑建成之后，周王室则获得天命，可以在此统治天下，所谓"其作大邑，其自时配皇天，毖祀于上下，其自时中乂；王厥有成命治民"[16]。洛邑的规划活动明显是以政治统治为驱动和依归的，可以说周人的规划活动事实上是政治统治行为的重要组成部分。

［本文得益于清华大学武廷海教授的指导，谨致谢忱！本文为国家自然科学基金项目(51608293)］

注释

① 关于西周初年在洛阳一带营建的城邑向来有双城说和单城说两种观点。所谓双城说，即王城在西，成周在东，前者起源较早、流传日久，班固《汉书·地理志》、郑玄《王城谱》中均有此说，直至当代陈梦家[陈梦家.西周铜器断代(二)[J].考古学报，1955(2)：69-142)、许倬云(许倬云.西周史(增订本)[M].北京：三联书店，1994：124]等仍持此观点。童书业提出洛邑仅为一城，王城为成周之内城(童书业.春秋王都辨疑[M]//童书业.中国古代地理考证论文集.北京：中华书局，1962：53-76)。杨宽(杨宽.中国古代都城制度史研究[M].上海：上海古籍出版社，1993：48)、史为乐(史为乐.西周营建成周考辨[J].中国史研究，1984(1)：145-153)从其说。杜勇进一步指出洛邑即为成周，可信的西周文献中不曾见到"王城"一词，金文材料也无法对双城说形成支持(杜勇.周初东都成周的营建[J].中国历史地理论丛，1997(4)：41-65)。本文取单城说的观点。

② 关于《尚书》两篇的可信度，详参顾颉刚.论《今文尚书》著作时代书[M]//顾颉刚.古史辨一.上海：上海古籍出版社，1982：201；徐炳昶，苏秉琦.试论传说材料的整理与传说时代的研究[J].史学集刊，1947(5)：1-279。关于《逸周书》两篇的可信度，详参唐大沛.逸周书分编句释[M].台北：台湾学生书局，1969；王国维.周开国年表[M]//王国维.观堂集林外二种.石家庄：河北教育出版社，2003：617-623；杨宽.西周史[M].上海：上海人民出版社，1999：865-867。

③ 《周礼》通常被认为成书于战国晚期到汉初，虽然有一定的理想成分，但是在相当程度上是基于自西周起的事实基础。特别是其中关于具体的技术方法的记载，应当更多的是历史经验的总结。

④ 三涂山应位于伊水以北，今嵩县西北(详参蔡运章，史家珍，周加申.三塗山、涂山氏及其历史文化考察[J].洛阳考古，2016(2)：41-53)。

⑤ 关于"岳"到底代表哪座山峰，有华山、太岳、太行等多种观点，据《逸周书汇校集注》所载，潘振云："岳，华山也。在陕西同州府华阴县。"陈逢衡云："'岳'即太岳，在今山西霍州东南。"朱右曾云："岳，司马贞以为太行山，在怀庆府河内县北。鄯，都鄯，近岳之邑也。"(黄怀信，张懋镕，田旭东.逸周书汇校集注[M].黄怀信，修订.上海：上海古籍出版社，2007：514)从实际的地理形势来看，华山、太岳都距离伊洛流域、三涂山、嵩山等过于遥远，"岳"应当是指"太行山"。

⑥ 前引何尊铭文，即称"中国"。《尚书·召诰》载："王来绍上帝，自服于土中。旦曰：'其作大邑，其自时配

皇天,悉祀于上下,其自时中义;王厥有成命治民。'"(详参李学勤.十三经注疏二:尚书正义[M].《十三经注疏》整理委员会,整理.北京:北京大学出版社,1999:397)《逸周书·作雒解》载周公语曰:"予畏同室克追,俾中天下,及将致政,乃作大邑成周于土中。"(详参黄怀信,张懋镕,田旭东.逸周书汇校集注[M].上海:上海古籍出版,2007:559-560)

⑦ 按照当时的情形来说,这"天下之中"是不错的,由洛邑东至齐、鲁,西至秦的西陲,距离相当。就是南到汉诸姬,北至邢、卫也差不多。以这样居于全国中心的都城控制当时的诸侯封国,就周王室而论,乃是最为合理的事情(详参史念海.释《史记·货殖列传》所说的"陶为天下之中"兼论战国时代的经济都会[M]//史念海.河山集.北京:三联书店,1963:110)。

⑧ 有"居阳(陽)无固"和"居易无固"两种说法。所谓"阳",学者认为取"水北为阳"之意。《尚书·禹贡》:"水北曰汭。"《穀梁传·僖公二十八年》:"水北为阳。"居阳与居汭同义(详参黄怀信,张懋镕,田旭东.逸周书汇校集注[M].上海:上海古籍出版社,2007:512)。《史记·周本纪》作"居易无固",《索隐》言"自洛汭及伊汭,其地平易无险固",或还可理解为居处变化不固定。

⑨ 例如,《尚书·康诰》:"用肇造我区夏,越我一、二邦以修我西土。"(详参李学勤.十三经注疏二:尚书正义[M].《十三经注疏》整理委员会,整理.北京:北京大学出版社,1999:359-360)《君奭》:"惟文王尚克修和我有夏。"(详参李学勤.十三经注疏二:尚书正义[M].《十三经注疏》整理委员会,整理.北京:北京大学出版社,1999:44)

⑩ 《逸周书·作雒解》:"南系于雒水,北因于郏山,以为天下之大凑。"(详参黄怀信,张懋镕,田旭东.逸周书汇校集注[M].上海:上海古籍出版社,2007:564)

⑪ 叶万松等认为在史家洞以东的瀍涧两岸(详参《西周洛邑城址考》),李民认为在涧、瀍之间和瀍水以东的广阔范围(详参《夏商周时期的洛地与洛邑》)。

⑫ 殷人自诩都邑为"天邑",甲骨文卜辞中亦多见关于城邑建设的各种贞问(详参常玉芝.由商代的"帝"看所谓"黄帝"[M]//文史哲编辑部."疑古"与"走出疑古"[M].北京:商务印书馆,2010:300)。在发现的商代城邑和宫殿建筑等的遗址下也常发现用于奠基的祭祀坑[详参宋镇豪.中国上古时代的建筑营造仪式[J].中原文物,1990(3):94-99]。周的先祖古公亶父迁址于岐周时,就先行龟卜。"爰始爰谋,爰契我龟,曰止曰时,筑室于兹。"(《诗经·大雅·绵》)建都镐京也是如此,"考卜维王,宅是镐京。维龟正之,武王成之。武王烝哉"(《诗经·大雅·文王有声》)。

⑬ 金鹗《天子城方九里考》:"七十里当从《前编》作十七里,盖传写之讹也。"(详参金鹗.求古录礼说[M].济南:山东友谊书社,1992:31)刘师培《周书补正》、杨宽《中国古代都城制度史研究》等从其说。孙诒让《周书斠补》:"窃疑当为二十七里,乃三城方之数也。"(详参孙诒让:《周书斠补·书二》,清光绪二十六年(1900年)刻本,第23页)

⑭ 周代一里的长度尚无定论,可根据周尺长度做一推测,如下表所示:

类型	尺	里	文献来源
安阳殷墟牙尺1	15.780 cm	284.04 m	国家计量总局等主编《中国古代度量衡图集》
安阳殷墟牙尺2	15.800 cm	284.40 m	国家计量总局等主编《中国古代度量衡图集》
周剑尺	18.820 cm	338.76 m	吴大澂《权衡度量实验考》
周镇圭尺	19.670 cm	354.06 m	吴大澂《权衡度量实验考》
据古今身长推得之周尺	20.000 cm	360.00 m	江永《律吕新论》
黄钟律琯尺	21.778 cm	392.00 m	吴大澂《权衡度量实验考》
据古今里数推得之周尺	19.000—22.000 cm	342.00—396.00 m	顾炎武《日知录》"里"条

注:1里=1 800尺。本表部分参考杨宽.中国历代尺度考[M].上海:商务印书馆,1938:38-46。

⑮《水经注·洛水》："故《洛诰》曰：我卜瀍水东，亦惟洛食。其城方七百二十丈，南系于洛水，北因于郏山，以为天下之凑。方六百里，因西八百里，为千里。"（详参郦道元.水经注校证[M].陈桥驿，校正.北京：中华书局，2013：353）《汉书·地理志》："初洛邑与宗周通封畿，东西长而南北短，短长相覆为千里。"颜师古注："宗周，镐京也，方八百里，八八六十四，为方百里者六十四，雒邑，成周也，方六百里，六六三十六，为方百里者三十六，都得百里者，方千里也。故《诗》云'邦畿千里'。"（详参班固.汉书[M].颜师古，注.郑州：中州古籍出版社，1991：1650-1651）

⑯《国语·郑语》记载西周末年，史伯在回答郑桓公时说："当成周者，南有荆、蛮、申、吕、应、邓、陈、蔡、随、唐；北有卫、燕、狄、鲜虞、潞、洛、泉、徐、蒲；西有虞、虢、晋、隗、霍、杨、魏、芮；东有齐、鲁、曹、宋、滕、薛、邹、莒；是非王之支子母弟甥舅也，则皆蛮、荆、戎、狄之人也。"由此可以看出西周时期东都王畿的范围，其西面与宗周王畿相接，北面不超过河南淇县（卫），南面不超过河南鲁山县（应），东面不超过河南商丘市（宋）（详参吕文郁.周代王畿考述[J].人文杂志，1992(2)：92-98）。

⑰《逸周书·作雒解》所载，不免夹杂有后代礼制在内，大社的坛用五色土，显然是五行学说流行以后的产物，但洛邑的确应设有丘兆、社坛、大庙、明堂等建筑（详参杨宽.西周史[M].上海：上海人民出版社，1999：573）。

⑱关于《周礼》规划体系的具体内容，详参郭璐，武廷海.辨方正位 体国经野——《周礼》所见中国古代空间规划体系与技术方法[J].清华大学学报（哲学社会科学版），2017(6)：36-54。

参考文献

[1] 中国社会科学院考古研究所.洛阳发掘报告：1955—1960年洛阳涧滨考古发掘资料[M].北京：北京燕山出版社，1989：4.

[2] 洛阳市文物工作队.洛阳北窑西周墓[M].北京：文物出版社，1999：11.

[3] 中国社会科学院考古研究所洛阳汉魏故城队.汉魏洛阳故城城垣试掘[J].考古学报，1998(3)：361-404.

[4] 赵光贤.说《尚书·召诰、洛诰》[J].古籍整理研究学刊，1991(4)：33-35，封三.

[5] 叶万松，张剑，李德方.西周洛邑城址考[J].华夏考古，1991(2)：70-76.

[6] 李民.夏商周时期的洛地与洛邑[J].郑州大学学报（哲学社会科学版），1992(6)：42-45.

[7] 杜勇.周初东都成周的营建[J].中国历史地理论丛，1997(4)：41-65.

[8] 杨宽.西周初期东都成周的建设及其政治作用[J].历史教学问题，1983(4)：2-10.

[9] 伊藤道治.西周王朝与洛邑[M]//中国文物学会.商承祚教授百年诞辰纪念文集.北京：文物出版社，2003：267-276.

[10] 司马迁.史记[M].北京：中华书局，1959：133.

[11] 黄怀信，张懋镕，田旭东.逸周书汇校集注[M].黄怀信，修订.上海：上海古籍出版社，2007：502，511-515，560-573.

[12] 马承源.何尊铭文初释[J].文物，1976(1)：64-65.

[13] 赵伯雄.从"国"字的古训看所谓西周国野制度[J].人文杂志，1987(1)：75-81.

[14] 李零.三代考古的历史断想——从最近发表的上博楚简《容成氏》、燹公盨和虞逨诸器想到的[M].中国学术，2003(2)：188-213.

[15] 顾炎武.历代宅京记[M].北京：中华书局，1984：3.

[16] 李学勤.十三经注疏二：尚书正义[M].《十三经注疏》整理委员会，整理.北京：北京大学出版社，1999：242，389，397，404，412，797-799，1149-1150.

[17] 李学勤.十三经注疏四：周礼注疏[M].《十三经注疏》整理委员会，整理.北京：北京大学出版社，1999：241，248，253-257，285，504，643，651，674，869.

[18] 郭璐，武廷海.辨方正位 体国经野——《周礼》所见中国古代空间规划体系与技术方法[J].清华大学

学报(哲学社会科学版),2017(6):36-54.
[19] 郭宝钧.洛阳古城勘察简报[J].考古通讯,1955(1):9-21.
[20] 曹定云.河北邢台市出土西周卜辞与邢国受封选址——召公奭参政占卜考[J].考古,2003(1):49-60.
[21] 陕西周原考古队.扶风县齐家村西周甲骨发掘简报[J].文物,1981(9):1-8.
[22] 欧阳询.艺文类聚[M].上海:上海古籍出版社,1999:1137.
[23] 李昉,等.太平御览[M].台北:台湾商务印书馆,1967:1057.
[24] 焦循.群经宫室图(卷上)[M]//《续修四库全书》编纂委员会.续修四库全书·经部·群经总义类.上海:上海古籍出版社,1995:608.

图表来源

图1源自:笔者根据谭其骧.中国历史地图集:原始社会·夏·商·西周·春秋·战国时期[M].北京:中国地图出版社,1982:15-16改绘.

图2源自:笔者根据李零.三代考古的历史断想——从最近发表的上博楚简《容成氏》、燹公盨和虞逑诸器想到的[M].中国学术,2003(2):188-213改绘.

图3源自:笔者根据赵晓军.洛阳汉唐漕运水系考古调查[J].洛阳考古,2016(4):8-18;叶万松,张剑,李德方.西周洛邑城址考[J].华夏考古,1991(2):70-76绘制.

图4至图6:笔者绘制.

表1源自:笔者绘制.

先秦都城手工业生产空间演化与国家形态的互动关系研究

张译丹

Title：An Analysis of the Interaction between the Evolution of Productive Space of Handicraft Workshops in Chinese Capitals and Governmental Formation in the Pre-Qin Dynasties

Author：Zhang Yidan

摘　要　夏商周至秦汉时期是古代中国"王国"向"帝国"转化的重要阶段。在"神权合一"的中国古代都城中，为权力主体服务和供给的生产性空间研究，是既往都城研究中较少被关注的一部分。研究发现，生产性空间中手工业作坊空间的演化，显现了空间区位边缘化、产业门类等级化、生产区域规模化等几个特征。国家形态的变化是手工业生产空间布局的决定性因素。早期都城中重要的官营手工业生产空间是"国家机器"的组成部分，属于权力性空间；军事思想和战争方式是影响生产空间布局的次重要因素，尤其是在春秋战国时期。总体来看，生产性空间的地位随着国家权力的增强而呈现不断下降的趋势。

关键词　都城；手工业生产空间；国家形态；互动关系

Abstract：The period which from the Xia-Shang-Zhou dynasties to the Qin and Han Dynasties is an important one for the transformation of ancient China from kingdom to empire. In ancient Chinese capitals with unification of divine and power, less attention have been paid to the study of productive space served and supplied for subjects of power in previous studies. The study found that the evolution of handicraft workshops of productive space showed several characteristics, such as peripherization in spatial location, hierarchy/classification of industry category and large-scale production region. The change of state form is the determining factor for the spatial layout of handicraft workshops. The production space of official handicraft industry, which belongs to space with forced power, was a crucial component of 'state apparatus' in early capitals. Military thoughts and war modes are the next important factors for the influence on the layout of production space, such a case is manifested especially in the Spring and Autumn and Warring States periods. Overall, with the strengthen of state power, the status of productive space is tending downward.

Keywords：Capitals；Productive Space of Handicraft Workshops；Governmental Formation；Interactions

作者简介

张译丹，西北大学文化遗产学院，讲师

1 引言

人类最伟大的成就始终是其所缔造的城市,城市表达和释放着人类创造的欲望[1]。缔造中国古代都城的核心角色是神圣和权力合一的主体,这种"神权合一"的特性在中国早期都城中表现得尤为强烈。在中国古代都城中,为神权空间系统提供生产、供给和服务的相关产业空间系统也同样庞大,狭义的产业空间包括手工业空间、市场空间,广义的产业空间还包括商业空间、农业生产空间、仓储空间及其他社会服务空间。古代都城规划的研究依赖于考古学的发掘成果。先前考古发掘通常首先关注宫殿宗庙区,产业空间研究相比"神权空间"研究要薄弱许多,而这部分空间的演化恰能从另一视角反映出都城规划理念的变化。古代都城的研究应在空间研究的基础上"透物见人",将对空间的具体分析提升至对"人"和其所处时代文明演变的深层次观察。本文引用最新的考古发掘资料,对中国三代至秦汉时期都城中狭义的产业空间,即手工业和市场空间,进行考古学层面的统计,将产业空间所体现的规律上升至文明层面,尤其是国家形态和军事思想。研究发现,在夏商周时期,官营手工业作坊空间与宫殿区关系紧密,属于权力性空间,是"国家机器"的重要组成部分;春秋战国时期生产空间受到军事的影响很大,部分都城将重要官营手工业作坊控制在宫殿区内部或附近,但已经出现生产空间单独隔离在特定片区的特征;秦汉时期产业空间的整体地位出现下降,坊市开始合一,并且与宫殿区脱离,但仍将官营手工业作坊布局在市场内部,国家权力的控制性依然存在。

2 手工业生产空间演化概况

中国古代的手工业起源于原始社会,先民们从掌握简单的石工具制作开始,逐步掌握了骨器、细石器和陶器的制作。在石器时代到青铜时代之间存在着过渡性的"铜石并用时代",有部分中国考古学家提出了"玉器时代"这个概念,认为新石器时代后期经济和社会变革最重要的动力就是神话与崇拜所拉动的玉石生产和运输行为,玉器时代引出的是对铜锡金银矿石等金属矿石的新认识[2];铜的发现对手工业的影响无疑是空前的。

青铜时代在考古学上是以使用青铜器为标志的人类文化发展阶段,其中一个特点是青铜器占据人们生产生活的重要地位。一般认为公元前2000年左右,是中国青铜时代的上限,就目前的考古材料而言,中原地区进入青铜时代的时间约在二里头文化第二期(随着陶寺遗址青铜器具的发现,这一时间可能提前)。其结束是一个渐进和漫长的阶段,开始于春秋时代的晚期,最终在公元前3世纪的秦代才告完成[3]。东周开始不久,铁器的出现对中国文化与社会生产产生深远的影响,青铜器具开始与铁器的使用初现重叠,由于生铁较为便宜,其适合制造大量的铁制工具[4]。春秋战国以后交易需求升高,与铸铁同时出现的官营手工业还有铸币等[5],此时铸币从铸铜手工业中独立出来[6]。

本文选取三代至秦汉时期考古资料相对充足的16个主要都城进行分类、分时段分析,将都城中手工业作坊的布局、位置、属性、空间形态进行了比对和信息归纳(表1)。将都城按照与宫殿区或宫城的空间距离关系分为4个圈层,圈层1为宫区内,圈层2为宫区以外距离较近的范围内（宫区附近），圈层 3 为距离宫区较远并且在城郭之内的范围（宫区外较远处），圈层 4 为城外或者郭外（后续图示以数字序号标注，表 1 中手工业作坊名称是其所生产器具的缩写）。

表 1 手工业作坊在都城中不同圈层的分布状况

都城	城郭防御类型	手工业区类型	作坊总量（个）	圈层 1：宫区内	圈层 2：宫区附近	圈层 3：宫区外较远处	圈层 4：城外	文献来源
古王国时期：官营手工业									
陶寺	宫区+城	宫内+专门性手工业区	4	1 铜	1 窖藏后期由城外进入城内	1 石	1 陶	[7-9]
中王国时期：官营手工业									
二里头	宫城+城	疑似沿宫区中轴线分布	5	—	1 铜、1 绿松石单独围墙；1 骨	2 陶	石器在周边邑	[10-13]
郑州商城	宫城（夯土墙、壕沟）+城+外郭	轴带+散点	8	1 骨	1 武器铸铜、1 工具铸铜、1 骨、3 窖藏	1 陶	—	[14-16]
安阳殷墟	宫区无城垣，为壕沟+河	宫内+小型分散手工业区	12	1 铜、1 骨、2 玉	4 铜、1 陶、1 骨	2 骨	—	[17-20]
新王国时期：以官营手工业为主，私营手工业开始出现									
周原	早期无城墙；晚期部分宫殿筑墙	轴带+分散手工业区	27（新测 56 个左右）	2 铜、1 玉	2 骨、1 卜甲、2 制陶、1 窖藏在南北轴带上	1 玉、1 窖藏（新测 6 类 6 个作坊）成为片区；1 蚌在河东，几个片区内分散着 8 陶、5 铜、1 骨、1 窖藏	—	[21-25]
春秋战国时期：官私并存									
秦都雍城	早期无城墙；非城郭制	手工业点分散	14	1 铜窖藏在两宫区之间；1 陶	1 铜、1 陶、1 铁均在宫殿西侧	1 铜、1 铁	2 铁、5 陶	[26-29]
楚纪南城	两城制	专门性手工业区单设	11	—	2 陶	4 陶、2 铸锡金属两片	3 陶	[30-31]
鲁国故城	从非城郭制转向两城制	多种专门性手工业分片区	19	—	6 铁、1 骨	4 铜、2 陶、4 骨、1 铁	1 陶	[32-33]
中山国灵寿城	两城制	综合性手工业区单设	5	—	—	1 铜、1 铁（有铸币遗存）、1 陶（官营）、1 玉、1 骨	—	[34-37]

续表1

都城	城郭防御类型	手工业区类型	作坊总量（个）	圈层1：宫区内	圈层2：宫区附近	圈层3：宫区外较远处	圈层4：城外	文献来源
赵邯郸	两城制	综合性手工业区单设	10	—	—	1铜、3铁、1骨、5陶；推测铸币在大城	—	[38-39]
晋国新田古城	两城制	专门性手工业区单设	15	1骨、2陶	2铜、2骨紧靠宫区外南侧，有铸币遗存	8个陶坊聚成一区	—	[40-41]
燕下都	两城制	手工业点分散	9	—	3武器、1铜	1币、1武器、1铁、1骨	1武器	[42-44]
齐临淄城	两城制	手工业区分散	27	春秋时期：3铜、3铁。战国时期：2铜、1币、2铁	春秋时期：5骨、5铁。战国时期：2铁	战国时期：3铁	1铁	[45-46, 41]
郑韩故城	两城制	综合性手工业区单设	23	1铜、1骨、1纺织	1陶、1币、3骨、3铁、5铜、1玉、3窖藏	2陶	1陶	[47-48]
帝国时期：以强大官营手工业为主导								
秦咸阳	无城墙；非城郭制	官私分设手工业区	7	—	官营1铜、1铁、1陶在近宫区	3金属窖藏、1民营制陶区在宫区不远处的市场区域内	—	[49-51]
西汉长安	非城郭制	聚集于市场内外	城内29	1陶在宫区内，用完即废；1武器	—	西市内21官营陶窑（2铸铁、1铸币）	6民营陶窑在西市外	[52-54]

需要注意的是，考古学对古代都城遗址的发掘并不能等同于真实历史过程中都城的演化，遗迹遗物的发现也因都城的破坏状况而呈现不均衡性，因而考古资料的统计和数据分析还需要一定的修正。换言之，目前的数据结果并不能支撑精确的空间计量，更多的是反映空间的特征性和演化趋势。

在古王国至中王国时期，重要的官营手工业作坊有铸铜、制骨、制玉作坊。在目前最新认定的"中国最早都城"陶寺遗址中，铸铜作坊紧靠宫殿核心建筑；宫殿区内还发现有骨器堆积；官营的石器制造作坊在宫殿区外单独成一片区布局，此后石器作坊再未被发现于其他夏商都城中，应是被转移到了周边聚邑中。

在二里头时期，铸铜和制绿松石作坊的地位进一步提高：作坊空间单独设置了墙垣，与制骨作坊和祭祀场地一同被布置在宫殿区附近。制陶作坊分散于一般居民区。此后，偃师商城大城北、郑州商城铭功路、安阳殷墟苗圃北地虽然也发现一些相对集中的制陶作坊遗迹[55]，可勉强称之为制陶作坊区，有可能从陶寺城址开始一直到安阳殷墟，城市内基本的生活必需品陶器并非在都城内生产,而是由其他专业聚落来供应[56]。

在郑州商城时期,宫殿区的壕沟内所发现的大量头盖骨应与制骨有关,这些骨器也应被视为贵族所使用的[57]。重要的铸铜、制骨作坊的位置似乎具有沿宫区南北轴线布局的痕迹,其中铸铜作坊的时期与城墙、宫殿的建成时间接近。制陶作坊在城内城墙附近,应为建城初期一同开始规划。

从安阳殷墟时期开始出现作坊空间格局的分化,有几处重要的官营手工业被布置在宫殿区内部,包括两处制玉作坊和一处铸铜作坊、一处制骨作坊。而孝民铸铜作坊作为大型铸铜作坊,独立出现在宫殿区外部,且距离宫殿区有一定距离,很可能为王室所控制,且该作坊出现的时间应早于宗庙。

至新王国时期的周原遗址,随着其城郭结构的变化,手工业作坊的空间分布也与前代有所不同。近年最新的考古工作新发现了西周晚期的城垣,但城垣面积相比整个周原遗址来说占比并不大,城垣外有大量的作坊。在宫区南侧的一个南北向分布的轴带空间上分散布局着多处重要官营作坊,其中距离凤雏宫殿区最近的作坊为制玉作坊。另一些手工业作坊则分散在宫殿区外围不同方向的几个片区内。周原遗址的青铜窖藏附近大都有相当规模的晚期建筑。

春秋以降,都城的城郭结构和布局呈现多元化倾向,各主要都城的重要官营手工业作坊分布与三代时期相比出现了一定程度的变化:一些都城的重要官营手工业作坊开始脱离宫殿区,如楚纪南城、鲁国故城、中山国灵寿城、赵邯郸。一些都城似乎延续了宫殿区对重要官营手工业作坊的控制性,如晋国新田古城重要官营手工业作坊紧邻宫区;齐临淄城铸铜、铸币作坊及部分铸铁作坊在宫殿区内;燕下都的一个武器作坊在宫区一侧;秦都雍至今未明确发现铸铜作坊,且遗址内主要是青铜兵器和工具,礼器、乐器等铸范发现甚少,但青铜器窖藏则在宫区一侧不远处;郑韩故城的部分铸铜、制骨作坊与宫区一同在小城,铸币作坊在大城。

至帝国时期,秦咸阳目前所发现的官营手工业作坊在宫区附近,民营手工业作坊则在市的附近。市的位置据文献记载应有三处,距离目前发现的宫殿区不远,沿渭河线性布局。西汉长安城内的手工业作坊也被大部分限定在了固定的区域内,即西市。市场内均为官营手工业作坊,民营手工业作坊则几乎都分布在西市外。

3 手工业生产空间的演化特征

3.1 手工业生产空间区位的边缘化——随时间推移而"外旋",与宫殿区空间关系渐远

手工业空间从陶寺遗址开始,就应是有规划意图而设置的。早期都城的铸铜作坊常与城墙、宫殿同时建造(如郑州商城),有的宫区内的铸铜遗址建成时间早于宗庙的时间(如安阳殷墟),说明早期手工业生产空间的地位很高。

夏商至西周时期(即三代时期),宫区内圈层1数量最多的作坊为制铜作坊,其次为铸玉、制骨作坊,制陶和窖藏此时还没有出现在宫区内部圈层;圈层2数量最多的为铸铜作坊,其次为制骨作坊。这一阶段,宫区附近的圈层2是作坊分布总量最多的圈层,其次为宫区外较远处的圈层3和宫区内的圈层1、城外的圈层4(图1)。

相比三代时期,春秋战国时期有更多种类的手工业作坊出现在宫区内,如制陶、铸铁、铸币作坊及青铜器窖藏。圈层1内最多的为铸铜作坊,其次为铸铁作坊(但这个数据受到齐临

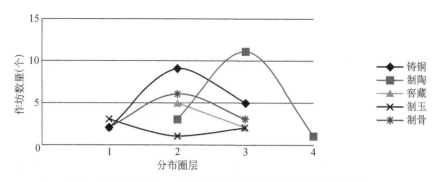

图 1　三代时期手工业作坊在都城中不同圈层的分布曲线图

淄城的影响,东周都城中只有齐临淄城的铸铁作坊在宫区以内,而宫区内有铸铜遗迹的还有郑韩故城,秦都雍城的窖藏亦在圈层 1 中)。圈层 2 中数量最多的作坊,由铸铜变为铸铁,制玉作坊的数量在减少。值得注意的是,铸铜作坊的分布曲线在春秋战国时期曲率变小,其在圈层 2 和圈层 3 中的分布数量接近,说明铸铜作坊在向圈层 3 外溢。该时期,圈层 3 的作坊总量最多,其次是圈层 2 和圈层 1,城外只有铸铁和制陶作坊出现(图 2)。

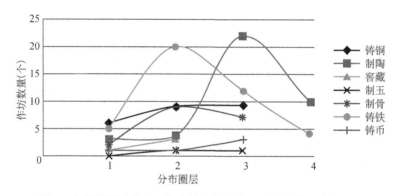

图 2　春秋战国时期手工业作坊在都城中不同圈层的分布曲线图

帝国时期(即秦汉时期),铸铜、铸铁作坊都退出了宫区内部,出现在圈层 2 和圈层 3。宫区内几乎没有手工业作坊,只有临时性质的制陶作坊在汉长安的宫区内一度出现,且用过即废弃。武器库在宫殿区内。制陶作坊的分布曲线与前两个时期相似,都是在远离宫殿区的圈层 3 分布最多。此时制玉和制骨作坊消失(图 3)。

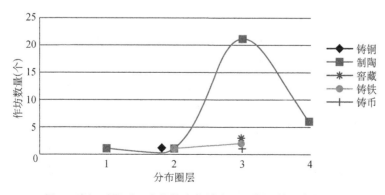

图 3　秦汉时期手工业作坊在都城中不同圈层的分布曲线图

由上述三个时期作坊分布的曲线图可以看出,随着时间推移,作坊总量最多的圈层,由宫区附近的圈层2,推移到了宫区外较远处的圈层3。手工业生产空间从最开始将最重要的生产作坊放在宫区内及紧邻宫区的位置,逐渐外旋,至帝国时期手工业空间随着官营市场的定型,被高度限定在了一个特定的空间内,与宫殿区的空间距离渐远,并且逐步被隔离。

3.2 手工业生产空间的专业化——出现规模化的手工业生产区

手工业空间随着手工业门类的增多而逐渐出现规模化和专业化倾向,至西周时出现如云塘"专业化手工业生产区"的雏形。春秋战国时期,多个国家开始单独设立专门性的手工业生产区,如楚纪南城的制陶和金属冶铸生产区,分别位于宫区的北侧和东侧;郑韩故城、中山国灵寿城、赵邯郸、晋国新田古城将多种不同门类的手工业集中布置在专门的片区内;也有几个都城的手工业作坊布局分散,如秦都雍城、燕下都、齐临淄城。

3.3 手工业生产空间的等级性——礼仪性与实用性手工业区位的空间分布差异

对不同种类手工业作坊在各时期都城内、各圈层出现的频次进行统计,每个圈层内出现频次最多的三种手工业如图4所示。可以将手工业分为两类,即礼仪性手工业和实用性手工业。铸铜、制玉可归为礼仪性手工业,虽然青铜也用于生产兵器,但占比相比青铜礼(容)器要少;铸币、铸铁、制陶、制骨可归为实用性手工业,其中制骨作坊在早期更多的被认为是为铸铜服务的,此外制骨的原材料分为兽骨和人骨,以人骨为材料的作坊是为权力阶层服务的。由此可以看出,礼仪性手工业及为礼仪性手工业服务的作坊,其分布更靠近宫区,在圈层1和圈层2出现得更多;实用性手工业作坊的分布更多在远离宫区的位置,或是在城外分布,在圈层3和圈层4出现得更多。三代时期,礼仪性需求高于实用性需求;春秋战国以后,实用性需求开始逐渐高于礼仪性需求(图4)。

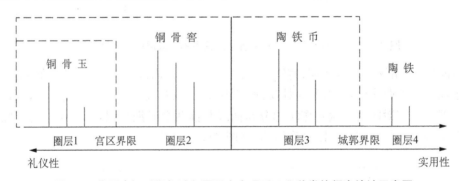

图4 三代至秦汉时期都城各圈层内出现手工业种类的频次统计示意图

以铜为代表的金属生产的空间位置,在青铜时代占据了最重要的地位,并随着青铜时代的结束,这种空间位置的重要性在都城布局中逐渐下降。制陶和石器作坊很早就被分散到了周边聚邑的特征,说明不同性质的手工业在空间上的分布一开始就有等级化倾向。

总的来看,三代至秦汉期间,铸铜作坊的分布无疑是靠近宫殿区的,在宫区以内及宫区附近的圈层2,铸铜作坊的出现频次最高。铸铜作坊与制骨作坊往往相伴出现,而且其分布在四个圈层中的曲线接近,这有可能是因为铸铜生产过程中,骨器工具的获得和管理更加便利。制玉作坊在春秋以前,更靠近宫殿区域,尤其在西周周原遗址内,凤雏宫殿区外距离最近的作坊为制玉作坊。铸铁作坊的分布主要在圈层3,除齐临淄城外,几乎没有铸铁作坊布置在宫殿区域内部的,多是在宫殿区域以外,或者单独设立在手工业聚集区内。这种分布与同期的铸铜作坊有一定的近似性,但相比前期铸铜作坊相对宫殿区的地位,铸铁作坊的空间地位是下降的。制陶作坊的分布圈层最广,在四个圈层内都有,官营的制陶作坊往往就近宫殿区域分布,以方便使用,但制陶作坊分布最多的圈层为圈层3。

4 手工业生产空间与国家形态变化的互动关系

4.1 国家形态变化是手工业生产空间布局的决定性因素

(1) 王国时期青铜器生产空间引发了早期的城市规划

古代都城是以国家(王国、帝国)或王朝的形成、存在为前提的[58]。最早出现青铜器的中原地区,是东亚大陆最早出现广域王权国家的地区,可以说青铜礼器的出现及其生产技术是与最早的"中国"相同步的,"中国青铜时代"这个概念几乎可以和古代中国文明互换[59]。

在青铜时代,青铜器的功能有二,即礼器和兵器。青铜礼器的功能一是作为大王赏赐地方诸侯的礼物,是等级秩序的表征;二是作为祭器,用以象征贵族的权威和社会运行规范。但青铜在整个青铜时代都始终不是制造生产工具的主要原料,生产工具主要为石、木、角、骨等[59]。"国之大事,在祀与戎。"[60]在巫教环境内,青铜器是政权的工具,是早期王朝社会的礼制基础,其生产和流通被王朝直接控制[61]。三代迁都的主要原因是对青铜材料的追逐[62],以达到对"通天权力"的绝对占有性[4],这种独占也意味着对生产技术和生产资源的独占,这种变化与青铜文明的发生、发展密切相关[63]。

张光直先生曾提出,"中国的城市规划与青铜时代是同时开始的,而且是青铜时代社会的一个必要特征"[62]。那么是否可以进一步推论,早期都城的青铜器生产空间"引发"了古代城市规划?青铜的铸造首先需要矿石资源的远距离输送,这个运输线路不仅需要军队来保证,而且需要获取强制劳动力,并对其进行秩序化的组织[64]。整个生产过程都是在官营手工业部门的运作下完成的,可以说青铜器生产的上下链,其所需的资源及生产力和空间都属于"国家机器"的一部分,是一个阶级统治另一个阶级的工具,其生产的动机是国家宗教和政治意图;反过来,这种资源的获得和生产过程对中国三代早期城市空间的布局有着不可忽视的作用力[65]。以青铜器生产为代表的重要官营手工业空间相对其他门类手工业空间来说,具有强烈的"排他性",是"神权空间"的平行单元。

陶寺遗址作为最初"中国"的都城,其文明属于都邑国家文明[56]。陶寺遗址的铜器群是中国夏商周三代青铜文明之源,可以说青铜文化发轫于陶寺,形成于二里头文化[66]。虽然陶寺遗址中出土的青铜器物数量并不是很多,但其生产空间却表现出了紧邻宫区的空间占有性。其后的二里头时期,青铜器作坊与绿松石作坊同处于宫区主要轴线的一端,另一端为祭祀区域,空间地位很高(图5)。将青铜器生产所需的空间布局在都城宫区外围的重要位置,这个都城规划理念一直延续到青铜时代末期。青铜器的生产调动了早期都城规划者的政治权力意图,并在都城生产空间上进行着权力的释放与表达。

(2) 王国被帝国替代时期,生产空间整体地位下降,被边缘化

随着王国被帝国所替代,国家机器进一步强大,体现出血缘政治向地缘政治的转换,都

图5　二里头遗址东部中轴线侧视起伏形势图

城空间最突出的变化之一是宗庙地位的下降。原始氏族中以姜寨为代表的祭政合一的聚落模式[67],逐渐发生变化,宫庙建筑在都城中的分布位置出现了分离。秦咸阳将生产空间与宫殿区、市里混合布局,其形制基本保持了战国时期特征,而这种官民杂处的城市布局,体现了当时都城建筑的文化"滞后性"[58]。

从西汉长安起,大朝正殿成为宫城中的唯一建筑,具有绝对的权威性。与此同时,另一个显著的变化就是,原先宫城中的生产性空间从宫殿区内彻底剥离出来,官营作坊进入封闭的官营市场,而宫区内部则不再有手工业作坊的存在。生产空间同宗庙空间一样,被安排在远离大朝的空间之外,生产空间进一步专业化和边缘化。

4.2　军事思想是影响生产空间布局的次重要因素

宏观军事战略对城郭制度具有极强的作用力,从而对产业空间布局产生直接影响。夏商时期的都城都具有防御的城墙或壕沟设施,商后期都城防御突然衰落,在西周发生变化。有学者称这个时期中国的都城防御设施是"大都无城"的主流[68]。可仔细分析商代和西周的都城后发现有较多差别。西周王朝很可能并没有"造郭以守民"的思想,分封制带来的"守在四夷"的防御思想以及以车战为主的作战方式,使得都城本身的防御设施极为简单。虽然最新的考古发现显示周城晚期存在着闭合城墙,但城墙的覆盖面积远远小于整个周原遗址面积,这是一种既自信又理想的带有政治色彩的军事思想[69]。在西周没有"造郭以守民"的思想作用下,生产空间开放化。

春秋时期随着战争的频发,各国不断加强都城的防御系统,由此可以观察到,往往城郭并立或完全独立的都城,其生产空间是被划分开的,除了部分重要的官营手工业作坊在宫区以内或者紧靠宫区,其余手工业作坊往往被布置在独立的片区内。这应该与军事形势高度紧张有关。东方六国的国都皆有过城破国灭或兵临城下的记录,但秦国都城缺少来自内外的危机,雍城早期并无防御设施,生产空间也没有显示出能与东方六国相比较的专业化区域形态,都城地区的防御设施在战国后的咸阳是减弱的[69]。秦咸阳的不筑外郭城也受到西周"守在四夷"思想的影响,这种开放式或称区域性的空间布局,对生产空间的分布有着直接的作用。西周周原和秦咸阳的生产性空间都是没有处于任何封闭或防御设施内的。

4.3　国家权力的增强引发了生产空间的下降和收缩

国家权力是指国家对全社会的支配与控制的力量与能力[70]。中国国家权力最初有极端的残酷性和严密性,以及浓厚的血缘性、家族性和宗族神秘性。这三种特性共同铸造出世界历史上独特的权力系统,即王权—天子权—皇帝权一体的国家权力系统[71]。国家政治权力组织的力量掌握着许多资源,有其自主性的变数,并不受经济和社会的约束[72]。权力的伸张与收缩,并非只是单向的演化,而是国家与社会二者的互动变化[73]。中国古代存在国家权力逐渐增长的过程[73]（表2）。

表2　王国与帝国阶段都城生产空间与国家权力变化的特征

时期	都城代表	文化特质	国家权力与社会关系	生产空间特征
王国时期	陶寺	尧舜时期很可能已经进入王国阶段	国家权力运作建立在社会组织之上，但只是社会的外表	占有性
	二里头	排他性的单一考古文化族群		
	周原	以一考古学文化族群为主，同时容纳众多考古学文化于一国之内进行治理	重整社会秩序，将原来的社会族群纳入国家组织	支配性
	东周列国都城	多考古学文化	知识资源与工商经济资源于国家之外，为国家所不能控制	敏感性
帝国时期	秦咸阳	在文化坚持的基础上汲取中原制度的帝国初期阶段	国家权力吞并了社会	支配性
	西汉长安	完善秦的政体，王莽时期确立了汉文化		

都城的权力构成及运作决定了都城聚居生活的组织，并进一步投射到了城市的空间格局上。早期都城的生产空间，在夏商时期更多地表现为对生产空间的绝对占有性，尤其是诸如铸铜、制玉等重要门类的官营手工业作坊空间。至西周时期进入新王国阶段，对社会秩序的重整使得国家权力获得了提升，容纳了多个社会族群的西周王朝都城的生产空间，表现出"工商食官"制度下对空间的宏观支配性。春秋战国时期城市形制的多元化、礼制的溃落以及军事局势的高度敏感，对生产空间的位置有着直接的影响，但此时国家权力对于工商经济资源尤其是私营手工业的控制力是有限的，国家权力对生产空间的控制力更多表现在官营手工业空间上，且在不同都城中体现出多元的特征。进入帝国时期后，秦的手工业管理体系从"工商食官"直接过渡到强大的官营体系，国家权力此时已经吞并了社会，表现出对生产空间强大的支配性，生产空间表现出更多服务于国家权力的特性，而不再是早期都城中"国家机器"的重要组成部分（图6）。

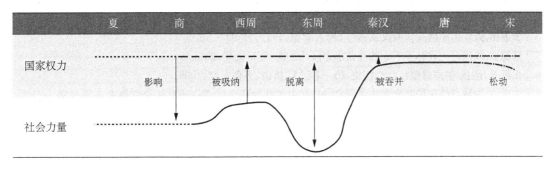

图6　国家权力对社会的作用力演化示意图

纵观王国时期至帝国时期生产空间的角色，从占有性向支配性转变，同时也从"国家机器"的角色走向了"国家服务器皿"的角色。虽然生产空间与神权空间的距离在变大，空间独立性在升高，但国家权力对空间的总体控制力从未消失。西汉长安的重要官营作坊如铸币、铸铁作坊均在最主要的西市内部,这种性质的布局与夏、商、西周乃至东周的都城中将重要官营作坊布置在宫殿区内的性质相似,都是将高度权威性的官营手工业作坊严格控制在国家权力的管辖内(图7)。

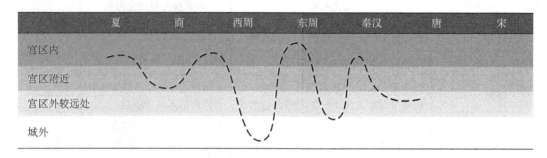

图7　重要官营手工业作坊在都城不同圈层中空间位置演化示意图

从空间与权力关系上来看,空间位置与国家权力的强度有关,手工业生产空间的开放性与权力强度呈反向作用。在社会力量被国家权力吸纳或吞并的西周和秦汉,为军事思想和防御战略越自信的阶段,为城郭制度开放式布局的阶段,重要的手工业空间也呈分散式布局,不处于防御设施的封闭空间内,与宫殿区的关系疏离;在国家权力与社会力量有距离或脱离的阶段,如夏商和春秋战国时期,为城郭制度闭合式布局阶段,重要的手工业空间呈闭合式布局,多处于城墙壕沟等防御设施的控制范围内,与宫殿区的关系越来越紧密。

［在此感谢西北大学文化遗产学院段清波教授、东南大学建筑学院李百浩教授、清华大学建筑学院谭纵波教授的悉心指教!本文为国家社会科学基金项目"新型城镇化背景下的陕西古县城保护研究"(14XKG005)］

参考文献

[1] 乔尔·科特金.全球城市史[M].王旭,等译.北京:社会科学文献出版社,2006.
[2] 叶舒宪.特洛伊的黄金与石峁的玉器——《伊利亚特》和《穆天子传》的历史信息[J].中国比较文学,2014(3):1-19.
[3] 张光直.从商周青铜器谈文明与国家的起源[M]//张光直.中国青铜时代:二集.北京:三联书店,1990:115-130.
[4] 黄展岳.近年出土的战国两汉铁器[J].考古学报,1957(3):93-108.
[5] 陆德富.战国时代官私手工业的经营形态[D].上海:复旦大学,2011.
[6] 田昌五,漆侠.中国封建社会经济史:第一卷[M].济南:齐鲁书社,1996.
[7] 牛世山.陶城址的布局与规划初步研究[M]//中国社会科学院考古研究所夏商周考古研究室.三代考古(五).北京:科学出版社,2013:51-60.
[8] 山西省考古研究所.陶寺遗址陶窑发掘简报[J].文物季刊,1999(2):3-10,21.
[9] 蔡明.陶寺遗址出土石器的微痕研究——兼论陶寺文化的生业形态[D].西安:西北大学,2008:41.
[10] 张国硕.夏商时代都城制度研究[D].郑州:郑州大学,2000.
[11] 朱君孝,李清临,王昌燧,等.二里头遗址陶器产地的初步研究[J].复旦学报(自然科学版),2004,43(4):589-596,603.
[12] 李久昌.偃师二里头遗址的都城空间结构及其特征[J].中国历史地理论丛,2007,22(4):49-59.
[13] 廉海萍,谭德睿,郑光.二里头遗址铸铜技术研究[J].考古学报,2011(4):561-583.

[14] 李令福.中国古代都城的起源与夏商都城的布局[J].太原大学学报,2001,2(3):5-8.
[15] 刘彦锋,吴倩,薛冰.郑州商城布局及外廓(郭)城墙走向新探[J].郑州大学学报(哲学社会科学版),2010,43(3):164-168.
[16] 韩香花.郑州商城制陶作坊的年代[J].中原文物,2009(6):39-43,80.
[17] 李一丕.安阳殷都布局变迁研究[D].郑州:郑州大学,2006.
[18] 朱光华.洹北商城与小屯殷墟[J].考古与文物,2006(2):31-35.
[19] 王豪.夏商城市规划和布局研究[D].郑州:郑州大学,2014.
[20] 孟宪武,李贵昌,李阳.殷墟都城遗址中国家掌控下的手工业作坊[J].殷都学刊,2014(4):13-20.
[21] 杨永林,张哲浩,种建荣.周原遗址考古揭示周原聚落面貌和社会特征——聚邑成都的"移民之城"[N].光明日报,2014-01-14(7).
[22] 孙明.也论周代青铜礼器的生产与流动[J].濮阳职业技术学院学报,2012,25(1):51-53,59.
[23] 张永山.西周时期陶瓷手工业的发展[J].中国史研究,1997(3):43-53.
[24] 陕西周原考古队.扶风云塘西周骨器制造作坊遗址试掘简报[J].文物,1980(4):27-37.
[25] 徐天进,雷兴山,孙庆伟,等. 周原遗址凤雏三号基址 2014 年发掘简报[J].中国国家博物馆馆刊,2015(7):6-25.
[26] 陕西省雍城考古队.秦都雍城钻探试掘简报[J].考古与文物,1985(2):7-20.
[27] 尚志儒,赵丛苍.秦都雍城布局与结构探讨[M]//《考古学研究》编委会.考古学研究.西安:三秦出版社,1993:562.
[28] 梁云.关于雍城考古的几个问题[J].陕西省历史博物馆馆刊,2001(8):60-65.
[29] 韩伟,董明檀.陕西凤翔春秋秦国凌阴遗址发掘简报[J].文物,1978(3):43-47.
[30] 湖北省博物馆.楚都纪南城的勘察与发掘(上)[J].考古学报,1982(3):325-354.
[31] 湖北省博物馆.楚都纪南城的勘察与发掘(下)[J].考古学报,1982(4):477-513.
[32] 张学海.浅谈曲阜鲁城的年代和基本格局[J].文物,1982(12):13-16.
[33] 许宏.曲阜鲁国故城之再研究[J].三代考古,2004(9):286-289.
[34] 河北省文物研究所.战国中山国灵寿城——1975—1993年考古发掘报告[M].北京:文物出版社,2005.
[35] 武庄.中山国灵寿城初探[D].郑州:郑州大学,2010.
[36] 河北省文物研究所.中山国灵寿城第四、五号遗址发掘简报[J].文物春秋,1989(Z1):52-71.
[37] 孟光耀,赵建朝,姜苑.论战国时期赵国与周边国的商贸往来[J].邯郸职业技术学院学报,2010,23(2):7-9,12.
[38] 邯郸市文物保管所.河北邯郸市区古遗址调查简报[J].考古,1980(2):142-146.
[39] 河北省文物管理处,等.赵邯郸故城调查报告[M]//《考古》编辑部.考古学集刊:4.北京:科学出版社,1984:162-195.
[40] 山西省考古研究所侯马工作站.晋都新田[M].太原:山西人民出版社,1996.
[41] 许宏.先秦城市考古学研究[M].北京:北京燕山出版社,2000.
[42] 河北省文物研究所.燕下都[M].北京:文物出版社,1996.
[43] 许宏.燕下都营建过程的考古学考察[J].考古,1999(4):60-64.
[44] 李晓东.河北易县燕下都故城勘察和试掘[J].考古学报,1965(1):83-106,176-181,216.
[45] 山东省文物管理处.山东临淄齐故城试掘简报[J].考古,1961(6):289-297.
[46] 群力.临淄齐国故城勘探纪要[J].文物,1972(5):45-54.
[47] 王凯.郑韩故城手工业遗存的考古学研究[D].郑州:郑州大学,2010.
[48] 蔡全法.郑韩故城与郑文化考古的主要收获[M]//河南博物馆.群雄逐鹿:两周中原列国文物瑰宝.郑州:大象出版社,2003:208.
[49] 王学理.秦都咸阳[M].西安:陕西人民出版社,1985.

[50] 刘庆柱.论秦咸阳城布局形制及相关问题[J].文博,1990(5):200-211.
[51] 陈力.秦都咸阳金属窖藏性质试析[J].考古与文物,1998(5):94-96.
[52] 赖琼.汉长安城的市场布局与管理[J].陕西师范大学学报(哲学社会科学版),2004,33(1):38-42.
[53] 汉长安城工作队.西安市汉长安城东市和西市遗址[M]//中国考古学会.中国考古学年鉴(1987).北京:文物出版社,1988:264.
[54] 李毓芳.汉长安城的手工业遗址[J].文博,1996(4):44-47.
[55] 中国社会科学院考古研究所.中国考古学.夏商卷[M].北京:中国社会科学出版社,2003.
[56] 何驽.都城考古的理论与实践探索——从陶寺城址和二里头遗址都城考古分析看中国早期城市化进程[M]//中国社会科学院考古研究所夏商周考古研究室.三代考古(三).北京:科学出版社,2009:3-58.
[57] 河南省文物考古研究所.郑州商城——一九五三年—一九八五年考古发掘报告[M].北京:文物出版社,2001.
[58] 刘庆柱.中国古代都城遗址布局形制的考古发现所反映的社会形态变化研究[J].考古学报,2006(3):281-312.
[59] 张光直.中国青铜时代[M].北京:三联书店,1999.
[60] 阮元.十三经注疏:下册[M].校刻.北京:中华书局,1980.
[61] 方辉.论我国早期国家阶段青铜礼器系统的形成[J].文史哲,2010(1):73-79.
[62] 张光直.三代社会的几点特征[M]//张光直.考古学专题六讲.北京:文物出版社,1986:126.
[63] 金正耀.二里头青铜器的自然科学研究与夏文明探索[J].文物,2000(1):56-64,69.
[64] FRANKLIN U. On bronze and other metals in early China [C]. Berkeley: Conference on the Origins of Chinese Civilization, 1978.
[65] 刘莉,陈星灿.城:夏商时期对自然资源的控制问题[J].东南文化,2000(3):45-60.
[66] 高江涛,何驽.陶寺遗址出土铜器初探[J].南方文物,2014(1):91-95.
[67] 韦峰.先秦城市空间格局研究[D].郑州:郑州大学,2002.
[68] 许宏.大都无城——论小国古代都城的早期形态[J].文物,2013(10):61-71.
[69] 向导.春秋战国时期都城防御体系初步研究[D].西安:西北大学,2014.
[70] 李俊成.中国古代社会主体居民与国家权力运行的历史分析[D].昆明:云南大学,2011.
[71] 李学勤.中国古代文明与国家形成研究[M].昆明:云南人民出版社,1997.
[72] SKOCPOL T. States and social revolutions: a comparative analysis of France, Russia and China [M]. Cambridge: Cambridge University Press, 1979.
[73] 许倬云.中国古代社会与国家之关系的变动[J].文物季刊,1996(2):63-80.

图表来源

图1至图4源自:笔者根据相关数据统计绘制.
图5源自:何驽.都城考古的理论与实践探索——从陶寺城址和二里头遗址都城考古分析看中国早期城市化进程[M]//中国社会科学院考古研究所夏商周考古研究室.三代考古(三).北京:科学出版社,2009:47.
图6、图7源自:笔者绘制.
表1源自:笔者根据相关考古报告整理绘制.
表2源自:笔者根据俞伟超.古史分期问题的考古学观察[M]//俞伟超.先秦两汉考古学论文集.北京:文物出版社,1985:1-33;许倬云.中国古代社会与国家之关系的变动[J].文物季刊,1996(2):63-80等观点总结绘制.

第二部分 近代城市规划
PART TWO EARLY-MODERN URBAN PLANNING

日伪时期华北八大都市计划大纲中的机场布局建设研究

欧阳杰

Title: Research on Airport Layout Construction in the Eight Urban Planning Outlines of North China during the Japanese Puppet Regime
Author: Ou Yangjie

摘 要 本文分析比较日伪时期华北八大都市计划大纲中的机场布局及其建设,揭露日伪当局编制华北都市计划时优先机场规划建设的特定历史背景、过程及其程式化的内容,重点剖析京津两地都市计划大纲中的机场布局及其建设活动,并从殖民统治、编制体例等角度论证了华北都市计划大纲中的机场布局意图及其建设特征。

关键词 飞机场;都市计划;交通;华北

Abstract: This paper analyses the airport layout idea and its construction of eight urban planning outlines of North China during puppet regime, exposes the specific historical background, process and stylized content of the priority airport planning in the formulation of the North China urban planning by the Japanese Puppet authorities, then focuses on the airport layout and construction activities of Beijing and Tianjin urban planning, and demonstrates the intention of airport layout and its construction characteristics in the North China urban planning outlines from the pespectives of colonial rule and style.

Keywords: Airport; Urban Planning; Traffic; North China

抗日战争时期,为了强化殖民化统治和粉饰太平,侵华日军及日伪当局先后在伪满洲国、华北及华中地区等沦陷地的主要城市编制了都市计划[①]。从近代城市规划理论方法的演进来看,日本侵占地的都市计划思想基本上沿循着欧美近代城市规划理论(如田园城市、卫星城市、功能主义等)—日本国内城市规划—日本殖民地城市规划(如朝鲜等)—日本侵占地城市规划(如伪满洲国、华北地区、华中地区)的传播发展路径。按照编制规划的时序,日本侵占地的都市规划可分为两个阶段:第一阶段是1932年至1940年年底,这一时期侵华日军占据显著的军事优势,在伪满洲国进行了较大范围和较大规模的都市规划建设活动,

作者简介
欧阳杰,中国民航大学机场学院,教授

在华北、华中等侵占地的重点城市也编制了都市规划;第二阶段是1940年以后,日军因侵华战线过长,以及太平洋战争爆发而导致日军战局逐渐转为不利,这使得日军侵占地的城市规划规模和力度大幅度减小,城市建设活动也同期锐减。如1940年5月,当时专门负责处理侵华事宜的机构——日本兴亚院针对华北地区所采取的方针是,"除了北京西郊和天津之外,北京东郊、济南、石家庄、太原、徐州的都市建设事业暂时都先延期"[1]。

在战局影响下,与伪满洲国都市规划相比,侵华日军及伪政权对华北地区都市建设的重视程度明显不足。日伪建设公署所编制的华北都市规划内容和规划层次大为简化,且形成套路化的规划体例。其在华北地区所实施的城市规划制度,可以说是伪满洲国都邑规划的简化版,无论是从事都市计划的组织机构构成、人员编制组成,还是都市计划大纲的内容及其建设计划,无不映射出侵华日军的军事作战和殖民统治的目的。日本近代城市规划史研究学者越泽明(Koshizawa Akira)针对日本侵占地的都市计划评论道:"都市是政治、经济、文化的中心,而且在战争时期,也是个重要的兵站基地。"针对华北都市规划的特殊性,时任伪建设总署都市局都市计划科科长的盐原三郎(Saburo Harahara)认为,"华北作为国土的核心地,与兵站基地相适应的都市建设十分重要";"作为都市的动脉,铁路、水陆、干线道路、航空设施都不完备,需要继续建设,而且也要考虑将来的规划发展"[2]。

目前日伪时期华北都市计划的相关专题研究文献不多,早期研究以日本学者居多,直接参与过日伪时期华北地区规划建设的盐原三郎在1971年出版了《都市计画(划):华北的点线》的回忆性著作,该书是对当时华北地区规划实施的回顾和总结;日本学者越泽明对日占时期的东北、华北及华中地区的系列城市规划进行了长期而系统的追踪研究,德永智全面研究了日伪时期太原都市计划编制的前因后果及其实施情况[3]。相对于华北地区的其他城市,日伪时期的北京都市规划及其建设是近年来中国学者研究的重点,王亚男对日伪时期的北京都市规划及其建设进行了系列研究,提炼了其科学合理的规划思想和实践成果[4-5]。贾迪重点研究了北京西郊新市区的规划建设历程[6]。对日伪时期整个华北地区主要城市进行比较研究的文献少有,而从城市规划角度针对飞机场布局规划建设进行专题研究的更是罕见。机场既是交通设施,也是军事设施,抗日战争时期中日双方均将其作为重点建设内容。本文尝试从华北沦陷区的都市计划角度对其机场布局建设进行整体性的专题研究。

1 华北都市计划及其机场布局建设概况

1938年4月1日,伪中华民国临时政府(即后来的"华北政务委员会")设立"华北行政委员会建设总署",负责华北地区的水利、港口、公路、机场及都市建设等工务工程。同年6月,为了加强统治、复兴市区、开发产业以及解决日本人居住的问题,伪建设总署都市局开始对华北地区都市进行了政治、军事和经济等方面的城市调查,华北地区被列为必须进行都市规划的城市多达37座。1938年先期进行了北京、天津、济南、太原、石门(石家庄)、徐州六大城市的规划调查,至1939年9月先后编制颁发了这些都市的计划大纲,而后着手策划包括华北八大都市(后增加新乡、塘沽)及其他城市的《华北都市第一期五年事业计划书》,其主要内容包括治安、防卫、产业开发、道路、上下水道以及日本人住宅区、工业区等,该建设规划的编制体例与都市计划大纲基本上一致;1939年还着手编制了海州(连云港)、保定等地的都市计划大纲[3];1940年在天津都市计划大纲的基础上进一步完成了《天津都市计划大纲区域内塘沽街市计划大纲》。

华北八大都市计划大纲无一例外地都对飞机场布局进行了专门的论述,随后的建设计划也将飞机场列为重点项目和优先项目(表1)。1939年7月拟订的《华北都市第一期五年事业计划书》提出,"华北都市事业先以五年为目标,将重点放在因应治安的交通及卫生等必要设施之上,同时市区建设也一并列入考虑"。为此按照不同的建设任务及其建设费用分配,将华北地区的城市分为三类,其中涵盖交通、卫生及市区全部建设事项的城市仅包括北京、天津(含塘沽)、济南、太原和石家庄等6座城市,其他城市则仅限于与治安和卫生有关的建设事项的开封等22座城市,或者仅是以调查计划、指导监督为主的泰安等18座城市。根据《华北交通事业跟进》文献记载,伪建设总署在1939年以50万元工费完成了北京西郊飞机场的跑道面铺装工程,1940年按照其飞机场全部建设计划,预算建设经费为295万元,其中天津、太原、开封、青岛及徐州等新建的飞机场都已全部竣工[7]。

表1 日伪时期华北八大都市计划大纲中的机场布局及其建设

都市计划大纲名称	城市定位及新市区	机场规划	涉及机场的保留地/建筑禁止地区②	建设概况
《北京都市计划大纲》(1938年)	政治及军事中心地,特殊之观光都市,并"可视为商业都市以斟酌设施"	(飞机场)拟于南苑及西郊现有者之外,另在北苑计划4 km见方之大飞机场,并于东郊预定一处	保留地:南苑飞机场及其周围面积约30 km²的土地;北苑及其周围面积6.6 km²土地,及其东面飞机场预定地,面积约16 km²	1938年3月25日至1940年11月7日分二期新建西郊机场;1941年3月下旬,伪华北政务委员会新建通州张家湾机场
《天津都市计划大纲》(1939年)	将来可为华北一大贸易港,更为经济上最重要之商业都市与大工业地,自当视为华北与蒙疆间之大门户	特三区之东方街市之西南方及塘沽方面各预定面积5 km²以上之飞机场	禁止建筑地区:以铁路、水路沿线为主而指定之	1939年3月11日,伪天津县公署强行征地14 719亩(1亩≈666.7 m²)修建张贵庄军用机场,1942年全部修成
《天津都市计划大纲区域内塘沽街市计划大纲》(1940年)	与塘沽新港建设有关联之水陆交通中心地及工业地带	预定在西北郊外,为直径2.5 km之圆形计划,且于周围配置禁止建筑地区	禁止建筑地区:配置于飞机场的周围及铁路沿线之一部分	—
《济南都市计划大纲》(1938年)	不独在政治、军事上为一重要都市,工商业上成一巨埠,且在学术文化上亦为华北南部之中心地	将现在之飞机场向北扩张,另于市北地区计划民间飞机场两处	未列禁止建筑地区或保留地	1938年8月,日军在济南西郊张庄村以北新建军用机场,占地5 315亩
《石门市都市计划大纲》(1939年)	拟视为军事上之要地及工商业文化之地方中心	将市之西北郊外已设者扩张整备之	保留地:街市计划区域外,为新水濠西侧现飞机场及其周围	1937年"七七事变"后,日军扩建大郭村草坪机场

续表1

都市计划大纲名称	城市定位及新市区	机场规划	涉及机场的保留地/建筑禁止地区②	建设概况
《太原都市计划大纲》(1939年12月)	山西省之中枢,拟视为政治都市与工业都市,并认作为本省政治、交通、文化、经济上之中心地	预定扩充现在北部军用飞机场,并于城之南部计划民间飞机场,其地基经考虑恒风方向,南北约为2.5 km,东西约为1.5 km	保留地:城之北方为飞机场附近,其东南部同蒲铁路西侧及工业地带之东部各区域	1937年11月8日,日伪政府改建城北机场;1939年11月19日,武宿机场场面工程竣工
《徐州都市计划大纲》(1939年)	当华北南部之中枢,拟使之成为政治、交通、文化及产业上之中心地	军用飞机场新旧合计已有三处,但民间航空尚难利用。为将来必要计,拟于徐州之东南方,预定面积约为4 km²之民间飞机场	—	1938年,日军修建九里山机场;1939年,日军将大郭庄机场跑道改建为水泥混凝土结构
《新乡都市计划大纲》(1940年)	拟使之成为军事上之要点及商工业都市,并应作为政治、交通、文化、经济之地方中心都市	一般飞机场,拟于现在街市地南方计划之	保留地:以京汉线新乡站西方之卫河右岸一带地面及该线潞王坟车站北方一带地面	1938年3月,侵华日军扩建新乡机场至3 000多亩

2 华北都市计划大纲中的机场布局典型实例分析

在日伪时期编制的华北都市计划大纲中,京津两大特别市是日伪当局重点规划的城市,也是优先投资建设的侵华军事要地,机场布局和建设规模由此也更为庞大。

2.1 日伪时期《北京都市计划大纲》中的机场布局及其建设

1938年1月,伪北京都市计划委员会聘请日本建筑师佐藤俊久和山崎桂一为都市计划顾问,着手编制《北京都市建设计划要案》,不久后扩充为《北京都市计划大纲》,该大纲于当年4月完成,11月由伪华北政务委员会建设总署都市局订定,1941年正式公布实施。《北京都市计划大纲》将北京定位于"政治及军事中心地"和"特殊之观光都市"。其计划内容包括九个部分:①都市计划区域;②街市计划及新街市计划;③地域制;④地区制;⑤交通设施;⑥上下水道;⑦其他公共设施;⑧都市防护设施;⑨保留地。其中"交通设施"部分包括道路、铁路、运河及飞机场四个方面,所规划预留的多个机场场址与西郊新市区、东郊新市区及通县工场地计划相匹配,尤其是西郊新市区规划,该区域东距城墙4 km,西至八宝山,南至现在京汉铁路线附近,北至西郊飞机场,全部面积约合65 km²,其功能定位为"容纳枢要机关及与此相适应的住宅商店",并规划为日本侨民聚集地,为此,结合西郊新市区的规划建设配套新建西郊机场。该规划在拓展连接西郊新市区和东郊新市区的东西向长安街和沿循北京都城既有的南北中轴线的基础上,另外在西郊新市区也规划有一条南北向中轴线。新轴线北面端点为颐和园,轴线西侧则为西郊新机场场址,轴线南端规划为京汉铁路线上的中央总站,该总站居于长安街的延长线(东西向,宽 80 m)与万寿山正南的兴亚大路(南北向,宽 100 m)的交叉口东面位置,这样地处一南一北的航空和铁路两大交通枢纽在新的南北向轴线相互呼应。

从飞机场用地面积来看,早在 1937 年 12 月 26 日编制完成的《北京都市计划大纲暂定案》中的规划预留机场用地较小,新市区西北部的西郊机场规划预留用地约为 2.25 km^2,北郊内机场用地约为 1.8 km^2,而东部工场地的机场约为 1.8 km$^{2[8]}$,至 1941 年《北京都市计划大纲》正式颁布时,机场用地显著扩大。该计划大纲提出"拟于南苑及西郊现有者之外,另在北苑计划 4 km 见方之大飞机场,并于东郊预定一处"[9]。根据该计划大纲,南苑、西苑和通县机场均为圆形场地,其中通县面积最大,而北苑预留地为方形场地,原为军营所在地,为规划面积最大的预留机场。另外,该计划大纲在"保留地"部分还提出预留"南苑飞机场及其周围面积约 30 km^2 的土地",显然也是满足其军事需求,当时的南苑机场是日本陆军航空部队最大的侵华军事基地(图 1)。

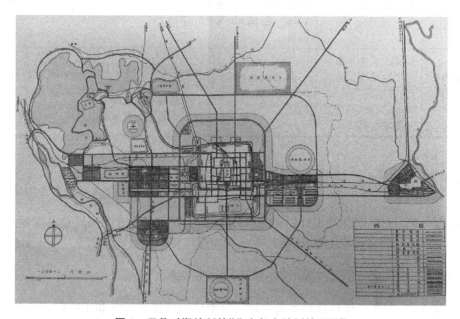

图 1 日伪时期绘制的"北京都市计划简明图"

2.2 日伪时期《天津都市计划大纲》中的机场布局及其建设

针对天津市区和塘沽的分治或整合,伪建设总署都市局先后出台过两套规划方案,其中将塘沽纳入市区的《大天津都市计划大纲》是结合"华北中心大港建设计划"同期编制的,而《天津都市计划大纲区域内塘沽街市计划大纲》和《天津都市计划大纲》则共同构成"子母城"的规划方案。1939 年前后,伪建设总署都市局绘制了"大天津都市计划大纲图",该规划方案中的飞机场站布局模式采用了近代大都市规划中常用的多机场布局模式,遵循水上和陆地机场、近期建设和远期预留各自分开的布局原则,且在城市周边地区的不同方位设置(图 2)。在市区东部和塘沽各设圆形的大型飞机场一处;在天津市区北部、塘沽海河以南还设有方形的预备飞机场各一处;另外,在新开河河口附近设有水上飞机场。值得一提的是该方案还在塘沽规划有飞机场工场（即飞机制造厂）及其配套的特设飞行场；另外，结合自动车（即汽车）及特种车辆工场、河舟建造场的规划布局，还在其附近设有专属飞行场，由此天津地区在该规划中共布局达七个机场之多。

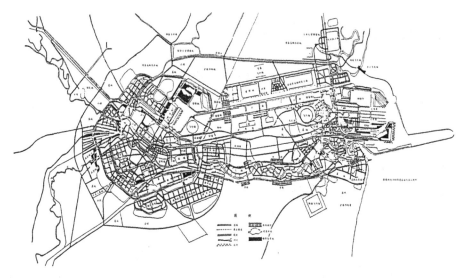

图 2　日伪建设总署都市局 1939 年绘制的"大天津都市计划大纲图"

1939 年后，伪建设总署都市局又向天津特别市公署正式下达了《天津都市计划大纲》，该大纲提出，"在特三区之东方街市之西南及塘沽方面各预定面积为 5 km² 以上之飞机场"。天津市区的机场布局主要服务于特三区及其东南部拟建新市区的意图明显[③]。1940 年，为了配合塘沽新港的建设，日伪当局又编制了《天津都市计划大纲区域内塘沽街市计划大纲》，并附设有"塘沽都市计划要图"（图 3），这两个规划从城市规划范围及建设规模上进行了更为

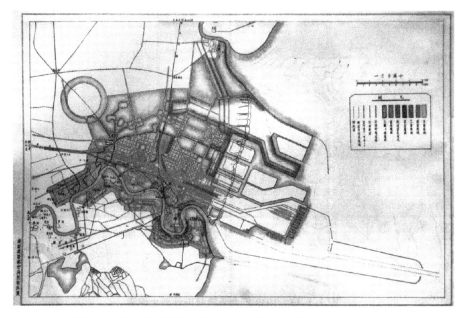

图 3　日伪建设总署都市局 1940 年绘制的"塘沽都市计划要图"

现实的整体缩编,飞机场布局规划也做了相应压缩。《天津都市计划大纲》仅提出在市区东部和塘沽各设飞机场一处,而《天津都市计划大纲区域内塘沽街市计划大纲》则更具体地提出塘沽飞机场"预定在西北郊外,为直径2.5 km之圆形计划"④。

3 华北都市计划大纲的机场布局规划思想

3.1 都市计划中的机场布局规划逐渐规范化和多元化

日伪时期华北八大都市计划中所列出的交通设施规划统一划分为道路及广场、铁路、飞机场和水路及码头(视有无情况而定)四部分加以论述,其都市计划中的机场布局吸收了欧美国家的城市规划思想,日本侵占地的都市计划普遍采用多机场体系的布局模式(图4),这以北京、天津的机场规划最为典型。需要指出的是,早在1929年国民政府编制的南京《首都计划》就已采纳了多机场布局体系,该规划是特聘美国建筑师墨菲(H.K.Murphy)和古力治(Ernest Goodrich)协助完成的。无论从满足侵华作战需求,还是从日华通航的角度考虑,飞机场部分已经成为日伪当局编制都市计划中不可或缺的基本组成部分和必备的交通设施,都将其列入交通设施规划部分之中。机场场址也多处在城市空间布局中的显著位置,这些都市计划名义上提出民用和军用机场要分开布局,但其所谓的"民间"机场仍主要是基于军事目的,兼顾民用需求,逐渐遵循民用和军用机场、水上和陆地机场、近期规划和远期预留(预备飞机场)各自分开的布局原则;华北地区的八大都市计划大纲普遍实现"民间飞行场"(即民用机场)和"军用飞行场"在城市中的相对分开布局。例如,徐州新旧军用飞机场已有

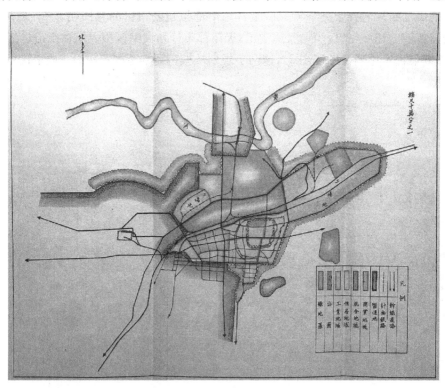

图4 日伪建设总署都市局1938年绘制的"济南都市计划一般图"

三处,但考虑到发展民用航空业尚难以利用这些机场,为此拟在徐州的东南位置预定面积约为 4 km² 的民用机场。济南将已有的飞机场向北扩张,另在市北地区计划兴建民用机场两处。这些机场虽然号称"民间",但实属军用,仍优先考虑侵华日军的军事需求。在所谓的"民间飞行场"方面,这些机场也主要由日本人把控的航空公司负责运营管理。例如,1940 年 11 月 7 日竣工的北京西郊机场则委托给中华航空公司负责管理,下设南北两个飞机维修厂。

3.2 机场布局思想具有显著的殖民化统治特征和军事意图

日伪当局始终在推动华北地区都市计划大纲,并逐渐形成规划的范式。1939 年 8 月,伪建设总署发布《都市计划大纲及其建设事业》;1941 年 7 月,伪建设总署都市局颁布了《地域地区计划标准》,对都市计划大纲中的地域地区分类进行了标准化界定[10]。华北地区都市计划大纲主要包括绪言、方针和要领三个篇幅⑥,其中"要领"包括都市计划区域、街市计划区域、地域制、地区制、交通设施、其他公共设施、都市防护设施和保留地八个部分。按照土地用途划分,这些都市计划大纲普遍将"地区制"部分分为"绿地、风景地区、美观地区、禁止建筑地区"四类,其中"禁止建筑地区"是指为保护所谓的"都市公安及公共设施"而对私人建筑物加以禁止或限制的地区,该地区与日伪军事机关认定的官署设施、公共设施及私人设施等都市防护设施存在着对应的关联。机场周边地区多单列其中,以利于机场军事警戒和防御。另外,"要领"所包括的"保留地"是指已设置的军事设施用地,或者现在设施虽未确定,预料将来所必需的土地。"保留地"主要设置在交通设施周围,如铁路、河道沿线和飞机场周围地区等等。为满足侵华军事作战的需求,日军始终将侵占地的机场规划建设列为优先项目,为此既有机场周边地区多被列为"保留地",以利于未来机场军事用地的扩展,并普遍在机场周边地区划定大片"军事特别区"来建立军事设施。

3.3 机场布局建设与新市区的规划建设相互配合

日伪当局主导下的华北地区都市规划普遍推行新区的规划建设,这些新区主要是服务于日本人的住宅区和工业区,如北京的西郊、东郊新市区以及通县工业区;济南的南郊、北郊新市区以及东部、西部工业区等等。新市区建设与机场建设往往相辅相成。在日本侵华地的都市规划中,普遍实行日本人和华人分开居住的制度,新市区的规划建设主要服务于日本人居住,为此新建的民用机场多结合新市区进行相应的布局,且日本人侨居的新市区多与以民用为主的新机场同期建设,以方便日本侨民与本国的航空交通联系。例如,北京的新市区东侧毗邻中央总站,北侧布局有西郊机场;天津特三区以外的东南部规划为新市区,相应地在特三区东侧的西南方预留有圆形机场;日伪当局拟在太原市区以南的正太铁路及汾河西部铁路沿线各预留一个工业街市,并在南郊开辟新市区,同时在城南约 14 km 处建有一座南北长约 2.5 km、东西宽约 1.5 km 的"民间飞行场",并与扩建后的城北军用飞机场遥遥相对。

3.4 优先且高标准地建设进出机场的专用道路

出于快速进出机场的军事运输目的,日本侵占地都市计划中的城市主干道系统多优先衔接机场。如徐州、塘沽等地的多个机场均纳入城市规划中的放射线或环线道路系统之中,其中《徐州都市计划大纲》规划的第一条道路干线便是徐州站经市中心至西飞机场的道路。另外，日本侵占地的城市规划普遍重视进出机场的专用道路设施建设，多优先建设。在新建或改扩建机场的同时，多优先建设连接市中心与机场之间的专用道路，并普遍采用沥青混凝土或水泥混凝土等高等级路面材料铺筑。例如《北京都市计划大纲》规划的北京外围四个现有及预留机场均由环线干道衔接，1938年9月便修筑了北京市区至新建的西郊机场的郊区公路，次年修建机场汽车专用道路，即由西直门外农事试验场西墙外角直达机场的新路，另外，新市区的主干道——"兴亚大路"（即今四环路的五棵松路至丰台路段）也可直通机场，该干道长2.8 km、宽100 m，并采用卵石路面；1938年8月，日军在济南西郊新建张庄机场的同时，还建设纬十二路通往张庄机场的专用道路，该路为济南市第一条水泥混凝土道路；1939年，日伪当局在新建天津张贵庄机场的同时，也建设了当时天津仅有的两条沥青混凝土公路之一的张贵庄路（另一条为连通天津市区与塘沽新港的津塘公路）；1943年6月，太原则修建了小东门至新城机场、新南门至武宿机场之间长达18.8 km的混凝土道路。显然，进出机场道路的优先且高标准建设无疑是以服务于侵华日军的军事统治为最大目的。

4　结语

日伪时期华北地区的都市计划普遍师承欧美国家的近现代规划理念，同时又具有强化侵占地殖民统治的显著特征。这些殖民色彩浓厚的规划既是我国近代城市规划体系中特定的畸形的应用实践，也折射出日本巩固其占领地统治和加强实施移民政策的基本思想。这些特定时期和特殊背景下的城市规划普遍流于形式，无论是政治军事形势，还是经济财力，都无力支撑这些规划的落实建设，最终随着日本的战败投降戛然而止。

[本文为2015年度教育部人文社会科学研究规划基金项目"机场地区'港产城'一体化发展模式研究——以京津冀地区为例"(15YJAZH053)、国家自然科学基金面上项目"基于行业视野下的中国近代机场建筑形制研究"(51778615)]

注释

① 日文的"都市计画"即现今所说的"城市规划"，本文为与"都市计划大纲"有所对应，仍沿用近代的"都市计划"和"计划大纲"的说法。

② 各都市大纲有"建筑禁止地区"和"禁止建筑地区"两种说法，本文统一为"禁止建筑地区"。本表在原文引用中增补了标点符号。

③ 伪华北建设总署天津工程局编著的《天津市及塘沽区都市计划》中《天津新都市计划建设工程》规划文件有关飞机场的内容是："张贵庄附近，设面积3 km^{2}以上之飞行场。"天津市档案馆藏，档号为401206800-J0089-1-000031。

④ 参见天津市地方志编修委员会办公室，天津市规划局.天津通志·规划志[M].天津：天津科学技术出版社，2009:87。该书中的"塘沽的飞机场计划位置在黑潴河东"说法与《天津都市计划大纲区域内塘沽街市计划大纲》有异，但场址相近。

⑤ 京津两地的都市计划大纲均无"绪言"内容。

参考文献

[1] 越泽明.中国东北都市计划史[M].黄世孟,译.台北:大佳出版社,1989:276.

[2] 塩原三郎.都市計画:華北の点線[Z].私家版.日本,1971:8.

[3] 德永智.日中戰爭下の山西省太原都市計畫事業[J].アジア経済,2013(54):56-78.

[4] 王亚男.《近代北京城市规划和建设研究》意义和概要[J].北京规划建设,2008(1):123-126.

[5] 王亚男,赵永革.日本侵华时期《北京都市计画(划)大纲》的制订及其历史影响[M]//北京联合大学北京学研究所,北京文化史研究所,首都博物馆.北京学研究文集(2006).北京:同心出版社,2007:132-143.

[6] 贾迪.1937—1945年北京西郊新市区的殖民建设[J].抗日战争研究,2017(1):87-106.

[7] 民国时期文献保护中心,中国社会科学院近代历史研究所.华北交通事业跟进[M]//民国时期文献保护中心,中国社会科学院近代历史研究所.民国文献类编:经济卷(446).北京:国家图书馆出版社,2015:27.

[8] 北京特務機關.北京都市計畫大綱假案[A].东京:日本外务省档案馆,1937,C11111480900:0063,0070,0074.

[9] 北平市工务局.北平市都市计划设计资料:第一集[M].铅印本.北京:北平市工务局,1947:55.

[10] 伪建设总署都市局.地域地区规划标准[A].北京:北京市档案馆,1941,文档编号:J061-001-00304.

图表来源

图1源自:北平市工务局.北平市都市计划设计资料:第一集[M].铅印本.北京:北平市工务局,1947.

图2、图3源自:天津市地方志编修委员会办公室,天津市规划局.天津通志·规划志[M].天津:天津科学技术出版社,2009.

图4源自:伪济南市政府,伪华北政务委员会工务总署.济南都市计划大纲[A].北京:北京市档案,1944.

表1源自:笔者根据相关资料整理绘制.

基于阶段划分的泺口古镇历史演变研究

杜聪聪　赵　虎

Title：Research on the Historical Evolution of Luokou Ancient Town Based on Stage Division

Authors：Du Congcong　Zhao Hu

摘　要　古镇的历史演变应是城市规划研究的重要内容，但目前更多关注的是依托其物质遗存的空间形态，而对隐性的历史文化要素挖掘及规划体现不足。本文以济南市的泺口古镇为研究对象，运用历史法、文献总结法和地图判别法等，对近代以来泺口古镇的历史沿革、空间形态和文化要素进行梳理分析。研究发现黄河河道变迁和政治局势变化是影响泺口古镇历史演变的两个主要因素；"半月形"的城镇形态是泺口古镇典型的空间形态；古镇的文化民俗虽然较为丰富，但亟待挖掘和复兴，特别是在鲁菜、铁路、盐运、码头等方面。

关键词　历史演变；"拥河"发展；泺口古镇；保护与发展

Abstract：The historical evolution of ancient towns should be an important part of urban planning research. However, at present, more attention is paid to relying on the spatial form of their material remains, the hidden historical and cultural elements of excavation and planning are not reflected enough. This paper takes Luokou ancient town of Jinan as the research object, and uses historical methods, literature summarization methods and map discrimination methods to sort out and analyze the historical evolution, spatial form and cultural elements of Luokou ancient town in modern times. The study found that the change of the Yellow River channel and the change of political situation are the two main factors affecting the historical evolution of Luokou ancient town; the 'semi-moon' urban form is a typical spatial form of Luokou ancient town; cultural folklore is rich, especially in the Lu cuisine, railway, salt transportation, docks and other aspects, but urgently need to be revived.

Keywords：Historical Evolution; 'Embracing River' Development; Luokou Ancient Town; Protection and Development

作者简介
杜聪聪，山东建筑大学建筑城规学院，硕士研究生
赵　虎，山东建筑大学建筑城规学院，副教授

　　古镇作为一种独特的文化载体，其历史演变

过程对于揭示该区域社会发展转型的内在机理意义重大。泺口古镇作为当前跨越黄河、北出济南的门户,也是济南新旧动能转换先行区开发的"桥头堡",但随着城区向北扩张及"拥河"发展战略的推进,泺口古镇却面临着空间覆灭的危险。如何将古镇的历史文脉进行延续,并在城市高等级规划项目中予以体现,成为当前济南建设发展中亟须面对的问题。

从当前国内学者对古镇历史文化演变的研究成果来看,研究的内容以空间形态为主[1-3],但也有民俗、风貌等内容出现[4]。而关于泺口古镇研究的文献多是如何从服装专业市场功能入手对该地区进行现代功能的打造[5-6],目前仅何晓伟等对近代泺口古镇的功能演变进行了梳理[7]。另外,张振水等对黄河泺口百年铁路老桥的改造进行了介绍[8],端木凌云等对泺口段黄河的水文地质情况进行了研究[9]。

综上,目前直接针对泺口古镇历史演变的研究成果极少,并且研究中缺少对古镇历史演变要素的综合分析。鉴于此,本文以1848—2018年的泺口古镇为研究对象,梳理其历史轨迹,挖掘其在历史沿革、空间形态和文化民俗三个方面的历史线索和遗存,利用济南"拥河"发展规划的契机,为泺口古镇的保护与发展提出相应的建议。

1 研究概况与思路

1.1 研究概况

泺口古镇位于原济水和泺水交汇处,在金代始设为镇[10],水陆交通极为便利,是大清河上重要的货物集散地(图1)。明清时期泺口镇是盐运的重要枢纽,在此把山东沿海的盐转运至山东、河南、安徽三省。由于人业兴旺,到清朝末年泺口镇建成独立城池。随着1904年济南开埠,加之后期黄河航运废止,泺口古镇逐渐衰落下来,但在民国时期仍是济南四大名镇之一[11]。1990年以后,因黄河泥沙淤积和环城路的修建,泺口古镇彻底衰落[12]。现如今,泺口古镇隶属于天桥区,由环城路和泺口段黄河围合而成,整体空间形态呈现"半月形",总面积约为 70 hm²,并以居住用地为主。

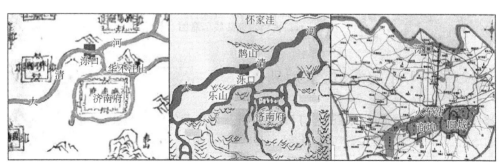

明代崇祯时期地图　　清代乾隆时期地图　　民国时期地图

图1 不同历史时期泺口古镇空间位置示意图

1.2 研究思路

从历史发展脉络来看,近代以来泺口古镇的发展历程可以划分为四个阶段:①第一阶段为1848—1911年;②第二阶段为1912—1948年;③第三阶段为1949—1992年;④第四阶段为1993年至今。

通过四个时段的划分，梳理并总结泺口古镇在历史沿革、空间形态和文化民俗三个方面的演变特征，其中在历史沿革方面，以泺口古镇在不同朝代的建制、隶属和机构为关注点；在空间形态方面，以形态、街巷、建筑和网络等要素为研究重点；在文化民俗方面，则重点关注泺口鲁菜文化、盐运文化、码头文化、铁路文化等留传的人文典故遗存。最后结合济南市新旧动能转换先行区的设立和"拥河"发展背景提出相关的发展建议，具体研究路线如图2所示。

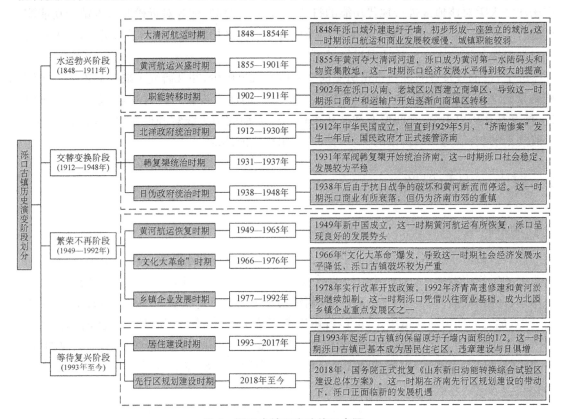

图2 泺口古镇研究路线示意图

2　1848—1911年的泺口：水运勃兴

1848—1911年这一时段是近代泺口古镇经济较为繁荣的阶段，但因清朝末年国家经济社会的落后，泺口古镇的繁荣较为脆弱，经不起任何"折腾"。

2.1　历史沿革：黄河改道使泺口成为商业和航运重镇，职能得到提升

鸦片战争后，泺口古镇的行政隶属与城镇职能、规模受黄河改道的影响也发生了一定变化。该阶段泺口古镇一直由济南府历城县洛口乡管辖。1848年泺口城外建起圩子墙，以防捻军侵扰，初步形成一座独立的城池[12]。1855年黄河夺大清河河道之后，泺口古镇成为黄河沿岸最大的食盐中转基地，也是黄河第一水陆码头和物资集散地，古镇的经济发展水平得到较大提高，并享有"小济南"之称[13]。河运兴盛、商业繁荣，加强了泺口古镇的管理机制，

主要体现在黄河治理和税收管理两个方面(表1)。但随着1902年济南商埠区的建立,泺口段黄河水患频发,古镇内的商户和运输户开始逐渐向商埠区转移。

表1　1848—1911年泺口古镇管理机构设置一览表

设立时间	机构名称	机构职责
1864年	泺口厘金局	征收厘金
1884年	山东河防总局泺口分局	黄河治理
1903年	河工电报总局	黄河监察管理
	泺口船捐局	征收过往船只税
	泺口斗捐局	征收粮食交易税
1907年	泺口三等邮电支局	政府间公文往来、信息传递和商民间寄递信件及汇款、运货

2.2　空间形态:"半月形"的空间形态与"三横四纵"的街巷格局

泺口古镇的城镇格局在圩子墙修建完成后基本定型,其空间形态近似为"半月形"。古镇内部呈现出"三横四纵"的街巷格局,路网骨架较为方正,空间分区也较为明确,大致可分为三区:中部、南部为商业区;东部、西部为居住区;北部为航运集散区。其中商业大多沿街分布,呈现"树枝"状,并且不同街道均设有集市,使泺口古镇的商业更加繁荣。古镇内的园林、宗教建筑十分兴盛,其中较为著名的园林有亦园和基园,王母庙、兴隆寺等明清时的宗教建筑大多也被延续下来[14],这些公共建筑都映衬出泺口古镇的繁华景象(图3)。

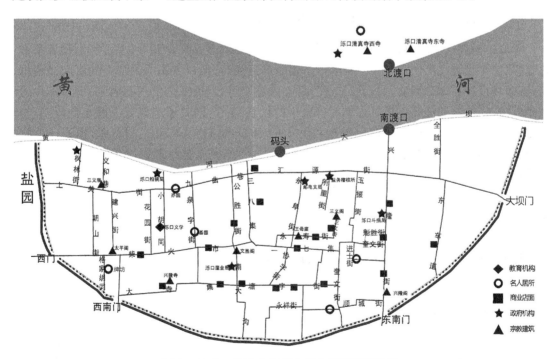

图3　1848—1911年泺口古镇典型平面示意图

另外，在区域城镇联系上，这一时期形成了"铁路＋水运"的网络格局（图4）。黄河改道后，泺口水运交通更加便捷。随着铁路运输时代的开启，清泺小铁路和津济铁路都连接到泺口古镇。水运与铁路运输相结合，使泺口的基础设施和运输网络更加完善，由此泺口成为该时期黄河第一水陆转运码头[12,15]。

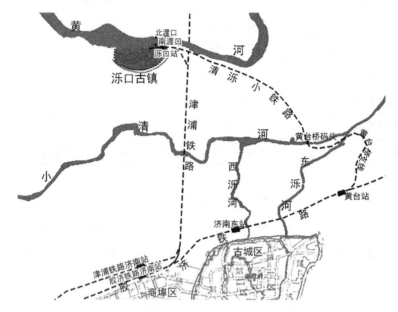

图4　1848—1911年泺口古镇"铁路＋水运"运输网络示意图

2.3　文化民俗：鲁菜文化和盐运文化发展较为突出

泺口古镇在这一时期是整个济南北郊文化的交汇地，多元文化并存发展，特别是鲁菜文化、盐运文化较为突出。自1848年建城起，由于航运发达，泺口古镇成为济南的水陆交通枢纽，客栈和饭庄在泺口兴盛，如新诚东、纪镇园、奎盛号等，发展成为济南知名老字号，泺口的糖醋鲤鱼、瓦块鱼和桂花枣果等也成为鲁菜中的代表菜[15]，同时酿造技艺发展十分成熟，特别是其所产酱、醋久负盛名。在盐运业文化方面，泺口古镇作为水陆运输枢纽，运送的货物中有大量的海盐，城内"顺流通达"四大盐园的车马不绝，码头盐运船只穿梭往来，泺口也因此形成独特的盐运文化。

3　1912—1948年的泺口：交替变换

进入民国时期后，泺口古镇受到政治、自然、经济、交通等多方面因素的影响，由繁荣开始走向衰落。

3.1　历史沿革：战乱频发，黄河河运由盛及衰

通过对泺口历史沿革事件的梳理，发现该时期泺口古镇经历了民国成立、军阀混战夺权、日本侵略山东、济南解放四个阶段，其对应的行政隶属变动过程为历城县—第九自治区—北乡区—第十区，政治环境较不稳定。其中中华民国成立到抗日战争爆发这一时期，泺

口仍是济南北郊门户与商业重镇,1932年泺口人口规模约至1.5万人,济南的原粮和面粉亦主要是通过水运在泺口港集散,商业较为繁荣[13]。1938年后由于战争的破坏导致和黄河断流而停运,古镇内的大批商业迁往商埠,城镇建设发展基本停滞,泺口古镇开始走向平庸。1947年黄河流归故道,但古镇航运业已不再兴盛,截至1948年,济南解放,泺口古镇人口不足1万人[16],商业职能完全被商埠区取代。这一时期政府对济南段黄河的关注加强,泺口古镇因位置特殊,便于观测黄河水位,故继续设立多个黄河管理机构于此,如山东河务局、水文站等,以加大对黄河监测和治理的力度。

3.2 空间形态:整体空间形态未变,泺口与外部联系得到加强

受近代工业技术的影响,泺口古镇内部街巷格局和公共建筑在这一时期进一步丰富,但整体保持"半月形"的空间形态未变,空间要素多以居宅、店面商铺以及传统手工作坊等为主。但随着社会的发展以及工业技术的变革,传统的手工作坊开始被工厂取代,居民的生活方式开始出现转变,城镇格局发生了明显变化(图5)。

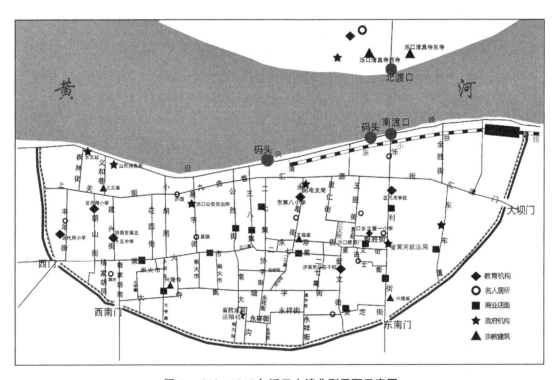

图5 1912—1948年泺口古镇典型平面示意图

由于道路建设和河道变迁两方面的影响,泺口古镇形成较为完善的"铁路+水运+公路"综合运输网络(图6)。为满足近代泺口古镇货物运输需求,1913年"清泺小铁路"改轨,与胶济铁路黄台桥支线接轨,建成津浦铁路"泺黄支线"。1925年张宗昌新建走向呈U字形的东、西工商河,沟通了小清河和火车站地区之间的联系,后又修建济泺路并设立客运线路[12,16],加强了泺口古镇与济南城区、商埠区的联系。但由于战争频发、黄河改道和小清河淤浅,泺口古镇附近河道难以继续通航,使得这一水陆运输网络被完全破坏。

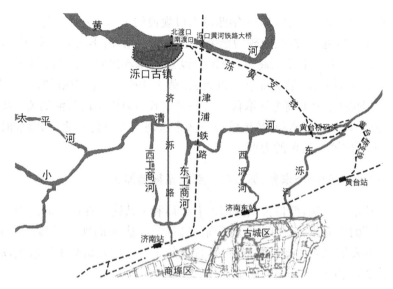

图 6　1912—1948 年泺口古镇"铁路+水运+公路"运输网络示意图

3.3　文化民俗：铁路文化快速发展，近代名人文化得以丰富

该时期泺口文化民俗发展在抗日战争前后有明显不同。中华民国成立到 1938 年这一时期，泺口古镇的鲁菜文化进一步丰富和发扬，如张文汉发明的"草包"包子，深受大众喜爱。泺口信诚酱园生产的食醋，获 1915 年巴拿马国际物品博览会金奖[14]。而 1938 年后，由于战争和黄河断流的影响，泺口古镇盐运文化遭到极大破坏，但随着铁路建设加快，铁路文化得到大力发展，如泺口黄河铁路大桥，不仅完善了济南铁路运输网络，也成为我国铁路大桥建设技术发展中的历史见证。这一时期还涌现出一批近代实业家和爱国志士，具有代表性的有穆伯仁、周宪章等[14-15]，其爱国事迹成为泺口近代名人文化中的重要组成部分。

4　1949—1992 年的泺口：繁华不再

1949 年以后，由于黄河河道逐渐淤积，航运功能退化，泺口的商业氛围不再，昔日水陆转运的繁荣景象基本消失，泺口古镇走向平庸。

4.1　历史沿革：行政区划多次更迭，商业重镇演变成为居住生活区

1949—1992 年这一阶段，城市建设开始兴起，泺口古镇的管理机构发生了一定变化（表 2），并最终演变为以居住为主的生活片区。自 1949 年新中国成立至"文化大革命"爆发前这一阶段，黄河航运有所恢复，泺口古镇呈现良好的发展势头。"文化大革命"时期及以后一段时间，社会经济发展水平降低，泺口古镇破坏较为严重，但管理机构设置变化不大，增设泺口税务所、黄河航运局和泺口工商管理所[16]。改革开放后，随着农村改革的日益深入，泺口的地区职能改变较大，地区发展以乡镇企业较为突出，人口规模为 0.95 万人[17]，但古镇内黄河航运和商业活动停滞，基本以居住为主。

表 2 1949—1985 年泺口古镇管理机构设置一览表

设立时间	机构名称	机构职责
1949 年	历城治河办事处(今济南黄河河务局天桥黄河河务局)	监察管理辖区内黄河河务和工防设置
1950 年	泺口税务所	征管济南郊区地区的各种税收
1952 年	省交通厅黄河航务办事处	管理山东境内黄河的客货运输
1954 年	摊贩管理委员会	管理本地的商贩
1956 年	济南汽车站(今济南长途汽车总站)	长短途运送旅客
1961 年	泺口公社	负责泺口行政事务管理和组织生产等活动
1968 年	泺口联防营	负责泺口行政等各项事务的管理和组织
1971 年	泺口管理区	负责泺口行政等各项事务的管理和组织
1983 年	泺口工商管理所	负责泺口企业管理
1985 年	泺口办事处	负责泺口辖区内的社会及行政管理

4.2 空间形态：泺口空间遭到挤压，乡镇企业发展较为突出

这一时期受道路建设和黄河淤背两方面影响，泺口古镇空间形态发生三次较大的变化：古镇外围圩子墙于 1951 年被拆除改造成环城路，标志着泺口自 1848 年形成的城镇格局被彻底打破；1976 年黄河凌汛后，北泺口村民迁入黄河以南各村落户，北泺口从此消失；1987 年黄河淤背，泺口南移 130 m，古镇原圩子墙内的面积约缩小至原来的一半，后泺口古镇北半部彻底废弃[14,16]。虽然泺口空间遭到较大挤压，但由于该时期乡镇企业建设的发展，环城路以南修建了环城路中街、东街和西街[17]，使得泺口形成新的内部格局(图 7)。同时该阶段泺口地区加快基础设施建设，特别是在医疗卫生、水利工程、市政建设等方面都有所推进，且济南泺口黄河浮桥建成通车后，泺口摆渡的历史彻底终结，并重新建立起与黄河北岸的联系纽带。

4.3 文化民俗：码头文化走向衰落，鲁菜文化有所发展

随着泺口独立城镇的空间格局被打破，商业氛围不再，泺口的文化民俗开始衰落。其中在码头文化方面表现得较为明显，泺口码头和黄河泺口渡口相继废弃停用[16-17]。但由于泺口酿造厂建成，泺口酿造工艺继续发展，鲁菜酿造文化得以较好传承。铁路文化由于线路、站点的使用而延续，但也受到一定影响。在宗教文化方面，由于受到战争、黄河决口和"破四旧"行动的影响，宗教活动一度停滞，改革开放后，宗教文化才有所复兴。

5 1993 年至今的泺口：等待复兴

1990 年代后，泺口已完全融入北园地区，与小清河以北地区协同发展。在济南市新旧

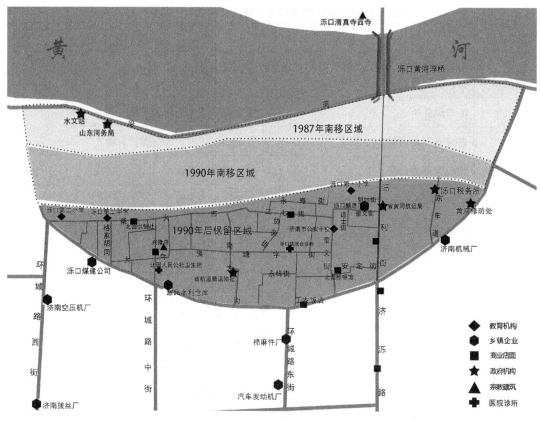

图 7 1949—1992 年泺口古镇典型平面示意图

动能转换先行区的带动下,泺口正面临新的发展方向和目标定位。

5.1 历史沿革:济南新旧动能转换先行区获批,泺口迎来发展新契机

该阶段随着划区设办不断推进,泺口古镇已完全演变为居民住区,商业也仅能满足居民日常生活需要(图8)。1991年北园镇由于各行业十分突出,经济实力较强,而成为"山东第一镇"[17]。2018年济南市新旧动能转换先行区开始规划建设,现存的泺口古镇正处于新旧

泺口古镇居住现状

泺口古镇商业现状

图 8 泺口古镇现场调研图

动能转换先行区的特色风貌轴上,泺口片区由于区位优势,是该轴线上的重要节点,把握此次发展契机,泺口将成为集旅游、居住等为一体的城市综合体和服务集聚区[18]。

5.2 空间形态:违章建设与日俱增,空间格局亟须保护

随着城市发展建设和泺口片区的整体环境改善,泺口古镇北部被建设为济南百里黄河风景区的一部分,泺口古镇南部经过片区更新,居民生活品质有所提高。但在城市现代化进程中,泺口古镇风貌被破坏,住户为了在未来的拆迁中获利,加盖了许多违章建筑,仅保留部分传统街巷至今有遗迹可寻,古镇内部空间格局亟须保护、优化。

5.3 文化民俗:泺口文化民俗流失严重,亟待挖掘复兴

城市化进程持续推进,传统文化民俗大多踪迹难寻。泺口古镇北半部建成的百里黄河风景区,其内部对泺口码头旧址还有一定说明和标记。泺口黄河浮桥和泺口黄河铁路大桥至今仍在使用,但景区内人们也仅将此处当作吃烧烤的河水观览地,缺少文化品质,原有的文化内涵未得到挖掘和展示。

6 结语

通过对近代以来泺口古镇的四个历史阶段进行梳理分析后发现:①泺口古镇曾在历史上具有显赫的区域交通辐射力,但近代以来古镇的发展由盛转衰,而影响泺口古镇历史演变的两个主要因素为黄河河道变迁和政治局势变化;②"半月形"的城镇形态是泺口古镇近代建城以来延续百年的空间形态,也是界定泺口古镇空间范围的重要标志,该形态成为泺口最典型的空间形态;③文化民俗是古镇的内在灵魂,泺口古镇的文化民俗也较为丰富,特别是在鲁菜、铁路、盐运、码头等方面发展较为突出,但流失较为严重,亟待挖掘复兴。这些历史文化遗存都将为今后旅游产业、文化服务产业等新兴动能的发展提供资源支撑和历史依据。

古镇的历史演变研究对时下城市的产业发展和规划编制具有十分重要的意义。本文系统梳理了泺口古镇历史演变脉络及文化内涵,深入探讨古镇在不同文明阶段下的历史沿革、空间布局和文化特征,整理出对当今规划编制有意义的历史文化要素体系,为泺口古镇未来建设发展提出了针对性的建议,其研究成果不仅能弥补当前对泺口古镇演变研究的缺失,丰富济南历史文脉研究和传承,更为时下济南"拥河"发展规划编制和新旧动能转换先行区的设立提供文化支撑和历史依据,也为未来同类古镇的研究提供案例参考。

[本文为在笔者发表于2018年11期《遗产与保护研究》上的《泺口古镇的历史演变与保护发展策略研究——基于济南"携河"发展规划的思考》一文的基础上深化完善而来。本文为济南市哲学社会科学规划项目课题(JNSK18DS11)、山东省高校人文社会科学研究计划项目(J18RA161)、山东省艺术科学重点课题(201706338)]

参考文献

[1] 周年兴,梁艳艳,杭清.同里古镇旅游商业化的空间格局演变、形成机制及特征[J].南京师范大学学报(自然科学版),2013,36(4):155-159,164.

[2] 阮仪三,袁菲.江南水乡古镇的保护与合理发展[J].城市规划学刊,2008(5):52-59.

[3] 付琼娅.产业转型背景下神垕古镇空间形态的演变研究[D].长沙:湖南大学,2013.
[4] 彭林绪,李卫红.武陵古镇民俗的演变及其特点[J].三峡大学学报(人文社会科学版),2007,29(6):22-27.
[5] 宋敏,梅耀林,张琳.新兴城市中心区的城市设计方法探讨——以济南市泺口片区为例[J].华中建筑,2009,27(6):111-116.
[6] 杨小青.济南泺口服装市场空间扩展及其影响研究[D].济南:山东建筑大学,2014.
[7] 何晓伟,赵虎.近代济南市内主要城镇关系演变初探——以旧城区、商埠区、泺口镇为例[M]//中国城市规划学会.新常态:传承与变革——2015中国城市规划年会论文集.北京:中国建筑工业出版社,2015:11.
[8] 张振水,钟兰桂.黄河泺口百年铁路老桥又获新生[J].山东水利,2003(12):56.
[9] 端木凌云,杜瑞香,陈兆伟,等.泺口河段河势演变浅析[C].济南:山东水利学会第十届优秀学术论文集,2005:3.
[10] 脱脱,等.金史·地理志[M].北京:中华书局,1975:128.
[11] 张华松.历城县志正续合编:第一册[M].济南:济南出版社,2007:189-192.
[12] 安作璋,党明德.济南通史5:近代卷[M].济南:齐鲁社,2008:148-149.
[13] 孙宝生.历城县乡土调查录[M].济南:济南出版社,2016:82-87.
[14] 北园镇志编纂委员会办公室.北园镇志[M].济南:山东科学技术出版社,1991:28.
[15] 济南市志编纂委员会.济南市志7[M].北京:中华书局,1997:109.
[16] 牛国栋.济水之南[M].济南:山东画报出版社,2014:360-370.
[17] 济南市天桥区志编纂委员会.天桥区志[M].济南:山东人民出版社,1993:103.
[18] 徐先领.携河发展,打造泉城版"雄安新区"[J].走向世界,2017(30):22-25.

图表来源

图1源自:笔者根据宋祖法《历城县志》(1640年);胡德林《乾隆历城县志》(1773年);济南市志编纂委员会.济南市志1[M].北京:中华书局,1997绘制.
图2至图7源自:笔者绘制.
图8源自:笔者拍摄.
表1、表2源自:笔者绘制.

近代镇江城市转型与形态演变研究

柴洋波

Title：Study on the Transformation and Morphological Evolution of Zhenjiang City in Modern Times

Author：Chai Yangbo

摘　要　以近代时期镇江的城市转型为研究对象，根据影响近代镇江城市建设的重大事件将其转型分为运河城市的衰落期（1840—1860 年）、租界影响下的城市扩张期（1861—1928 年）、省会建设时期（1929—1937 年）三个阶段。通过对这三个阶段城市建设的总结，归纳出近代镇江城市形态变迁的主要特征为城市水系逐步萎缩、城市规模持续扩张、街巷肌理逐步更新以及功能布局频繁调整。最后指出近代镇江城市的发展变迁实际是以西津渡地区为核心展开的。西津渡地区保留了最多镇江近代时期的城市印迹，同时也具有丰富的历史底蕴和文化内涵。在未来城市建设的过程中，应做好对西津渡地区的保护和利用，全面发掘其内在的历史价值和文化价值。

关键词　近代城市形态；开埠城市；沪宁铁路；镇江；西津渡

Abstract：The paper takes the urban transformation of Zhenjiang in modern times as the research object. According to the major events affecting the urban construction in modern Zhenjiang, the transformation is divided into three stages as the decline period of the canal city (1840—1860), the urban expansion period under the influence of the concession (1861—1928), the period of the construction of the provincial capital (1929—1937). Through the summary of the urban construction during the three stages, the main characteristics of the changes in modern Zhenjiang city form are as follows: the gradual shrinking of the urban water system, the continuous expansion of urban scale, the gradual updating of the street and lane texture and the frequent adjustment of the functional layout. Finally, the paper points out that the development and transformation of modern Zhenjiang city is centered on the Xijin ferry area. The Xijin ferry area retained most of the imprint of Zhenjiang in modern times, and also had rich historical details and cultural connotations. We should do well in the protection and utilization of Xijin ferry area in the process of urban construction in the future, and

作者简介

柴洋波，南京林业大学风景园林学院，讲师

fully explore its intrinsic historical value and cultural value.

Keywords: Modern Urban Morphology; Open Port City; Shanghai Nanking Railway; Zhenjiang; Xijin Ferry

镇江这座城市在以往城市史的研究中,最为人们所熟知的是其作为运河重镇的地位,以及山水城林的城市风貌特征。国内既有研究大多围绕运河与镇江城市发展的关系展开,然而运河并不是镇江城市发展的唯一线索。特别是近代时期,镇江的城市发展经历了多次转折和起伏,受到多种要素的影响,逐渐从运河城市转型成为典型的近代城市。如表1所列,镇江的近代城市史几乎包含了影响中国近代城市演变的所有要素——战争、铁路、租界、规划等全部都有所呈现。因此,镇江应该成为中国近代城市规划史中的重要研究案例之一。对镇江的个案研究将有助于加深我们对近代城市演变的认知,并理清诸影响要素之间的相互关系。

表1 镇江近代城市变迁重大事件一览表

时间	主要事件	影响
1853年	太平天国占领镇江	城市物质形态受到破坏
1855年	黄河决口导致运河南北断航,漕运改走海运	城市传统产业逐渐衰落
1861年	镇江开埠通商,在西津渡设立英租界	转口贸易大发展
1908年	沪宁铁路及其江边支线通车	铁(路)水(路)联运,带来商业繁荣
1912年	津浦铁路通车	贸易线路转变,城市经济衰退
1929年	江苏省省会迁至镇江	大规模开展城市规划与建设
1937年	侵华日军占领镇江	城市受到严重破坏
1945年	战后重建计划	局部恢复城市面貌

对于镇江来说,近代时期城市的转型与形态演变可以分为三个阶段:第一阶段为1840—1860年,受到多次战争的破坏和漕运中断的影响,运河城市的传统空间体系受到严重冲击,为之后的转型埋下伏笔;第二阶段为1861—1928年,在通商开埠的影响下,以租界为核心的西津渡地区逐渐成为城市新的中心区,城市重心向西迁移到老城之外;第三阶段为1929—1937年,这一时期镇江作为中华民国江苏省省会进行了全面规划和建设,奠定了近现代镇江城市形态的基本格局,城市重心再次迁移到老城。

1 运河城市的衰落(1840—1860年)

1840—1860年这段时间,是镇江地区战争频发的20年。1840—1842年的第一次鸦片战争、1851—1864年的太平天国运动以及1856—1860年的第二次鸦片战争都与镇江有关,并直接对镇江的传统城市格局产生了巨大的冲击。

第一次鸦片战争发端于广州,而战争的终结则是以英国军队攻占镇江为转折点。1842年7月,英军几乎投入了全部的军力进犯镇江。据《丹徒县志》记载,当时"西门桥至银山门无日不火,峻寺重垣,悉成瓦砾"[1]。这次战争对镇江的城市面貌造成了严重的直接破坏。太平天国运动期间,镇江作为首都天京的门户,战略地位极为重要。因此整个太平天国运动期间,镇江都处于战火不断的状态。直到1864年天京沦陷,镇江附近的战火才暂时熄灭。前后长达13年的战争,对镇江造成了巨大的破坏,也改变了城市的空间格局。

太平军占领镇江后,为了加强对城市的防御、控制水陆交通,即着手加固城防工事。先是打穿府城的后垣,沿龙埂筑城墙至北固山顶,又自北固山西侧沿江筑城至运河入江口,再循运河向南达西门外,这样就在原旧城的北侧形成了一座绵延达6 km的新城(图1)。太平军在新城上修建了六个炮台,以沿江沿河防守。新城所包围的区域在明清时期一直是粮仓和运河支流所在,并不是主要的人口聚集区。新城建立之后,扩大了城区的范围,这一带逐渐成为新的平民居住区。虽然新城的城墙在太平军被镇压之后大部分被清政府拆除,但是城市格局的改变已经不可逆转。

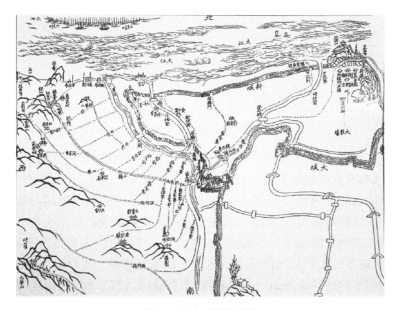

图1 太平天国新城图

经过鸦片战争和太平天国运动的破坏,镇江经明清两代形成的城市格局被打破。但是由于战争并未引入新的城市要素,总的来说镇江仍然是在传统运河城市的基础上有所发展。从城区建筑的分布来看,虽然府城城墙的形状接近方形,但是建筑并没有均匀地填满整个城池,而是主要分布在城内关河沿线以及城外运河入江口周边。以南门大街、西门大街这两条与运河平行的道路为主要轴线,镇江城区呈现出从东南至西北明显的带状城市特征(图2)。

镇江府的衙署建筑集中于北固山后峰,丹徒县的衙署位于府治以南,二者共同构成镇江的行政中心。近代初期,镇江城内还存在着特殊的"城中之城"——满城。镇江满城内除了设有将军署、都统署、右协领署、左协领署、通判署以及公衙门等管理机构,还有忠烈祠、海供祠等祠庙建筑以及书院和文庙等文教建筑,形成了相对完整的独立结构。清代以满族士兵为主体的八旗兵及其家眷在满城中集中居住,满城的四周修筑有围墙和城壕,只有几处营门对外开放,实质上是驻扎在城内的兵营。这种在已有城墙的城池内部再修建封闭军事用地的做法,充分体现了清政府作为人数远远少于汉族的异族统治者对于其统治地位的担忧。但从实际效果来看,满城不仅在城市形态上形成了城中之城的独立组团,也人为隔绝了满族与汉族之间的联系,这是造成清末满汉民族矛盾激化的根源之一。

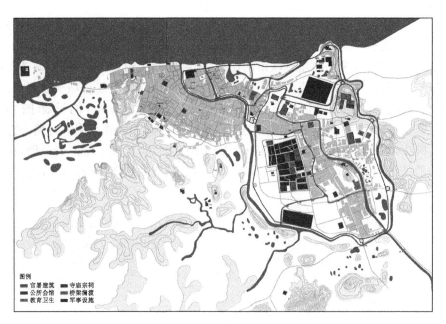

图 2　清末镇江城市形态复原图

由于镇江是军事要地,清末在镇江除了设有满城之外,还在运河入江的大京口处设有水师标统署,以及水师军队驻扎的营地。另外,为满足军队日常训练的需要,还在满城以南设有小教场,在城外北固山西侧设有大教场。在太平天国军队占领镇江期间,城区外的这些军事用地都被太平军修筑的城墙所包围起来,在原府城的北侧形成新城。这是唐代之后,镇江的城墙被第二次推进到紧邻长江江岸的位置。这次城池的扩建,主要是为了加强对于长江江面的控制,以保障当时太平天国都城天京与镇江的水路联系。所以新城内的主要用地是驻军军营以及他们平时的训练用地——大教场,只在运河入江口附近还留存着长期以来形成的密集商铺和住宅。

除了战争对城市的直接破坏,自然环境的改变也间接影响镇江城市赖以发展的经济基础。清咸丰五年(1855年),黄河于铜瓦厢(今河南兰考县西北)决口,洪水至山东张秋镇汇流,穿过运河夺大清河入海[2],导致运河在张秋至安山间被黄河阻断,失去通航能力[3]。此后,整个运河废弛了十余年的时间。运河南北航运中断之后,不仅漕粮北运受到阻碍,而且以运河为主要通道的南北商品流通也陷入无以为继的境地,运河沿线城市的商贸活动大幅减少。正是在这种背景下,镇江失去了南北商品流通枢纽的地位,城市贸易额江河日下。昔日全国闻名的"银码头",似乎就要从此沦落。

2　租界影响下的城市扩张(1861—1928年)

1861—1928年是镇江开埠通商并设立租界的时期,其间沪宁铁路通车并在镇江设立车站和江北支线以及清朝灭亡、国民政府兴起的社会变革,港口码头的航运状况也因长江主泓迁移而受到影响。在这些因素的共同作用下,镇江的城市形态发生了显著的变化。

1858年第二次鸦片战争中,中英签订《天津条约》,镇江被开通商埠。但是当时太平天国运动正日趋激烈,镇江处于太平军不断的围攻中,直到1860年年底清军才重新取得对镇江的控制权。清咸丰十一年(1861年),中英双方议立租地批约,租界的范围为"西至小码头,东至镇屏山下(镇屏山不在其内),南至银山门衔(即现在的观音洞南面山上及迎江路、中华路一带地方),北至江边",共计150多亩(图3)。

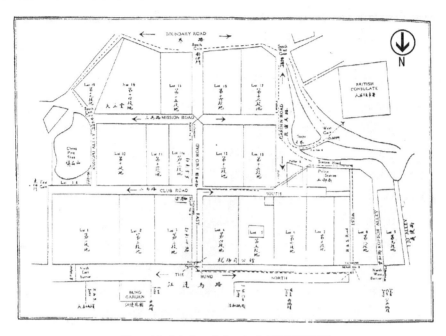

图3　清咸丰十一年(1861年)镇江租界图

英租界所占的这片区域,紧邻镇江重要的渡口西津渡。历史上,这里沿江一带一直是长江南北客货往来的主要码头。云台山的北麓在这里与其伸展入江面的余脉玉山、蒜山互相呼应,形成天然的避风港湾。虽长期受江水冲刷,但由于山石质地坚硬,这里不仅没有塌陷之忧,且不易淤积泥沙,岸线十分稳定。早期这里的码头区主要位于西侧玉山附近的大码头,客货渡运都从此过,东侧蒜山附近的小码头则专门用于江上救生。通向两个码头各有一条道路,分别是西津渡街(通往大码头)和小码头街。考古发掘证实,码头岸边的西津渡古街从唐代起就已经形成,之后各时期的历史地层依次叠加,但古街的位置一直保持不变[4]。清以后,随着长江主泓的改变,西津渡码头开始受到泥沙淤积的影响,码头区域发生了变化。大约于清代同治初年(1862年),大码头被淤塞废弃,江渡事宜只能暂迁到小码头施行。至清末,小码头成为西津渡的主要码头区域,但淤积仍在继续。以往直接通到小码头上的小码头街,此时已经远离码头,曾经矗立于长江岸边的待渡亭也早已上岸[5]。在云台山山麓与长江之间形成了一片新的陆地,即英租界所占的山下地块。

租界内的一切行政管理由英国人自行组建的工部局负责,他们还设置了巡捕房为界内警察机构。在工部局的直接管理下,英国人在租界内不仅建设了大量住宅、洋行和管理机构,并开展了现代城市基础设施建设,如修筑马路、架设电线、使用自来水系统等,使西津渡地区成为镇江最先迈入近代化的地区。镇江的第一条马路就是修筑于租界北面的江边大马路。当时中英双方互相约定在租界北面的长江岸边"沿江宽留公路一条,阔四丈,以便众人行走"。这条公路从蒜山起一直延伸到镇江关东面的运河口(大京口),长约214 m[6]。接着,英国人在租界内筑了三条马路(一马路、二马路、三马路),这三条马路是镇江最早的沥青路面马路。英国人还积极在租界外修筑马路,将其作为扩张租界的手段。1875—1878年,他们强行在租界以外的银山(云台山)脚下以东一带修筑马路,其中向西南方向的被称作"南马路",即今伯先路的前身。沿着这些城市马路的两侧,西方各大洋行及轮船公司纷纷在此设立分支机构,镇江城市的近代化也随着这些马路不断向租界以外扩散。

租界建立之后,工部局主导进行了道路和各式机构、洋行的修建,彻底改变了租界的面貌(图4、图5)。各洋行所建设的码头区也以租界为依托,在西津渡沿江一线大量出现。租界和码头区是完全脱离老城影响而独立发展起来的,与老城共同形成了双中心并存的局面。

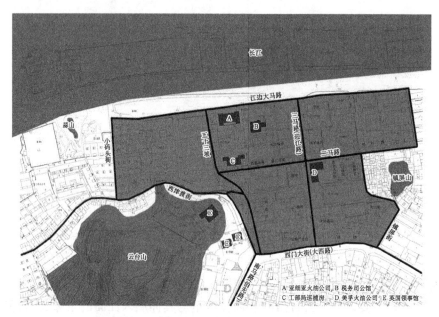

图4 租界初期镇江西津渡与银山坊地图

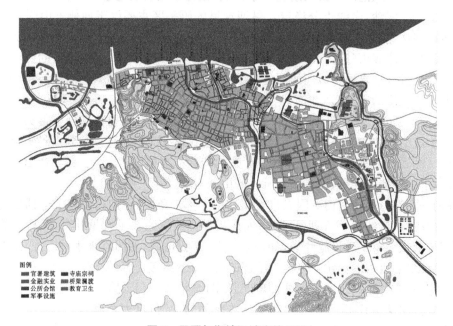

图5 民国初期镇江城市格局图

这在中国近代的开埠城市中是普遍现象,其原因在于清政府和地方官员对于对外通商仍然持防范的态度,选择商埠地或租界的位置时自然希望离老城越远越好。

随着租界区内洋行和批发行栈的增多,为了方便与租界内的洋行打交道,紧邻租界的小码头街和南马路(今伯先路)就成为大户人家和中小商贾的理想聚居之地,陆续建起了多个商业街坊和民居建筑群。1912年,曾在镇江英国领事馆、镇江海关任职的清末洋行买办徐宽宏筹巨资在小码头街西侧建造了"长安里"。之后在小码头街西侧又相继建成了"吉瑞里"(建于1914年)和"德安里",都是传统的四合院式住宅。伯先路上则先后建成了广肇公所、红万字会、江南饭店、蒋怀仁医生诊所等重要建筑,民国时期的镇江商会也选址于伯先路上,可见当时伯先路已经是镇江的重要商业中心了。

西门大街(即今大西路)原为市区连接西乡和长江渡口的通衢要道。自清代在今迎江路以西设立英租界和沪宁铁路通车以后,西门大街宝塔路至银山门段及附近街道逐步发展成繁华的商业区。这里有绸布庄、百货商店、五金店、中西药店和酒楼菜馆等多家名店,老商店及批发行、庄;木行、鸡鸭行、运输行大多开设在平政桥至小码头江边一线;蛋行、鱼行和地货行、油麻店集中在小闸口、中华路一带;专营批发的煤栈集结在大埝街、姚一湾和镇屏街。近代时期,城里居民集中在南门大街、五条街、大市口、四牌楼、红旗口等地,城外则以大西路一带为居民聚居区,尤以大闸口、小闸口、薛家巷、小街等为多。

可以说,西津渡就是近代镇江的增长极。在这个增长极的牵引下,镇江的城市空间呈现出进一步向西发展的态势,连接老城与西津渡的大西路也随之兴盛,道路两侧也形成了一条繁华的商业街。沪宁铁路通车后,镇江车站和江边支线的设置更加剧了城市向西发展的趋势,新修的道路多条以火车站为起点,且大多位于城外靠近火车站或租界的区域。

但是租界给镇江带来的繁荣并没有持久,沪宁铁路与津浦铁路分别于1908年和1912年建成通车后,原本依赖镇江进行转口的山东、河南、安徽等地的货物转而利用铁路进行运输,镇江的商业贸易开始走下坡路,出产及销售都受到影响。同时,镇江本身的港口航运条件也开始恶化。实际上,早在清康熙时期,长江主泓已经北移,镇江一侧的江岸开始不断出现泥沙淤积,江心逐渐出现众多沙洲。近代以来,这种泥沙淤积不断加剧,并先后在江心形成了巨大的沙洲——征润洲。镇江开埠初期,征润洲的暗沙尚微不足道,然而数十年间,其扩张之势十分迅猛。同时,原本矗立于江中的金山,在西南两个方向先后开始出现淤沙。到清光绪末年(1908年),金山四面涨沙已达2 362亩(1亩≈666.7 m²),征润洲与金山西南面淤长的滩地已经与南侧的江岸相连(图6)。从金山上向西所拍摄的照片(图7)中可以看出,

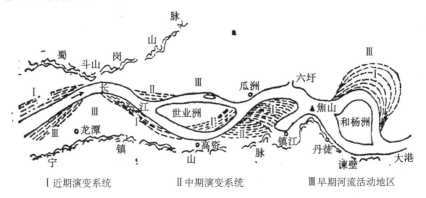

图6 镇扬河段河床平面变形过程

图 7　20 世纪初镇江港全景

当时金山已经与陆地连为一体,玉山附近的码头也已经逐渐成陆,大部分船只停泊在租界以东的港区。

实际上,长江泥沙的淤积不仅影响到沿江的码头区,也使镇江大运河航道的通航能力不断下降。清末民初,以小京口为入江口的江南运河主航道还可以勉强通航,而大京口河道则逐渐断航。但是民国时期的运河在每年水涸时,有数处甚至不能通航;水涨时,轮船亦需暂停行驶,以水退至距堤岸 6 尺(1 尺＝1/3 m)为度,始准开行。运河交通如此艰难阻滞,而新出现的铁路则顺畅高效得多,因此苏北及安徽北段、河南、山东等处货物必然抛弃镇江,转而通过铁路输送到其他开埠港口。

3　省会建设(1929—1937 年)

3.1　省会迁镇的历史背景

自清康熙时期江苏正式建省之后,南京(江宁府城)一直是江苏省的省会。1928 年南京国民政府成立以后,南京成为全国的首都,因此必须重新确定一座城市作为江苏省的省会。1928 年 7 月 17 日,中华民国江苏省政府委员会举行第九十次会议,讨论事项的第一项就是"省会问题"。当时出席会议的委员有 9 人:叶楚伧、钱大钧、陈和铣、张乃燕、何玉书、缪斌、茅祖权、陈世璋、刘云昭。由叶楚伧委员"报告中央对本省省会问题意见后,各委员即充分讨论,均认为有从速决定的必要,并对省内堪作省会之各地区,详细比较,量其得失。旋即投票"[7]。当时省会的候选城市有苏州、扬州和镇江,9 票之中镇江独得 6 票,扬州 2 票,苏州 1 票,因此"定镇江为省会",并呈报国民政府备案。同年 7 月 27 日,国民政府指令通过了这一备案。

分析镇江当选的原因,一方面与其优越的地理位置有关,镇江在江苏省内相对居中,便于同时控制江北和江南地区,且邻近首都南京,是南京的天然门户,战略地位十分重要;另一方面,镇江兼具沪宁铁路与长江水运的交通优势,与苏北还有淮扬运河可以通水运,在开埠之后成为国内外各路客商云集的繁华城市。更为重要的是,国民政府的领袖孙中山先生特别重视镇江的战略地位,在1912—1918年曾先后三次到镇江进行实地考察。在其所著《建国方略》的"整治扬子江"和"建设内河商埠"两部分中,都提出了对镇江城市发展定位的具体设想,希望将其建成新的商业中心城市,这些也许是镇江胜出的重要原因。

1929年2月,中华民国江苏省政府正式迁至镇江。之后直至1949年,除了抗日战争期间镇江沦陷(1937—1945年),省会被迫迁移,民国时期镇江作为江苏省的省会前后达11年之久。其中抗日战争前的8年(1929—1937年),是镇江作为省会进行城市建设的主要阶段。在整个近代百年的镇江历史中,租界对镇江的影响时间最长,但是对镇江近代城市形态影响最大的是省会建设时期。

1929年春,江苏省政府迁至镇江的初期,镇江县城基本还是清末老街坊的状况,显然难以负载起全省政治中心的任务。省政府各机关被迫临时安置在原有的衙署建筑中。省政府和民政厅均设在镇江县第一区省府镇的原将军署内(今市公安局所在地),省财政厅迁入省政府东南原清代都统署的海龄副都统衙门(今军分区优士园所在地),北门内的镇江府学学宫改作省教育厅(今中山东路东段中国人民解放军第三五九医院所在地),还有建设厅和农矿厅则安排在八叉巷西段原镇江第九师范及附属小学内(今为省军区后勤部中山东路和八叉巷的宿舍)。省党部及省庐初迁镇江之始,临时设在太平桥(今丹徒区区政府东侧)和江边。1930年前后,分别迁入中正路(今解放路的中级人民法院)和中山路(今京口饭店)的新址办公。

因此,省政府迁镇之后,在第一次省政府委员会上,就推举王柏龄(建设厅厅长)、缪斌(民政厅厅长)等4名省政府委员负责起草省会建设计划。随后,成立了省会建设委员会专门负责相关事宜,直属江苏省政府。由当时的省政府主席钮永建(字惕生)及其他6位省政府委员为建设委员,钮永建任主席并拟具《设计镇江新省会之建议》作为城市规划的总纲领。省会建设委员会聘请冷御秋、陆小波、茅以升、柳诒徵等12位当地士绅及工程师担任参事,负责审议省会建设的相关议题。另外,该委员会设置专门委员3—5人,由学术专家及有工程经验的人担任,负责工程计划的审查与验收等事项。

同年9月,省会建设委员会拟定出省会建设计划的纲要,包括省会干路设计、拆城计划、江岸保护、全省运动场、保存古迹、轮船机场地址等。然而建设委员会的组织结构冗杂,委员与参事大多为兼任,不利于开展具体工作。因此,在民国十九年(1930年)省政府改组时,由新任省委主席叶楚伧提议,省会建设委员会改组为省会建设工程处(以下简称工程处),直属建设厅。工程处设专职技正3人,负责处理各项工程规划的审定与稽核,具体的工程项目设计由工程课的设计股直接进行。当时的技正3人为金选青、蔡世琛和王燕泉,工程课的课长为仲志英,设计股的主任由蔡世琛兼任。其中仲志英为1915年上海南洋公学(今上海交通大学)毕业生,曾在安源煤矿任工程师,具有丰富的工程经验,后担任工程处技正并兼任镇江县建设局局长至1935年,是镇江市政建设的直接负责人之一。从镇江建设机构的人员组成上来看,既有当地士绅,也有学习土木工程出身的技术人员,但是没有专业的建筑师,这也间接反映出当时我国建筑设计专门人才的缺乏。

工程处成立后,迅速制定了一系列有关城市建设的规划文件。1931年颁布了《江苏省会分区计划》《道路干线计划》《商港计划》《试行建设实施区域计划》《模范住宅平民住宅计划》《新沟渠计划》《整理镇江市内河道计划》《公共建筑规划》《江苏省会园林计划》等,同时还拟定了《建筑镇江象山新港计划书》。这些规划的内容大多记载在1931年由工程处出版的《江苏省会建设》一书中。1936年当地人贾子彝所编写的《江苏省会辑要》一书中也多有提及，本文主要基于这两份文献的记载。虽然后来因抗日战争时期镇江沦陷，以致省会建设计划多半未能实现，但还是完成了一些重要建筑和道路、沟渠等现代市政设施的建设。现代镇江城市面貌的雏形，就是在那一时期形成的。

3.2 省会时期的城市规划

(1) 省会分区计划

《江苏省会分区计划》（以下简称《分区计划》）是省会建设委员会成立不久即制定的关于镇江市区功能分区的纲领性文件（图8）。省会建设委员会对于制订这一计划的缘由，有如下解释："惟是一切建筑，纽于旧城市之习俗，实与近代物质人事，相隔太远，对于进化之理，未免背驰。若不依新市政之学，加以分区制规定，则难臻繁荣之都市，将受天演之淘汰，此省会分区计划之本旨也。"[8] 由这段解释中可以看出，这次《分区计划》的规划者深受当时在中国颇为流行的进化论思想的影响，且很有可能受过现代市政科学的教育。在《分区计划》的具体内容中，恰恰可以证明这一点。

当时镇江作为省会的境域范围，西至金山河界第二区的高资镇，东隔京岘山界第四区的丹徒镇，南界第三区的黄山及观音山，西南一角界第二区的烟墩山，北滨长江，用地共110 km²。《分区计划》将用地分为行政区1处、工业区1处、码头区1处、商业区2处、住宅区4处（另有平民住宅区2处，模范住宅区1处）、学校区1处、园林区3处以及旧市区2处，逐步进行建设。

《分区计划》中的行政区为"自北门城内起，沿中山路第三段以西，经弥陀寺巷至中正路以西"。这一区域是老城的中心地区，将行政区安置于此，省会机关的办公建筑与纪念性公共建筑为市中心带来大量人流，使市中心区域重新变得兴盛起来。《分区计划》中的工厂区位于花山湾地区。紧邻规划中的象山新港区，货物运输便利，且位于城市东侧的下风处，无煤烟污染之虞，又远离喧闹的城市住宅区。《分区计划》中的码头区位于北固山与象山之间的长江沿线，计划全部新建。这一区域东有象山、西有北固山作为天然堤坝，江心又有焦山作为屏障，既能保持稳定的吃水深度，又无须担心淤积的影响，港湾条件十分稳定。

商业区是《分区计划》中最重要的部分。镇江的商业以转口贸易为主，自古商业发达之地都是舟车便利的地方。因此，在选择省会新商业区的位置时，紧邻码头和车站的区域就自然成为首选。《分区计划》中将象山码头以西包括大教场、虹桥路、新河路、运河路、鼎新街等处划为商业区，寄希望于便利的水陆交通条件能为镇江带来繁荣的商业。实际上，沿江这一区域自清代就已经是镇江商业最发达的地区。先是大运河的大口门和小口门一带，继而是租界设立后的西津渡一带，先后成为镇江的商业中心。《分区计划》顺应了镇江的这一传统，没有盲目在老城中心设置新的商业区，这是十分合理的。

住宅区是《分区计划》内占地最多的一项。住宅区的位置是根据"宜于清静及隔离工厂之地"和"住客来往市廛之时间经济"两方面因素综合考虑的结果。由演军巷至北水关的区域相对较僻静、空旷，且可以方便抵达商业区和工业区，因此选作工商两区内工作人员的住宅区。城东和城西的大片空地也被划为住宅区，倘若能按照此规划逐步实施完成，镇江市区的覆盖范围也将扩大1倍左右。《分区计划》中的学校区，位于鼎新街至鼓楼岗一带。选址在此的主要原因是这一代较为僻静，且远离商场，无喧嚣之扰。

园林区是《分区计划》中的一大特色。镇江自古有"城市山林"的美誉,拥有多处自然风景秀丽的名胜。以沿江一带的三山和南郊的各寺庙为核心,《分区计划》划定了三片园林区。但民国时期的园林与传统的私家园林的概念已经大有不同,《分区计划》中的园林区目标是"使全市民皆得享受园林之乐趣"。这种园林,实质上相当于公共园林,即今天所称的"公园"。民国时期,镇江大力进行建设的公园有金山公园、林隐公园、甘露公园、象山公园以及伯先公园。这些公园中除了伯先公园是为了纪念辛亥革命时期的赵伯先烈士而新建,其余几个都是在传统风景区的基础上改建而成。

《分区计划》将清末民初已经人烟稠密的区域规划为旧市区,包括由西门大街经中山路第一段至宝塔巷的城西一带,以及南门大街两侧城南一带。这两处是镇江在清末民初人口最为密集的两个区域,划为旧市区是为了"以留待逐渐之改良"。这在当时主要是由于政府的财力有限,难以负担旧城改造的庞大支出,只能暂缓。至今,西门大街(今大西路)一带仍是镇江传统民居保留最为完整的区域。

这种根据功能进行分区的理念,正是现代城市规划诞生之后所提倡的功能主义城市理念,更体现了规划者的知识储备。《分区计划》为民国时期镇江的城市发展奠定了基础,确定了基本结构和功能分布(图8)。民国时期镇江的城市建设大体是在此框架之下进行的,但是到1949年仍有许多区域实际并未建成。这一方面与日军侵华战争中断了城市建设的进程有关,另一方面也是由于民国时期政府财政一直很紧张,无法大规模展开城市建设,只能优先完成行政建筑和一些主要道路的建设。商业区、学校区、工业区和码头区都未能按计划展开建设。其中,前三者是受制于城市发展的规模和工业化的水平,码头区则由于投资规模颇大,一直未能解决资金来源问题。

从现代的规划观点来看,《分区计划》相当于城市规划体系中的总体规划,以用地规划为其主要内容。其主要用意是统筹全局,对城市用地的性质进行划分,以保障彼此之间的协调

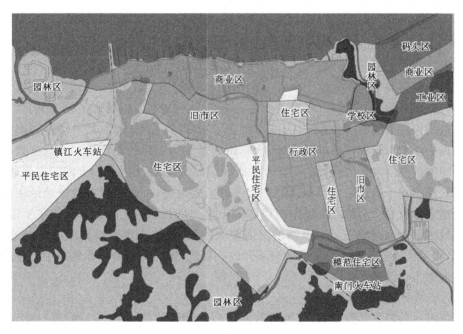

图8 省会分区计划图

发展。对于当时从普通城市升级为省会城市的镇江来说,制定这样一份规划是必要的。从规划实施情况来看,规划的内容也是合理的。

(2) 道路干线计划

1929年江苏省政府迁到镇江的时候,镇江城内的道路大多比较狭窄,最宽的路面堰头街和西门大街也只有5 m宽,仅能容轿子和人力车交会。路面多使用长条石板铺设,下为下水沟道。由于使用日久,人行其上,石板往往咯吱作响。英租界内的几条现代沥青马路在租界撤销以后,由于年久失修逐渐损坏,也大多不堪使用了。总之,省会迁镇之前,镇江的道路状况本就不佳,只是由于清末之后老城内经济萧条,对现代化的马路没有需求,因此迟迟未有修筑。

省会迁镇以后,省政府办公机构设置于老城内的市中心。一时间,城内机关林立,交通因此而繁忙。省会建设委员会成立之后,规划并修筑道路就成为当务之急。省会新建的道路是由省会建设委员会指派建设厅秘书沈宝璋、市政股股长王燕泉指导工程师朱熙负责规划,很快拟定了镇江的道路系统规划,并绘制了全省干道系统图,准备按照形势的需要和经济能力依次修筑。

其中,东西干道为中山路,南北干道为中正路(今解放路)(图9)。沿江通道为江边马路。对外交通则规划开辟镇澄路和省句路省会段。通往风景名胜的道路规划修筑金山路、北固路和林隐路。道路干线计划的目标是最终形成"城内以中正路、南门大街、青云街、斜桥街为主要纵干,中山路、正东路、堰头街、水陆寺巷、千秋桥街为主要横干;城西北部以江边大马路、中华路、西门大街及宝盖路为横干,宝塔路、山巷路及伯先路为纵干;城南以中正路及南门外大街为主干;城西南及东北以省会路、镇澄路及象山路为枢纽;其他次要街道各支路,依照地势及需要连接纵横主干"。

图9 中正路路线图

从这些马路在空间上的分布来说,基本覆盖了镇江市区的全部。其中道路最密集的两个区域是市中心大市口和城西的旧市区,火车站则是多条道路的汇集地。大西路是在连接老城与西津渡的西门大街的基础上拓宽改造而成的,是通往西津渡东西方向的主要通道;伯先路和京畿路组成了火车站通往西津渡南北向的主要通道,可见当时西津渡地区在城市中的地位仍然十分重要。老城之内以中山路和中正路为东西和南北两个方向的主干道,力图控制整个城区。中山路增强了火车站的交通便利性,也解决了市中心行政区的交通问题。其他道路,则是围绕位于省府路的省政府展开的。自此,镇江交通中心和经济中心逐渐回到老城中心的大市口区域。

(3) 拆墙填河筑路的方针

为了修筑这些新式马路,当时江苏省政府出台了"拆(城)墙、添(运)河、筑马路"的政策方针,即拆除城墙、填埋运河,并在城墙和运河的基础上修筑马路。这一策略对镇江老城原本以运河为脉络的空间格局造成很大影响。

城墙在辛亥革命之前是中国大多数城市的天然边界,但是辛亥革命之后,全国范围内的许多城市都兴起了拆除城墙的运动。对于当时的人来说,拆除城墙的目的不仅在于便利交通,更重要的是一种政治象征:象征打破了延续两千多年的封建制度,象征国家和城市进入了自由和开放的新时代。因此,各大城市特别是新派政治势力占主导的城市和经济发达导致城墙成为交通制约的城市,非常热衷于拆除城墙。但镇江在民国初期仅是一座二线城市,经济实力不强,政治地位也不高,因此在辛亥革命之后并没有立刻提出拆除城墙,直到成为江苏省会之后,地位上升,且城内交通压力大增,才开始有了拆除城墙、修筑道路的想法。

当时规划拆除城墙后,利用城基修筑环城路,将其作为全城路线网的重要组成部分。环城路包括东环、西环、南环、北环四路,计划循序建设。当拆城完成之后,先修北环路及西环路,之后修筑南环路及东环路。实际上,民国时期最终只拆除了西侧的部分城墙,完成了西环路的一小段(双井路),用以连接宝盖路和中山路,并修建了运河公园。镇江城墙的完全拆除是在 1950 年代的时候。

"填河"实际上也只执行了计划中的一小部分。民国时期镇江市内河道以运河与关河为主,其与镇江各主要港口互相连接。关河以南北为干,北出北水关与甘露港相连,南出南水关与运河相连,又分向西支干,经斜桥出西水关,亦与运河相连。进入近代以后,马路依靠运输速度上的优势完全取代了内河航运的地位,关河之上船舶的数量愈来愈少。1929 年时关河的情况是,"向西支河久已淤废,南北干河,为各沟泥滓所污壅,逐年垃圾所填塞,不独失宣泄之效,抑且无河道之形"。因此,省政府决定填平河道,"以饰观瞻",并在城内各干路下修筑排水沟渠,以代替关河宣泄城市污水的功能。但是关河河道纵贯全城,虽然已经淤塞,一时也难以全部填平筑路,只能分段填塞。到 1930 年,关河上的 5 座石桥已经被拆除了 3 座,并相应于桥基附近填塞了河身,使关河被分割成数段而不能通航,河床不断增高,关河逐渐淤塞至被填平。

运河被填埋的是位于入江口处的大京口河道。在省会迁镇之时,这段河道已经淤塞多年。"自洋浮桥至石浮桥一带长约 1 km,臭水屯滞,垃圾成丘,秽气熏蒸,非特有碍观瞻,抑且妨碍卫生。"[9] 1930 年国民政府的调查报告中指出,当时大京口不仅河道淤塞,入江口门之外的淤滩宽度也已经达到 200 m,即使花大力气疏浚,也难以彻底解决泥沙淤积的问题[10](图 10)。因此,1931 年时,工程处专门编写了《江苏省会大口门填河筑路计划》。该计划一

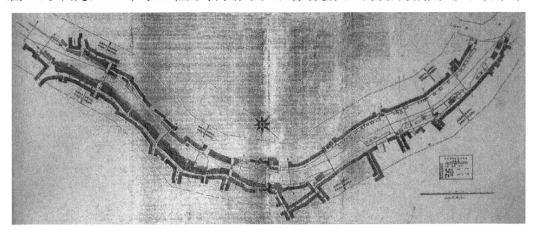

图 10　中华路修筑前大京口河道状况图

方面分析了疏浚河道的困难并坦言疏浚无法根治河道淤积,另一方面从公共卫生、省会观瞻、商业、交通、经济、宣泄雨水等多个角度论证填河筑路的必要性,并详述了填河筑路的方法以及预算、施工细则。道路最终定名为中华路,于1931年修筑完成,全长约1 070 m,路面局部宽15—18 m。

填埋河道的做法在当时看来并无不妥,关河与运河的两大功能——运输与排水,前者在铁路和马路已经普及的近代变得毫无价值,后者也似乎可以被排水沟渠完美替代。但是镇江城厢地下水相当丰满,在城中、城西一带,地下2—4 m即有水脉相通。以往遇有暴雨持久,水即流入河道,并排入长江。自填河筑路后,江水宣泄不畅,结果常遭内涝之患。1931年镇江遭受洪涝灾害,中华路两侧的鱼巷、柴炭巷、打索街、姚一湾、新河街一带几成泽国,一片汪洋。城内的第一楼街、万古一人巷等地段,水淹没膝。特别是城西的盐栈、糖坊,盐、糖多半溶化,还有南北货栈附近,枣子、木耳、桂圆等物到处飘浮,给人民财产、生活带来莫大的灾难,并留下无穷的隐患。

3.3 省会时期镇江的城市形态

镇江成为省会后,经过一系列规划和建设,到1936年初步形成了四个不同功能的区域(图11)。城里是省政府和县政府的所在地,为政治中心;城外西部大西路沿线是当时镇江的商业中心;以原租界为核心的小码头区域工商云集,是镇江的实业中心;运河以东、城墙以北的河北区域则是商行庄栈集中的物流中心。城里虽然是省、县政府驻地,但与其他三个区域相比,则较为冷清,因为市场全在城外。在城外的商业区中,西门大街与沿江的码头区平行,并且作为连接火车站与老城的主要通道,商旅络绎不绝,车水马龙。小码头区域虽然已经不

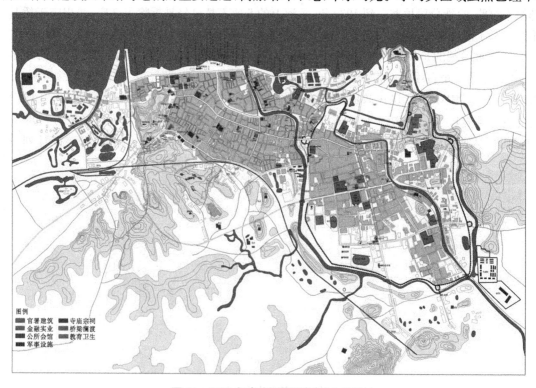

图11　1936年省会时期镇江城市格局

再有租界的存在,但是拥有直通码头的沪宁铁路江边支线的联系,这里逐渐成为镇江水陆转运的中心。河北区域西端是运河大口门和小口门,东侧荷花塘一带直至北固山下设有许多煤栈、油池、自来水设施,是能源仓储的集中地。

这种功能布局没有完全实现省会建设《分区计划》的目标。以工业区为例,虽然工业区的选位非常合理,但由于当地商人的观念转变较慢,镇江的工业并没有因此而兴盛。到1937年,镇江城大小工业企业约300家,资本总额约500万元。这些工厂散布在镇江城内外各处,并没有形成集中的工业区。据贾子彝在1936年所统计,当时镇江只有面粉厂1家、火柴厂2家规模在百人以上,最兴盛的是酱醋厂和纽扣厂以及一些小型加工企业。原有的织布厂等近代大型工业则由于设备落后,且不知改良,在"木机改为铁机,人力改为电力"的时代,很快被市场所淘汰。由此可见,镇江近代的工厂没有形成规模效应,因此也没能带动城市中出现工业区。

省会道路的建设从省会迁镇之后不久就开始进行,抗日战争期间中断,到新中国成立之前,共修筑马路12条半。当时于1939年最先修筑的是东西、南北两条干道——中山路和中正路(今解放路)以及通往镇江最重要的风景名胜地金山的金山路。金山路于次年即行建成,中山路与中正路由于分段建设,持续时间较长。中山路的四段中,除了北门至象山多为荒废区域之外,其余三段均经过繁华地段。第一段是将镇江车站与城内和江边连接的交通要道,而且京畿岭原本坡度很大,行车十分危险,亟待改良。但是一旦开工建设,车站周围的交通也必将受到影响而断绝。所以这一段必须在南门火车站至大市口的中正路第一段建设完毕后,行旅出行有替代方案之时方能开始建设。第二段原有道路宽度勉强敷用,可以暂缓。第三段则由于经过市中心,在省会迁镇之后,呈现机关林立、车流量和人流量都剧增的景象。原有道路过于狭窄,局部只能通行一辆普通汽车,对于省政府办公大为不便,因此最先进行修筑,于1930年完工。后来1932年第一段和第二段建成后,分别改名为京畿路和宝盖路,连接省句路和中山路的省会路在后来被改称中山西路。中正路先修筑的是自南门火车站至大市口的第一段,1930年即完工。第二段于1933年完工。

到1937年抗日战争爆发之前,工程处又先后修筑完成了六条主要道路,包括通往林隐公园的林隐路、通往北固山的北固路、填平运河大口门段而成的中华路、连接宝盖路与浮桥巷的宝塔路、与城外联系的镇澄路和省句路省会段。1936年,政府筹备扩建连接老城与西部旧市区的西门大街,征地和拆迁已经完成之时,被抗日战争爆发所中断。抗日战争胜利后,由于国民党忙于内战,无暇顾及城市建设,仅完成了江边马路的修筑和西门大街的扩建,并将西门大街改称大西路(表2)。

表2 省会时期道路建设一览表

序号	道路名称	起讫地点	长度(m)	路幅宽度(m)	路面结构	始建年代
1	市政路	中山路—解放路	682	9.0—13.3	沥青	1928
2	解放路	苏北路—天桥支路	2 790	18.0	沥青、水泥	1930
3	中山路	环城路—牌湾	3 936	40.0	沥青、水泥	1930
4	金山路	车站路—新河街	1 035	7.3—13.5	沥青	1930
5	中华路	苏北路—宝塔路	887	11.7—16.8	沥青	1931

续表2

序号	道路名称	起讫地点	长度(m)	路幅宽度(m)	路面结构	始建年代
6	镇焦路	解放路—象山	4 107	9.7—30.0	沥青、水泥	1931
7	林隐路	南门立交桥—招隐寺	4 280	10.0—18.0	沥青、水泥	1931
8	宝塔路	宝盖路—浮桥巷	621	10.0—11.7	沥青	1934
9	正东路	解放路—东门广场	915	12.4—15.6	沥青	1934
10	迎江路	苏北路—大西路	214	10.9—14.9	沥青	1936
11	大西路	解放路—伯先路	1 986	11.6—16.0	沥青	1939

民国时期是中国近代城市发展最迅速的时期。特别是南京国民政府成立以后，由于政局相对稳定，政府全力进行城市建设，在各大城市进行了系统的城市规划。这些规划方案，有的是直接聘请国外专家主持制订，有的则依靠我国第一批专业建筑师和工程师制订，而这些专业人员也大多数具有海外留学的背景。因此，这一时期的城市规划具有明显的现代性，与当时国际城市建设的理念是同步的。但是在1931年苏北大水灾之后，其受灾最重地区又恰为镇江商业往来密切的区域。各业货款及钱庄放款损失奇重，以致市面呆滞，银根紧缺，打击极大，数年间未能恢复。省政府也投入大量资金用于赈灾，使省会建设的经费更加捉襟见肘，各项规划迟迟无法实施。

抗日战争爆发以后，战火很快蔓延到镇江。抗日战争初期，国民党军队的某战区司令部设于镇江原租界内。日军获得此消息后，从1937年10月开始，就开始用飞机对镇江租界内的重要目标进行轰炸。同年10月13日，6架日军飞机首次空袭镇江城区，炸弹落在原租界巡捕房旧址附近，炸毁数间房屋，江边大华饭店被炸；11月22日，日军飞机再次空袭镇江，炸毁了二马路口的美孚火油公司、华清池等一批建筑；北固山前峰的古城"十三门"被毁，使铁瓮城遗址荡然无存，铁瓮城的军事用途彻底终结。

经过日本侵略时期的城市建设停滞和战后国民政府主持的重建之后，镇江基本恢复了战前的城市格局。其中，道路系统基本延续了战前的体系，没有在战争中受到破坏。但是城市各功能区则由于受到战火的波及，改变较大。原本作为城市商业中心之一的西津渡地区，受到日军轰炸之后，大量建筑受损，已经无法负担原有的功能。而老城由于是省政府驻地，战后迅速恢复了活力，成为城市商业的中心。因此，战后镇江又再次恢复到清末以前以老城为核心的单中心城市结构。

同时，由于长江泥沙淤积的不断加剧以及外资轮船公司的相继撤离，原本位于西津渡地段连绵不断的轮船码头逐渐消失。到1947年，仅存小京口附近4座属于招商局的码头。西津渡以及沿江码头的衰落直接影响到与之紧密相连的大西路的商业繁华程度。宝盖路和新马路建成后，火车站与老城的车辆与物资大多沿这条路线往来，又分流了大西路的一部分交通。到1949年，大西路沿街的商业店铺数量已经大大减少，不复往日商业街的繁华。正是在此基础上，1949年之后镇江的市中心又回归到老城内的大市口，西津渡地区则由交通节点变为交通死角，逐渐沦为被遗忘的角落(图12)。

图13是1949年4月初，美国探险家哈里森·福曼(Harrison Forman)在美国领事馆所在的云台山上拍摄的照片。这张照片真实记录了经过抗日战争和恢复建设之后镇江的城

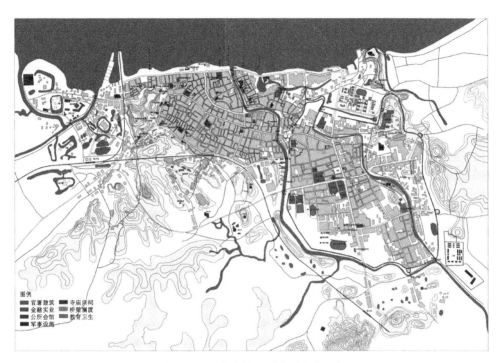

图 12 民国末期镇江城市形态复原图

图 13 1949 年镇江鸟瞰图

面貌。照片下方最近处是美国领事馆与英国领事馆,中部是原英租界所在的区域。但是由于抗日战争初期受到日军的轰炸,原本繁华的租界已经多处被夷为平地,仅存的几处三层楼房是美孚洋行。远处江面上停泊着几艘船只,是人民解放军从日军手中所缴获的军舰。但是码头的数量很少,只在小京口附近有一座埠头伸入江面。照片右侧宽阔的道路就是大西路,经过民国时期和日伪时期的持续建设,已成为当时镇江路面状况最好的街道,道路两侧商铺林立、行人众多,一派繁荣景象。

4 近代镇江城市形态变迁的特征

通过对近代镇江城市形态变迁三个时期的研究,结合近代镇江城市变迁的重大事件,可以归纳为以下特征:

4.1 城市水系逐步萎缩

近代镇江的城市形态变迁始于运河的衰落,而运河衰落的最直接表现就是水道的逐渐淤塞和萎缩。在清末鸦片战争时期,镇江的运河通航状况仍然良好,且城内存在多条市河,充分体现了镇江在古代水运交通网络中的重要地位。但是在太平天国运动和黄河决口的共同影响下,运河漕运被迫中断并最终全面改为海运。在这种情况下,运河对于国家的重要性大大降低,尽管长江主泓改道使镇江一侧的航运条件不断恶化,政府也无心投入巨资进行运河的维护和修缮。租界时期运河的大京口河道尚可通航,到民国时期则已淤塞不可用,并最终在城市建设中被填埋为道路。连接运河另一个入江口甘露港与小京口河道的运河支流也在近代时期逐渐淤塞并消失,到近代末期运河只有绕城而过并从小京口入江的一条航道还具备通航能力,但是同样少有人问津。

除了运河主航道之外,镇江城内的市河水系也一度萎缩。原本围绕清代八旗兵驻地作为满城城壕的市河在清末民初的历次战争中消失,作为唐宋运河故道的关河也被局限在南水关与北水关之间,在历次的添河筑路活动之后,成为若干段互不连通的死水。虽然在近代结束时关河仍然存在,但是关河作为城市交通水道的使命已经终结。实际上,1949年之后不久,关河就被彻底填塞,成为城市道路。失去了关河,镇江就失去了证明其作为运河城市悠久历史的最直接证据,这不能不说是镇江作为千年运河城市最严重的一次文脉损伤(图14)。

4.2 城市规模持续扩张

近代时期,镇江虽然失去了作为漕运中转站的交通枢纽地位,但是开埠使镇江成为长江下游最重要的港口之一,之后又有沪宁铁路在镇江设站以及江苏省会迁镇等重大事件的刺激,因此总体来说城市呈现出上升的发展势头。在这种背景下,近代镇江的城市规模得到显著扩张,其扩张的方向大致是由老城向以西津渡为核心的租界区扩展。

清末西津渡的繁盛带动了整个镇江的城市近代化,使城市的发展跳出了城墙的限制,形成了老城与西津渡两个核心。这种不连续的用地发展方式在城市形态学中被称为"跳跃式生长"。镇江近代城市空间的跳跃式生长是近代中国特殊社会政治背景下的产物,以租界为核心的新城市中心形成之后,新的城市用地沿着连接新旧两个核心区的西门大街两侧呈带

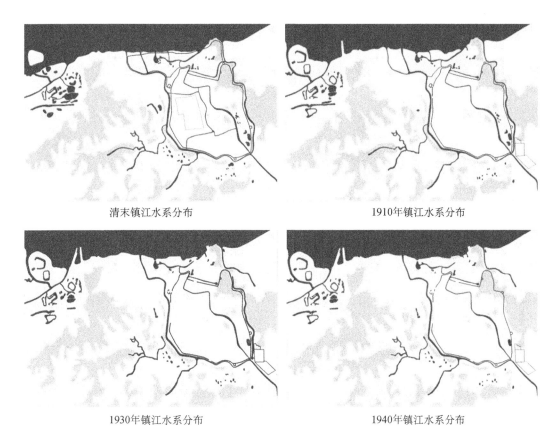

清末镇江水系分布　　　　　　　　　　　1910年镇江水系分布

1930年镇江水系分布　　　　　　　　　　1940年镇江水系分布

图 14　近代镇江水系分布演变

状生长，使城市呈现哑铃式的空间格局。

沪宁铁路通车之后，进一步增强了城市西部的吸引力，也扩大了西部城区的范围。沪宁铁路镇江车站的位置在租界南侧，远离江边，铁路江边支线将二者联系在一起，无形中向南拓展了西部城区的腹地。民国时期新增的城区主要分布在镇江火车站与老城之间，沿新修筑的马路两侧分布（图 15）。

城市规模的扩张在人口数量上能够得到最直接的反应。镇江在近代以前最盛的清乾隆三十一年（1766 年）有 49 967 丁，以 1 丁合 4 人计，约有 20 万人。自清咸丰三年（1853 年）至同治三年（1864 年）的 12 年间，太平军和清军在境内及其附近战斗不断，人口大半流亡。据《光绪丹徒县志》记载，咸丰八年（1858 年）丹徒有 331 624 人，到同治六年（1867 年）只有 107 611 人。镇江被辟为商埠后，逃亡外出人口逐渐返回，以租界为中心的西津渡一带形成了新的人口聚集区。到宣统三年（1911 年）丹徒有 92 577 户、477 592 人，其中城厢市达到 20 372 户、121 633 人。民国期间，除抗日战争镇江沦陷人口有较大幅度下降外，总的仍呈增长趋势。至 1948 年，镇江县人口增加到 513 436 人，其中城区为 213 693 人。

镇江作为中华民国江苏省会期间，是镇江城市规模增长最迅速的时期。据镇江民国时期档案史料记载，1928 年省会迁镇之前，镇江的城市面积只有 4.22 km^2，到 1937 年扩大到 19.25 km^2，其中建成区面积至 1937 年达 6.75 km^2；城市人口自省会迁镇以后逐年增加，1928 年统计人口为 136 807 人，到 1937 年增加到 216 803 人，增幅接近 60%（图 16）。

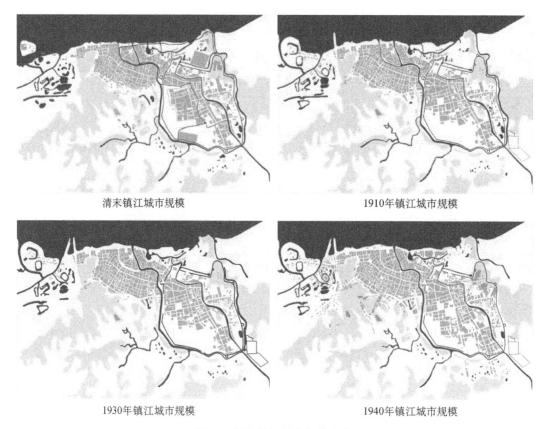

清末镇江城市规模　　　　　　　　　1910年镇江城市规模

1930年镇江城市规模　　　　　　　　1940年镇江城市规模

图 15　近代镇江城市规模演变

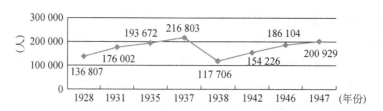

图 16　民国时期镇江城区人口数量变迁图

4.3　街巷肌理逐步更新

修筑马路是近代时期大多数运河城市进行现代化建设的最主要成果，镇江也不例外。近代初期镇江的街巷肌理仍然是以运河及其故道为指向，具有鲜明的运河城市特点。租界建立后，西门大街作为连接租界和老城的主要干道，成为新的街巷系统的核心。之后，铁路车站又成为新修筑道路的集中点。到1929年镇江成为江苏省会之后，从满足城市整体发展需要的角度，进行了系统的道路规划并最终初步完成了新的道路干线系统的建设。

规划之后的镇江街巷，在道路宽度方面被区分为若干等级，保障了干道的通行能力。分布形成了南北纵贯老城的中正路（解放路）和东西方向的主干道中山路。同时，新的街巷系统覆盖了当时镇江的几个核心区域。从火车站到城内行政中心、从沿江码头区到城内商业中心区以及郊区各重要寺院与老城之间都建立起了便捷的联系（图17）。

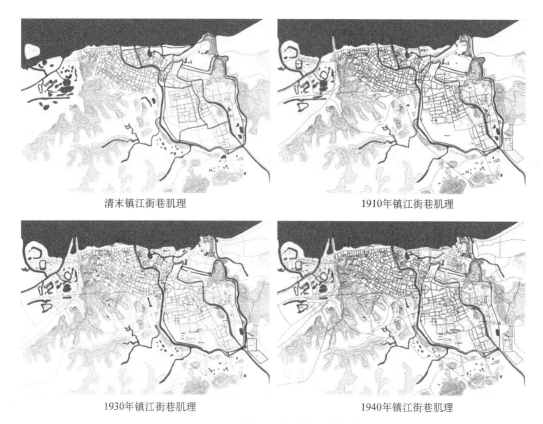

清末镇江街巷肌理　　　　　　　　1910年镇江街巷肌理

1930年镇江街巷肌理　　　　　　　1940年镇江街巷肌理

图17　近代镇江街巷肌理演变

4.4　功能布局频繁调整

近代时期镇江的城市功能结构随着交通方式的变化和城市主导产业的改变而发生了巨大变化。原本长期作为府衙驻地的铁瓮城失去了政治中心的地位，成为教育用地；明清时期的八旗兵驻地和大教场、小教场也失去了军事用途，转变为体育场或其他公共设施用地；镇江的商业中心则数易其地，从近代初期位于新河街一带到租界建立之后的西津渡和西门大街沿线再到省会迁镇之后的老城中心大市口一带。另外，近代新兴的机器工业在镇江也有所发展，虽然没有形成具有一定规模的工业聚集区，但是在城西靠近火车站和小码头的新河两岸聚集了近代镇江最主要的几家工厂，为之后工业区的形成奠定了基础（图18）。

5　结论

综上所述，整个近代时期，镇江城市形态变迁的特征可以总结为城市水系萎缩、城市规模扩张、街巷肌理更新和功能布局调整。近代镇江城市的发展变迁实际是以西津渡地区为核心展开的。之后在民国时期，西津渡仍然保持着对城市空间的巨大影响，在周边区域初步形成了网格化的道路体系。因此，西津渡地区保留了最多镇江近代时期的城市印迹，同时也具有丰富的历史底蕴和文化内涵。在当前快速城市化时期的城市建设中，对于镇江来说，关

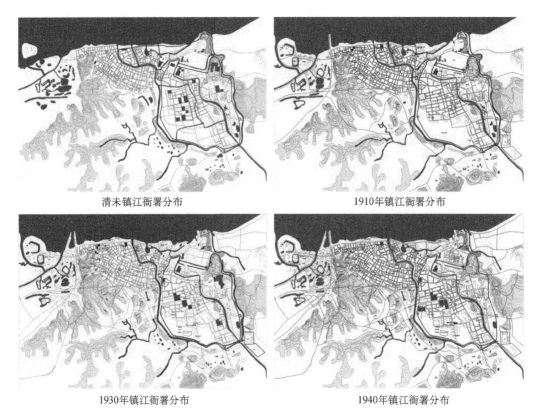

| 清末镇江衙署分布 | 1910年镇江衙署分布 |
| 1930年镇江衙署分布 | 1940年镇江衙署分布 |

图 18　近代镇江衙署分布演变

键就在于如何做好对西津渡地区的保护和利用,全面发掘其内在的历史价值和文化价值,与城市发展的目标相结合。

[本文为南京林业大学高学历人才基金项目(G2014020)]

参考文献

[1] 张怿伯.镇江沦陷记[M].北京:人民出版社,1999.
[2] 赵尔巽.清史稿·河渠志一.黄河[M].北京:中华书局,1977.
[3] 岳浚纂.河防志第九·黄河考中上[M]//孙葆田,等.宣统山东通志.扬州:江苏广陵古籍刻印社,1986:75.
[4] 刘建国.西津渡历史文化的探索与开发[J].镇江高专学报,2002,15(1):19-23.
[5] 刘建国,霍强.西津渡救生、义渡码头的考古和保护[J].镇江高专学报,2009,22(3):24-26.
[6] 镇江市地方志编纂委员会.镇江市志[M].上海:上海社会科学院出版社,1993.
[7] 江苏省政府.民国江苏省会镇江[A].江苏内刊 Vol.16. 南京:南京图书馆特藏部.
[8] 江苏省省会建设工程处.江苏省会分区计划缘由[A]//江苏省省会建设工程处.江苏省会建设.南京:南京图书馆,1931.
[9] 江苏省建设厅.江苏省会建设进行概况[A].南京:南京图书馆,1933.
[10] 江苏省会建设工程处.江苏省会大口门填河筑路计划[A].南京:南京图书馆,1931.

图表来源

图1源自:杨履泰.丹徒县志[M].台北:成文出版社,1970:卷首附图.

图 2 源自：笔者绘制.

图 3 源自：镇江市地方志编纂委员会.镇江市志[M].上海：上海社会科学院出版社,1993.

图 4、图 5 源自：笔者绘制.

图 6 源自：中国科学院地理研究所,长江水利水电科学研究院,长江航道局规划设计研究所.长江中下游河道特性及其演变[M].北京：科学出版社,1985.

图 7 源自：天津社会科学院出版社.千里江城：20世纪初长江流域景观图集[M].天津：天津社会科学院出版社,1999.

图 8 源自：笔者根据《江苏省会建设》拟建路线及分区图绘制.

图 9、图 10 源自：镇江市城建档案管理处,镇江市城建档案馆.古城掠影：民国时期镇江城市建设[M].苏州：古吴轩出版社,2001.

图 11、图 12 源自：笔者绘制.

图 13 源自：哈里森·福曼.镇江鸟瞰[A].镇江：镇江市城建档案馆,1949.

图 14、图 15 源自：笔者绘制.

图 16 源自：笔者根据《镇江市志》民国时期丹徒（镇江）县城区部分年份户口统计表绘制.

图 17、图 18 源自：笔者绘制.

表 1 源自：笔者绘制.

表 2 源自：镇江市地方志编纂委员会.镇江市志[M].上海：上海社会科学院出版社,1993：第二章 市政建设.

连续与突变：
历史转折点下1949年前后的兰州城市规划

张 涵

Title: The Continuity and Transmutation: the Urban Planning of Lanzhou before and after the Historical Turning Point of 1949

Author: Zhan Han

摘要 本文挖掘被忽视的兰州市规划历史资料，以历史的连续性观点重新认识这座中国内陆政治型城市在政权交替前后城市规划行为的中断、形式的演变以及思想的延续。兰州市，在民国时期因其地缘特征虽然近代化程度不高，但却被国民政府定位为"陆都"，作为重要内陆城市予以规划建设。这些未开埠的内陆城市的规划体现出规划者的自觉与自主，是研究中国近现代城市规划历史的重要标本之一。通过历史文献考证，其中的连续脉络逐渐呈现：在西部自然条件贫匮的悲情中，对人居环境的追求理想以顽强的生命力延续着。这种理想经由建筑师与规划师在艰难条件下坚持不懈的操作，将各时代对人居的理想反馈于城市。城市规划中的文化属性在政权交替、政治行为剧变之后仍然保有其连续性。

关键词 连续与突变；城市规划；历史拐点；兰州

Abstract: The paper based on excavating the neglected data in the history of urban planning in Lanzhou City, will re-recognize the Chinese inland political city's urban planning behavior interruption, form evolution and thinking continuity before and after regime change from the perspective of historical continuity. Although the modernization of the city was limited, due to its geography characteristics, Lanzhou was positioned as 'Land Capital' and constructed as an important inland city by the National Government. The planning of these unopened inland cities embodies the planners' consciousness and independence, which shall be one of the important research samples of the urban planning history in the modern time of China. Through the textual research of historical documents, the continuous thread gradually presents: in the sadness of the poor natural conditions in the western region, the pursuit of the ideal of the living environment continues with tenacious vitality. Through the persistent operation of architects and planners under difficult conditions, this ideal feeds back the ideal of human settlements of all ages to cities. The cultural attributes of urban planning still maintain

作者简介
张 涵，东南大学建筑学院博士研究生，兰州理工大学建筑系讲师

continuity after regime alternation and drastic changes in political behavior.

Keywords：Continuity and Transmutation；Urban Planning；Historical Turning Point；Lanzhou

"都市是人类经营高尚目的的共同生活的场所。"[1]

"兰州虽然古老了,衰落了,但这正像土耳其的安哥拉,他必将是我们中华民族这次复兴的根据；看看这肥沃的大地,看看这朴厚的群众,相信是有着无限的光明在期待我们。"[2]

1 引言

当1949年解放战争结束后,政权交替,这一时期被定义为中国近现代历史的转折点。然而,文化是延续的；城市,这一"文化的容器",更是包容并延续着历史的各种信息。在近代出现的中国城市规划思想,亦在这一转折点前后以隐藏式的连续性存在着。

兰州,地处西北腹地,自古多为军事与丝绸之路贸易之重地,两千多年来,兴衰不定。近代因孙中山先生认可其地理位置,将其定位为"陆都",大力发展建设。于是,在战争连绵的近代,在荒落苍茫的西北,兰州这座"地高土燥林木缺乏,南北边缘,皋兰北塔两山,屏障高岗,盘结崇岭蜿蜒,草木不生,童山濯濯"的城市(图1),艰难地迈开了走向现代型城市的步伐,并力图构建"理想陆都"[3]。新中国成立之后,兰州城建由任震英先生主持,虽力倡人居,然而历史巨轮使兰州成为一座工业型城市。但此人居理想,在军事和工业的隆隆喧嚣中,历经百年潜行,仍连续不断。

图1　1925年兰州风貌

2 近代兰州城市规划范型分析

2.1 近代兰州城市规划：从迟迟而来的"马路"到"理想都市"的愿景

在中国近代规划史的形成期(1927—1937年)因兰州所处地域的落后性,并未有实质性机构产生,只是一个象征城市政权的"兰州市政筹备处"也是几经波折,无法筹立。直至1938年,甘肃省会工务所成立,可谓才有实质性的城建组织机构(表1),也才进入了中国近代规划史的制度期(1937—1945年)。

表1 近代兰州市政大事记

时间	事件	备注
1927年	曾有兰州市政筹备处的设立,旋以经济限制,并未能实际去推进	—
1928—1930年	遭遇西北大旱三年,兰州人口余不足万人	—
1931年10月	甘肃省府鉴于兰州市政筹备处等于虚设,下令裁撤	—
1933年9月	省府又遵照行政院命令复行筹备,但依旧未能按照原定的计划实施	未实施原因：人事问题变乱迭生,筹备工作时兴时辍
1937年,"七七事变"之后	陡然走向意外的繁荣,人口增加,已逾10万人	工业、商业均见发展
1938年1月1日	组织设立了甘肃省会工务所,下设市政养路队	编制《兰州新市区路网规划》
1939年2月、12月	敌机大肆轰炸	公私建筑,被炸颇多
1940年3月（又说1月25日）	成立兰州市区设计委员会	在整顿市容及防空需要条件下,从事整个市区建设的工作
1940年8月	兰州市区设计委员会改组为兰州市区建设委员会,将甘肃省会工务所并入,设其为工程处	改组原因：加紧市区建设
1941年7月1日	市政府正式成立,兰州建市。蔡孟坚任第一任市长	由时任省主席的谷正伦将军决定筹办及委派
1943年	兰州市工务局制定《兰州市建筑规则》	对民宅、商铺的布局与修建,街道的改建等做出规定
1947年	市政府裁局改科,专设建设科,负责兰州市的规划与建设管理	—

（1）机构之始与马路的修建

卢沟桥事变后,国民政府意识到兰州市政设施与其军事价值的不均衡,力主大力建设。《市政评论》刊文描述："街道是这样的狭仄,坎坷,一遇风天,便扬起遮天的暴土,不敢张目；又泥泞裹足,无法通行。全市饮水,一向是靠着这条黄河,由挑夫一担一担的挑到城里,挑到关外,水是异样的浑浊,价是异样的昂贵,但有多少人还抢买不到。他如公共事业的缺乏,卫生设备的简陋,在那赤裸裸的显示着这古老的都市,还是被遗留在时代齿轮的后边。"[4]（图2）

李玉书撰文《一年来之兰州市政建设》并于1939年发表于《新西北》,主要针对1938年初成立甘肃省会工务所之后的市政建设做以总结,其中可见,主题工作是围绕"路"而做（表

图 2　1933 年兰州挑水与驮水景象

2)。作为现代城市规划意识觉醒的标志,在 1896 年中国第一条马路——上海派克弄出现的近半个世纪后,"马路"终于出现在这座"被遗留在时代齿轮的后边"的古老都市中。

表 2　1938—1940 年兰州市马路建设

市政工程序号与名称(原共 30 项)	修建时间(1938 年)	备注
(一)修筑镇远关至金城关马路	1938 年 2 月开工,于是年 4 月初竣工	市内外衔接道路
(二)铺筑黄河铁桥榆木轨道板	1938 年 4 月始制,于是年 6 月竣工	黄河两岸道路节点
(四)修筑黄河济渡公路	1938 年 5 月底开工,8 月上旬竣工	市内外衔接道路
(六)修筑东关马路及下水道工程	1938 年 8 月动工,12 月完成	市内"交通最繁盛街道"
(七)修筑北园街马路	1938 年 8 月动工,11 月完成	市内道路
(八)修筑中正大街	1938 年 8 月 17 日开工,1939 年 1 月 12 日竣工	市区规模最大
市政工程序号与名称(原共 30 项)	修建时间(1939—1940 年)	备注
(二)测量兰州至西古城公路	1939 年 4 月开始,于 5 月中旬完竣	市内外衔接道路
(十一)铺筑□□□防空路路面	1939 年 5 月间开工,6 月间完成	防空道路
(十三)修筑何家庄至中正大街公路	1939 年 8 月奉令提前修筑,9 月间完成	因"特种需要"道路,估为官员办公
(十四)铺筑颜家沟至中正大街路面工程	1939 年 9 月中旬开工修筑,10 月底完成	市内外衔接道路
(十七)修筑山陕会馆通黄河沿道路	1939 年 7 月半开工,9 月底完成	市内道路
(十八)安设市内各街道交通标志	1940 年 1 月	交通管理
(十九)开辟小城门	1940 年 1 月开工,2 月中旬完成	打通交通节点
(二十三)续筑安定门至西北公路局路面工程	1940 年 4 月完工	市内道路
(二十九)铺修正中大街(疑为中正大街)通农业学校一段马路工程	1940 年 6 月 3 日开工,限 7 月竣工	市内道路

自 1938 年甘肃省会工务所成立,直至 1940 年并入兰州市区建设委员会由其管理,历经三年,在原有街巷路网上大力铺筑马路。就这样,国民政府对于军事要地的力守、城市基建在轰炸后的待兴与这座古老城市缓慢觉醒的民众意识,在历史的契合点上相遇并行;马路的

修建,让兰州有了"现代城市"的初萌之态(图3);修建马路的甘肃省会工务所的成立,也可谓兰州正式步入中国近代城市规划史中"制度期"的标志。

图3 1938年兰州马路与军队

(2)"理想都市"之愿景初现

对于始于1938年的马路修建,因抗日战争紧迫,多在原城内外路网上铺筑,只设计规模,并无兼顾长久规划;但在1940年亦有关于"路网"的形式讨论出现于报端:"新市区内道路系统,似以採棋盘与放射混合式者为宜。"同时该文针对随着新的道路体系所出现的新的城市空间提出,"新市区内各街□交叉□……应多设广场,于□□内□□纪念塔,喷水台,并多植树木……"[5]可见,此路网与公共空间的规划设想与"田园城市"的理念较为吻合。

1941年7月1日建市当日,兰州市政府即于门前的粉壁上张贴"施政纲要"——"四个第一",即生活第一、安全第一、组训第一、建设第一。其中"建设第一"内,针对城市建设,提出"建设理想都市"理念[4]。而在他们眼中,什么是"理想都市"呢?同年《市政评论》杂志上刊文《论英国都市计划之沿革及其特质》,其中英国都市计划被描述为"如英吉利者,以民意为中心、以家庭为本位之实用主义之都市计划,为分散主义之都市计划……俾我国市政专家在谋国家复兴中,对此问题做深思熟虑之长久计划"。

1943年,兰州市政府刊文《如何建设新兰州理想中的未来陆都》于《工程》,对此"理想都市"做出了描述:"(兰州)市区建设,宜如何规划,以期适应现代战争。都市为国民经济活跃之中心、地带,亦即为现代战争攻击之目标。现在市政学者,对都市建设,多主张分散,而不宜密集。对于行政工商农各区域,亦不主张严格划分。如苏联之探用带形式,英国之主张首兰化,皆可以预防空袭之损害。"至此,兰州市近代对城市规划的愿景可以说是基于其典型的带形特征和战时需要,倾向于英国主张分散式的"田园城市"理念。

依照此时期兰州城市规划实践的实际情况,可以说是兰州城市规划理念由中国古典城市规划向仿西欧古典主义的近现代城市规划的转折。

2.2 解放战争时期的财政拮据:夭折期(1945—1949年)

早在建市之初,蔡孟坚接受采访时,就针对兰州"是虚弱的,贫困的,对于庞大的建设的经费,该怎样的担负呢"这一问题回答道:"……第一是要钱,第二是要钱,第三还是要钱。……"[4]而其在1944年年底因公赴重庆,接受《旅行杂志》记者采访时便说道:"本市财源极感渺小,基础毫无,物质条件极端陈陋,处此时代任务极端繁重之际,节流既势所不能,请拨又非所许可。兼值抗战时期,人力物力,两感缺乏,但鉴于设市异常需要,惟有发挥苦干精神,以克服一切困乏。"[6]并提倡"精神重于物质",足见其经费之匮乏。

1946年7月1日,在兰州建市五周年之际,《兰州日报》刊文的《兰州市政前瞻》中提到,"本年度地方税收剧减,致市饷发出不敷……故所有职员,稍有办法者,均已转业"。仍在继续的工程仅剩针对市民饮水、排水及飞沙扬尘急需解决的问题,如自来水工程、下水道工程及大型洒水车项目。

此时期关于城市规划的理论由于时局原因而式微,仅见1947年国立西北师范学院(今西北师范大学)教授邹豹君"粗线条"地对兰州进行了分区设想:山麓为居民区,阶地为工业区,河岸低地、滩地为园艺区、公园;白塔山植树;十里店至安宁堡为文化教育及工业区;雷滩河以东为机关学校区,以西为工业区、火车站货栈仓库区;市区规划安排主要公共建筑。

目前所见1945—1949年工程市政文献中,虽未明确提及战事,但战争耗费大量财力,国民政府无力支援兰州市政,而兰州地方经济收入又无法支付本地政府工作人员之薪金,故此阶段虽仍未放弃市政建设及其展望,却已无实际进展。

3 1949年之后——"理想都市"愿景的延续

3.1 新中国成立后"理想都市"构想——任震英团队在1951年

正如1941年《市政评论》中《兰州市的诞生》一文中所描述,兰州是"一个标准的中华民族本位的城市",兰州作为西北腹地之古城,与江海遥之千里,国人规划的自主度较高;但由于经济文化的落后,兰州近代城市规划的概念较久地停留在"马路主义"和模糊的"理想都市"愿景之中。尽管如此,近代兰州的市政建设和城市规划思想的萌芽可谓"在解放战争后的新中国建设恢复中,仍得到了应用和实施,使中国城市规划从近代向现代的过渡中,起到了一种隐藏式的连续作用"[7]。

自1945年1月22日,任震英先生(以下简称任先生)以建筑师的身份在《西北日报》上发表《对兰州市建市计划工作将来之展望》始,"任震英"这个名字就以越来越重的分量持续出现在兰州近现代城建中。1949年,兰州解放,任先生以市政府建设科科长的身份主持兰州建设工作。在缺人、缺书、缺数据的情况下,他坚持启动兰州市都市计划的编制工作。根据当时参与者郝卓然先生的回忆手稿:"一些技术工作者抱着把兰州建成一个社会主义现代化城市的雄心壮志,开始了编制兰州城市规划的工作。……由于图纸比例太大,拼接起来面积很大,不能在桌子上绘制,大家就跪在地板上绘制……就是这样的精神、这样的热情,开始绘制兰州美好未来的第一张城市规划蓝图。"1951年6月,《兰州市都市建设计划草案概要(1951—1958年)》终于诞生。

3.2 从都市计划到城市规划

当任先生携带这版规划赴京后,受到的意见却是颠覆性的。当时国家层面的决策部门已出现苏联专家的身影,主流思潮认为"都市建设必须与国家工业发展的步骤相结合,都市建设的程序首先要从工业方面来考虑",对任先生的规划草案所表现出的"商业为主、工业为副""绿色都市"理念予以否定。此时期,为了落实苏联援华的"156项目",国家决策部门提出先选定工业用地,再做城市规划的方式进行城市规划。故在苏联专家的建议下,选定兰州西固重工业区和七里河机械工业区为两大先建工业区,之后围绕其做其他用地规划。以此方式,兰州市1954年版总体规划形成,确定了其工业城市的基调(图4)。

图4　1954年第一版兰州市总体规划图

4　民国至新中国成立初期兰州城市规划理念延续评析

1930年代末至1940年代初兰州市建市前后所进行的市政建设及城市规划理念的初萌,经历了战时的财政匮乏后延续至1949年之后的城市建设之中。这其中,"理想都市"的美好愿景是连续的,其范型也是延续的。无论是1943年《如何建设新兰州理想中的未来陆都》中的模糊愿景——"英国苢兰式",还是1951年任先生赴京所携的《兰州市都市建设计划草案概要(1951—1958年)》中所描绘的"欧美都市计划思维模式影响下的一幅现代城市的理想蓝图"[8],甚至在任先生的一生中,这种"理想都市"的愿景都在延续,也是他"人—自然—建筑—城市"城市规划理念的来源。后因"反右"运动,任先生被流放到北山劳动改造时,这田园诗般的都市理想仍是他巨大的动力。兰州白塔山绿化及古建群落就是这一时期任先生利用兰州市内被拆除废弃的古建所组织再建,现在仍是兰州市为数不多的著名景观之一(图5)。在"文化大革命"之后,仍是这种理想的驱使,任先生基于对城市低收入人群住宅的前瞻性考虑,在兰州烧盐沟山地设计建造城市边缘的低造价窑洞群落。

图5　任震英先生与烧盐沟窑洞建筑群

5 结语

"历史转折点"多为政权交替、战争、改革及小概率事件引发的较大历史变动,在本文所指为中国近代到现代,即中华民国到中华人民共和国的政权交替。在此历史时期,依连续性的历史观点,质疑城市规划行为在政权交替、行政行为断裂后是否是"完全崭新"的。本文采用历史文献与调查研究的方法,自民国刊物、报纸和档案中重新翻掘兰州20世纪初的城市规划史实:1927—1936年,虽有国民政府"建设陆都"之政令,但拘于地方自然条件与经济发展的限制,兰州并未实施有效的城市建设计划;至1937年,因抗日战争阴霾,中国东部地区人力与生产资源向西部转移,国民政府依战事趋势与地缘特征,将兰州定义为继首都南京、陪读重庆之后的"陆都",使兰州获得发展机遇。1938—1945年,国民政府投入大量财力、人力进行城市建设。在此期间兰州市不仅修筑多条马路,并基于田园城市理论初步形成了适宜人居的城市规划思想;内战后政权更迭,新中国第一个五年计划时期,否定本土规划师的人居城市之思路,受苏联城市规划思想的影响,将兰州定为内陆(西部)重要石化工业城市;1978年后至今,城市饱受空气污染之苦。近年来政府整治工业、大力改良人居环境,力求宜居。

基于兰州在1954年第一版总体规划中被定义为工业型城市、人居退其次考虑之后,半世纪的石化工业生产使这座城市成为著名的污染之都。在2013年国家主席习近平对兰州视察后提出"还之以绿水青山"后,加上兰州市制造业的萎缩,兰州市政府提出"建设宜居性城市"的纲要。近百年来,对"绿色都市""安乐居所"的追求一直潜行于这处军事与工业重地,现在以一种历史的延续和回归再次出现。

参考文献
[1] 李百浩.中国近现代城市规划历史研究[D].南京:东南大学,2003.
[2] 李玉书.一年来之兰州市政建设[J].新西北,1939,1(5):95-96.
[3] 兰州市政府.如何建设新兰州理想中的未来陆都[J].工程,1943,16(2):1-2.
[4] 幻花.兰州市的诞生[J].市政评论,1941,6(10):15-16.
[5] 甘肃省政府建设厅.兰州市政报告[Z]//甘肃省政府建设厅.甘肃省建设年刊.兰州:甘肃省政府建设厅,1940:223-229.
[6] 李玉书.对于建设兰州市区之管见[N].甘肃民国日报,1940-01-27(1).
[7] 本志记者.兰州市政[J].旅行杂志,1944,18(1):73-76.
[8] 唐相龙.任震英与兰州市1954版城市总体规划——谨以此文纪念我国城市规划大师任震英先生[J].规划师(论丛),2014(7):205-212.

图表来源
图1源自:约瑟夫·弗朗西斯·查尔斯(Joseph Francis Charles)摄;CHOCK A K. J.F. Rock 1884-1962 [J]. Taxon,1963,12(3):89-102.
图2源自:皮肯斯·克劳德(Pickens Claude)摄;https://library.harvard.edu/.
图3源自:哈里森·福曼(Harrison Forman)摄;Travel Diaries and Scrapbooks of Harrison Forman 1932-1973. http://uwm.edu.
图4源自:兰州城市规划局提供.
图5源自:http://www.daxibeiwang.com/.
表1、表2源自:笔者绘制.

工业·市政·教育：
晚清武汉的洋务实践与空间建设（1889—1907年）

任小耿

Title：Industry, Municipality and Education: Westernization Practice and Space Construction in Wuhan in the Late Qing Dynasty (1889–1907)

Author：Ren Xiaogeng

摘　要　本文旨在梳理在晚清这一中国传统城市的转型时期，基于"中体西用"及"求富求强"的目标而开展的武汉城市洋务建设的历史。由于清末时期的近代城市规划体系还未引入及建立起来，因此城市的现代化建设多集中于建设层面，且主要核心力量多为外来技术人员。1889—1907年，张之洞在武汉开展的洋务建设实践初步确立了城市功能分区，促进了武汉三镇从传统府城、县城、市镇向近代工商业城市功能的转型。本文主要聚焦工业、市政和教育三个方面的洋务建设，关注其早期近现代转型背景下的空间建设及意义，以分析洋务建设对于城市空间结构的影响。

关键词　中国近代城市规划史；洋务运动；张之洞；武汉；早期现代化

Abstract：Based on the goals of 'Chinese Essence and Western Utility' and 'Seeking for Richness and Strength', this paper is to show the construction history of Wuhan during the late Qing Dynasty, which was a transitional period of traditional Chinese cities. Because the modern urban planning system has not been introduced and established in the late Qing Dynasty, therefore, the modernization of the Chinese cities is more concentrated on the construction level, and the main figures are mostly foreign technicians. From 1889 to 1907, Zhang Zhidong carried out westernization construction and practice in Wuhan, and initially established the functional zoning, which promoted the transformation of Wuhan's functions from the traditional prefectural city, county and town to modern industrial and commercial city. This paper focuses on the westernization construction in the three aspects of the industry, municipality and education, pays attention to the space construction and meaning under the background of its early modern transformation in order to analyze the impacts of westernization construction on the urban spatial structure.

Keywords：Planning History in Modern Chinese Cities; Westernization Movement; Zhang Zhidong; Wuhan; Early-Modernization

作者简介

任小耿，东南大学建筑学院、代尔夫特理工大学，联合培养博士研究生

1 引言

自 1840 年鸦片战争以来,在对外开放和先进生产力兴起的浪潮中,一批沿海沿江的港口城市率先发展为工商业城市,并带动交通和工矿类城市的兴起与传统城市的转型[1]。在这一场中西文明的较量中,以晚清政治改革家为主要代表力量的洋务派,以"自强"和"求富"为目的,引进西方科学技术,发展工业、军事,改革教育,开启了中国的近代化历程。这场运动冲击和瓦解了传统的社会结构,推动了城市化启动,并引发了社会组织、社会层级结构及社会思潮与思想的初步变化[2]。关于洋务运动的讨论,城市史学界普遍认为它推动了中国城市走向近现代化道路[3]。

据统计,在中国 207 座近代城市中,因受到洋务运动影响而转型的则占 1/4 以上,不仅涵盖了上海、天津、武汉等通商口岸城市,也包括洋务派主导的南京、福州、济南等工业城市。此外,因矿业而产生的焦作、唐山等矿冶城市,以及沿港口、铁路而兴起的秦皇岛、石家庄、蚌埠等城市也在这一时期发展起来[4]。目前,关于晚清洋务运动时期的城市现代化建设研究逐渐引起规划及建筑学者的关注,例如彭长歆[5-7]、季宏等[8]、青木信夫等[9]对于广东黄埔、天津等洋务建设的研究。总体而言,已有研究多关注单体建筑的历史,而对于洋务建设给城市空间及城市转型带来的影响,还有待规划及建筑学界进一步探讨,以更好地检验中国城市近代化建设发展规律。此外,作为中国近代时期国人最早实践的近代意义的建设活动[10],其对于城市建成空间的作用同样也值得关注。

本文的研究案例武汉,不仅是中国近代早期重要的开埠城市,也是晚清洋务运动开展至后期的重要试验地。1889—1907 年,洋务改革派张之洞在武汉开展了 18 年的洋务建设,促进了武汉三镇从传统府城、县城、市镇向近代工商业城市功能的转型,也是其民国时期迈入国际大都市的基础。由此,洋务建设对于武汉现代化转型的意义是不言而喻的。

2 洋务建设与武汉的转变

武汉,又称"武汉三镇",是汉口、武昌和汉阳的合称,这三座城市分布在长江与汉水交汇处的两岸,汉口与汉阳居北岸两侧成鼎足之势,武昌则雄踞长江与汉水交汇的长江两岸。在水运交通方面,武汉作为连接上游的青海、云南、四川、湖南各省和下游的湖北、江西、安徽、江苏各省的重要河港城市。在行政级别上,汉阳是一个较小的府、县治所的所在地;武昌一直是华中主要的商业城市和行政首府,并且是湖北巡抚和湖广总督的驻地,是湖北乃至湖广地区的行政中心;汉口则是明成化年间汉水改道而发展起来的商业市镇,明清时期即成为"四大名镇"之一。可以说,近代之前的武汉,不管是政治还是经济方面,已经是湖北地区甚至是中国中部地区重要的中心城市。

1861 年之后,英租界选址在长江且紧邻汉口华界的区域,西式建筑、马路、电灯、自来水等不同于中国传统街巷的空间形式及街区逐渐形成,随之而来的也有西方权力和资本。此时的武汉,不管是从管理模式还是城市空间布局来看,依然延续着传统的形制,即武昌和汉阳作为传统的礼制城市,有城墙、衙署、城隍庙、书院等象征其等级地位的空间元素和特征;

汉口作为市镇,则是基于汉水、长江等自然地理空间和适应商民生活形成的街巷空间。可以说,直到1889年张之洞来到武汉开展洋务建设后,这种局面才逐渐被打破。

　　武汉洋务实践的主要领导者为晚清政治改革家张之洞,然而,在来武汉之前他已经在山西、广东开展洋务改革及建设。1881—1884年,张之洞出任山西巡抚期间,开始兴办洋务。1884年,张之洞被升为两广总督,在此期间,他创办黄埔船局、筹办枪弹厂、倡办机器织布局等近代军事工业,建设水陆师学堂、创办广雅书院等近代教育,改良传统建筑布局、引进西方建筑技术等[11]。1885年,张之洞在《筹议海防折》和《筹议大治水师事宜折》提出以海防为主的洋务建设纲领。可以说,在张之洞来到武汉之前,山西和广东的建设实践不仅为其在武汉的洋务建设提供了思想纲领和实践指导,也为武汉的洋务建设提供了人才和物质的基础。

　　1889—1907年,张之洞在武汉主政达18年之久,其实行的洋务建设延续了在广东的新政改革。为了抵抗外来资本的入侵及掠夺,学习西方、开办洋务、发展工商业、改革教育成了武汉洋务建设的主要任务,具体包括三大主题:为了抵御经济入侵而开办军事及民用工业;为了发展商业而进行建设铁路、堤防及开发商埠等市政基础设施建设;为了培养实现近现代化建设的人才而改革传统教育、兴建新式学堂等。可以说,经过这一时期的洋务建设,武汉无论在城市物质环境改善上,还是在人才、资金、技术等社会结构方面,都成为核心聚散地。到20世纪初期,港口、工厂、铁路、洋行、银行、学堂、马路和大楼等空间均已形成,并且成为武汉这座近代城市的元素和象征。

3　工业生产

　　1860年代,为了振兴商务、以商敌商,以晚清改良派和洋务派为主要代表的人物提出工商业需要得到重视和发展[12]。因此,晚清时期依靠国家力量发展工业、开矿设厂、实现自强成为当时的主要任务,张之洞所主导的武汉洋务建设中的军事工业和民用工业的发展即是重要表现。

　　在军事工业的建设上,张之洞延续了广东洋务运动时期的建设思想,通过军事工厂和现代化及其生产方式开启了城市的近代化进程。张之洞曾总结性地提出"窃以今日自强之端,首在开辟利源,杜绝外耗。举凡武备所资枪炮、军械、轮船、炮台、火车、电线等项,以及民间日用、农家工作之所需,无一不取资于铁"[13],"必须购置机器,自行制造,始可取用不尽,无庸倚借外洋"[14],"今既不能禁其不来,惟有购备机器纺花织布,自扩其工商之利以保利权"[15],认为只有自行设厂,才能维护利权。

　　为了建设军事工厂开展洋务,张之洞聘请了外国的工程师设计并监工,引进西方工艺技术。考虑到产品销售、地理位置、供应芦汉铁路修建、便于监督管理等原因[16],1890年他将汉阳铁厂选址在汉阳大别山下,东临长江,北滨汉水,南北深333.33 m(100丈),东西长2 000 m(600丈),约60 hm²。设计工作聘请英国工程师约翰逊(E. P. Johnson)担任,其设计图纸从洋厂寄来,后按各分厂实际情况分段绘制施工图;聘请英国人亨利·贺伯生(Henry Hobson)任总监工,派知县王廷龄为中方总监工。6个大工厂厂房为大跨钢屋架承重,钢制梁柱,铁瓦屋面。4个小厂厂房均为砖木混合结构,并按等级建设有一般司员和洋工程师住宅。厂区内铁路纵横,生产工艺形成联合作业。1891—1893年,共建成6个大厂、

4个小厂，场内设备均从英国购置。1891年，湖北枪炮厂也基于原材料、交通运输、防卫区位等军事因素而最终选址于汉阳[17]，张之洞将在广东拟建军事工厂的机器设备迁来武汉筹建湖北枪炮厂。该工厂由德国人设计，全部厂房皆为砖木结构、铁皮瓦屋面，耗用建筑经费458万两[11]。1892年开始动工，随后经过扩建形成炮厂、枪厂、炮架厂、炮弹厂、枪弹厂以及无烟火药厂。1903年，该工厂改名为汉阳兵工厂。从此，形成了以汉阳铁厂、枪炮厂为中心的近代武汉地区工业体系的集聚和发展，促进了汉阳工业区的形成。

除了军事工业建设及工艺技术的引进外，兴办并建设纺织、皮革、造纸等民用实业也成为城市工业发展的重要内容，以抵制外来资本的经济侵略。其中，张之洞开设的"布纱丝麻"四局影响最为突出。1890年，湖北纺布局选址在武昌文昌门外，聘请了英国博次厂的工程师德金生任总监工。1894年9月，成立湖北纺纱局。1894年11月，在武昌望山门外创办缫丝局。1897年9月，又创设了湖北制麻局，选址在武昌平湖门外，占地2 000多亩（1亩≈666.67 m²）。当时四局的规划建设及经营技术主要依靠外国技师，所以导致屡屡受挫。此外，张之洞还相继开办了一批民用工厂，如白沙洲造纸厂（1907年）、武昌制（皮）革厂（1907年）、模范大工厂（1907年）、贫民大工厂（1907年）、汉阳针钉厂（1908年）、湖北毡呢厂（1908年）[18]。这些新工业的生产所带来的不仅仅是空间的转型，也有新的西方科学技术与建造知识的传播及引入，无形之中加速了武汉近现代化的转型。

4 市政建设

近代以来，城市工商业发展导致城市规模不断扩大，人口不断增加，因此支撑城市工商业发展的市政基础设施现代化也随之发展起来。1889年，张之洞因主持京汉铁路修建而被移督湖广，主持芦汉铁路南段的修建[19]。1903年，铁路正式通车，改变了武汉地区的经济布局，即从原来主要依靠水运而转变为铁路和水运联运，正式使武汉成为中国中部的区域商业中心。铁路的修建带动了长江沿岸、租界和铁路之间的城市化，铁路车站、仓库、工厂、商店、市场等相继出现，逐渐发展为汉口新兴的闹市区。1900年，张之洞预见粤汉铁路通车会给武昌商业带来繁荣，于是仿岳州自开武昌口岸通商，奏准清政府在省城10里（1里=500 m）外一带自开商埠，筹设商场局。1902年，张之洞又向清政府提出"武胜门外，直抵青山、滨江一带地方，与汉口铁路码头相对……为粤汉铁路码头，是无偿为南北干路之中枢，将来商务必臻繁盛，等于上海"，阐明了以铁路交通发展带动城市商业发展的理想。该规划由英国工程师斯美利制定，划分地块为甲、乙、丙、丁四个等级对外招商，并建设商店、码头、马路、水电等公共工程设施[20-21]。同时，他绘制了道路规划工程详图，包括垂直于长江的马路26条，称之为通江马路；平行于长江的马路7条，称之为横马路（图1）[22]。虽然该规划并未实现，除了涉及商业区选址的科学性问题外，还涉及项目开发的资金和运营问题，但是对于促进西方新区规划理念和技术的传播有一定的意义。

随着城市工商业的发展所带来的人口增多、街道拥挤等问题，对市政基础设施的改善和修建成为城市近代化过程中的重要任务。与其他晚清时期的开埠城市一样，张之洞在武汉督鄂时期为了改善"旧时省城街道仄狭，岁久不修，遇雨或积水或泥淖难行"[23]的状况，专门成立了以修建马路、改善公共卫生环境为目的的"汉镇马路工程局"，不仅修建了马路，还借

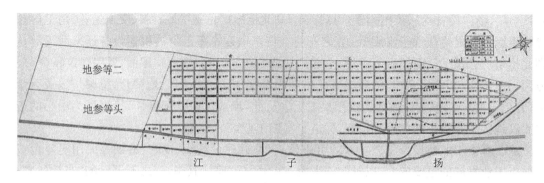

图1 武昌商埠全图

鉴租界市政经验对夏口厅和汉阳县的老街道进行了拓宽,规定"街分三级,巷分五等,只于城垣以内修筑直马路三条、横马路七条"。新建临街房屋需自原线退后 3 尺(1 尺＝1/3 m),以便救火,可视为武汉近代时期最早的道路系统规划[24]。1907 年,汉口堡墙被拆除,就城基改建成马路,成为汉口华界第一条近代马路。随后,现代马路和街道旁陆续修建造型各异的公馆、店房、银行,另外,马路也使得汉口原有的混乱的交通得以改善。

此外,水利工程等市政基础设施的修建使武汉发展为商业都市拓展空间。"湖北素有'泽国'之称,以堤为命者,数十县也。"于是,1889 年张之洞开始修筑武昌至青山的武青堤和白沙洲至金口的武金堤,修建后涸出数十万(亩)良田,张之洞特成立清丈局,共勘丈良田 133.33 km^2,作为官办农场、畜牧场或出租于农民[19]。随后 1904 年,张之洞倡议修筑"张公堤"。"若筑长堤以御水患,则堤内保全之地,即为商务繁盛之区。"[25]从中可以看出张之洞修筑张公堤时想要发展商业、扩展汉口市区范围的想法。当时的汉口堡墙是一条西起硚口、东至沙包(今一元路)数十里长的城墙,城墙以外从南到北都是湖沼、水塘、低洼之地,每至春夏汛期就会成灾,已经成为阻碍汉口市区发展的障碍。为了修筑张公堤,张之洞特成立汉口后湖堤工局并任命张南溪作为负责人,聘请外国工程师穆氏设计。关于筑堤的具体划定由其本人亲自制定,工程处根据张之洞指定的路线进行勘测并办理购地手续[26]。1905 年,张公堤修筑完毕,堤宽 20—26.66 m,面宽 6.66—9.99 m,东起牛湖广佛寺前(原堤角),向北越过戴家山,堤转了一个 90°的弯,折向西南,经姑嫂树,西至禁口(舵落口),全长 23.76 km(图 2)。张公堤的修建一方面为城市抵御自然灾害增添了安全屏障,另一方面更为汉口的商业发展及城市扩展提供了广阔的地理空间。

当然,近代邮局、电话、自来水、电灯等公共服务设施的引入和建设也是一座商业都市现代化过程中的重要内容,在此过程中也诞生了与此功能相匹配的近代建筑,如邮政局、自来水厂、电灯厂等。1897 年 2 月,汉口邮局在海关邮局江汉关开办起来,被命名为"汉口邮政总局"。1906 年,既济水电股份有限公司成立,下设电气灯厂和自来水厂,并邀请英籍工程师穆氏负责工程设计。其中,电气灯厂位于汉口河街大河庙河沿,自来水厂位于硚口宗关上首,同时还在后城马路附近建水塔以作为供水的配套设施。该建筑承担了供水和消防的双重使命,是清朝末年汉口最高的标志建筑物[27]。由此可见,公用事业的建设作为区别于传统城市的重要内容,成为近代社会的主要象征,也是当时社会中卫生、先进、干净、整洁的代名词。

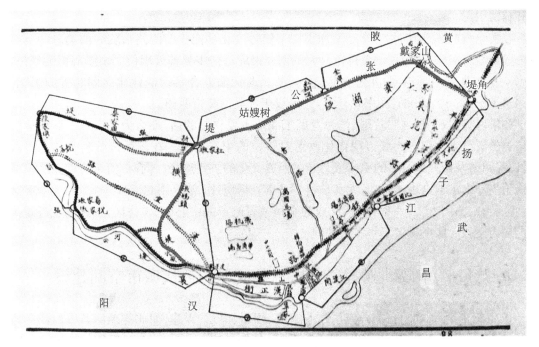

图 2　张公堤位置示意图

5　教育改革

"查自强之策,以教育人才为先;教战之方,以设立学堂为本。""湖北地处上游,南北冲要,汉口、武昌为通商口岸,洋务日繁,动关大局,造就人才,似不可缓。"[28]因此,书院改革及创办新式学堂成为张之洞实行新政的重要任务。传统时期的湖北教育机构大致包括学宫、书院、私塾、社学与义学五种,学宫一般为孔庙,共有 78 所。其建筑模式主要有教官署、明伦堂、尊经阁、大成殿、先贤祠、名宦祠、乡贤祠、忠义孝悌祠、射圃九个部分。依照"中体西用"的指导思想,张之洞对学堂建筑及设备给予以下规定:①合于卫生,即水土清洁,空气流通,取光正确。②便于教学,即教室宽广合度,避免嘈杂。至于理化试验室与测绘地图桌椅,皆与平常不同,应妥为设计布置。③便于管理,即食宿应在一处。课外应有活动及休息场所。根据以上原则,规定各学堂建筑必须有礼堂、讲堂、理化讲堂附器具药品试验室、自习室、寝室、餐厅、浴室、课余休息室、养病室、会客室、图书仪器室及操场等[29]。

除了改革传统书院,如江汉书院、经心书院和两湖书院,他同时也创办算学学堂(1893年)、矿物学堂(1892 年)、自强学堂(1893 年)、湖北武备学堂(1897 年)、湖北农务学堂(1898年)、湖北工艺学堂(1898 年)、湖北师范学堂(1902 年)、两湖总师范学堂(1904 年)、女子师范学堂(1906 年)等高等专科学校,设立文普通中学、武普通中学、勤成学堂和高等小学堂等 7 所中小学校。1903 年,仿照日本在武昌阅马场创办了中国第一所近代的幼儿园。在空间格局和建筑形式上,改革后的学堂仍然延续了传统空间形制,新建的学堂在建筑空间和总体布局上受到新式教育的影响。如两湖总师范学堂,平面设计主次分明,依中轴线布置空间序列,空间布局为合院式组成,四周围墙封闭,环境优雅;而北路高等小学堂(农讲场)为学宫式建筑,遵守坐南朝北轴线布局特征,总体布局上具有西方学校的特点,在大操场周围布置教室和辅助用房[30]。

在文化设施建设方面，学堂还增加了图书馆等文化功能。如两湖书院和两湖总师范学堂内部都设有书库，其中两湖总师范学堂的南北书库已初步具备近现代大学图书馆的规格，藏书4万余卷。1902年，湖北总督张之洞、湖北巡抚端方合奏请清廷建立湖北省图书馆。1904年8月27日，湖北省图书馆建立，馆址设于武昌南陵街两侧。

如果说将实现"自强""救国"作为发展工商业主要目标的话，那么为了实现工商业运转而培养的教育人才则成为城市现代化改革过程中的中坚力量。在改革传统教育体系过程中，课程调整及西方教科书的引入成为学习西方文化的主要途径。同时，清末时期张之洞派遣留学生外出求学以培养人才，尤其是留学日本。据统计，清末湖北留日学生共计5 000余人，居全国之冠[31]。这一时期，武汉成为全国教育改革的中心区、模仿区，为武昌在近现代时期成为文教功能区奠定了坚实的基础。

6 基于工业、市政和教育三个思想维度下的近代城市空间建设

19世纪末期武汉地区的洋务建设，与上海、福州、南京、天津、河北等地区开展的洋务建设背景一样，是晚清洋务派为了"救国""自强"、抵制外来资本入侵而开展的一场近代化运动。但是，与1860年代早期洋务派在沿海开展洋务建设相比，则晚了近30年，是洋务运动开展至后期的产物，因此不管是在实施层面，还是在建设重点上，都更加深入。武汉的洋务建设除了关注军事工业外，还发展了民用工业，也关注了旧城改造和新市区开发，尤其是在传统教育体系改革和西学知识的引入上做出了重要的贡献。可以说，张之洞在武汉地区18年的统治时期内，其开展的洋务建设实践，相当于清末后期提出的"地方自治"的概念，在一定程度上也影响了张謇在南通开展的自治实践。

1889—1908年张之洞督鄂的这18年间，新的工厂、西式教育与学堂、近代技术铺设的马路、西式化的街区，这些近代标志的元素与空间形式不断在武汉地区涌现，且以建设的形式在武汉地区生长起来，这一阶段可视为武汉城市近现代化转型的开端。这种不同于传统的新空间和文化景观不断涌现，无疑也加速了武汉地区的城市化和城市近现代化，同时带来的是社会结构及意识形态的改变。具体空间上的变化体现在城市土地利用上，1889年洋务建设后带动了汉阳地区及沿江区域的发展，汉口城墙拆除及张公堤建设加速了后湖地区的城市化等，均体现出这一阶段的洋务建设对于城市空间生产的作用。当然，随之带来的武汉城市建设近代化，则表现为武汉的工业发展、市政基础设施的兴建和管理机构的改变，使得传统以军事、政治为功能的城市向近代工商业都市转变。这种转型动力除了受到租界外来资本的刺激外，以洋务派张之洞等为核心的中国人所做的贡献是转型的主要动力。

此外，洋务建设过程也带来了西方技术知识的传播和产生。其中，外国技术人员作为传播媒介起到了重要的作用，他们受到中国清政府（张之洞）的邀请参与了规划建设、监管并作为技术核心，无形中将外来的规划建设知识及技术实施在中国本土环境中，进而形成了不同于中国传统空间形式及建造技艺的西式空间及建筑形式。这也是中国城市近代化早期的普遍特征，即由于缺乏本土的技术人员，城市现代化改造的力量只能依靠外力，但是外来的知识如何应用到本土及其空间的适应过程，基于什么样的背景而被本土接受，这也恰恰是中国

城市近代化发展规律需要探讨的,对于今日转型的中国城市而言也同样是重要的。

参考文献

[1] 吴松弟.二十世纪之初的中国城市革命及其性质[J].南国学术,2014(3):60-75.
[2] 陈向阳.晚清三次变革与中国现代化的产生[J].社会科学研究,1996(1):92-97.
[3] 包红君.洋务运动与中国近代化[J].辽宁师范大学学报(社会科学版),2003(3):111-112.
[4] 皮明庥.洋务运动与中国城市化、城市近代化[J].文史哲,1992(5):5-15.
[5] 彭长歆.清末广东黄埔的洋务建设与空间生产[J].新建筑,2016(5):44-49.
[6] 彭长歆.张之洞与清末广东钱局的创建[J].建筑学报,2015(6):73-77.
[7] 彭长歆.清末广雅书院的创建——张之洞的空间策略:选址、布局与园事[J].南方建筑,2015(1):67-74.
[8] 季宏,徐苏斌,青木信夫.样式雷与天津近代工业建筑——以海光寺行宫及机器局为例[J].建筑学报,2011(S1):93-97.
[9] 青木信夫,张家浩,徐苏斌.北洋水师大沽船坞创建考证及基于GIS的历史格局研究[J].建筑史,2018(1):193-200.
[10] 中国城市规划学会.中国城乡规划学学科史[M].北京:中国科学技术出版社,2018:109.
[11] 赖德霖,伍江,徐苏斌.中国近代建筑史第一卷:门户开放——中国城市和建筑的西化与现代化[M].北京:中国建筑工业出版社,2016:408-428,475-476.
[12] 张步先,苏全有.晚清重商主义与西欧重商主义[J].河南师范大学学报(哲学社会科学版),1997,24(1):10-13.
[13] 中国史学会.筹设炼铁厂折[M]//中国科学院近代史研究所史料编辑室,中央档案馆明清档案部编辑组.洋务运动(七).上海:上海人民出版社,1961:203.
[14] 中国科学院近代史研究所史料编辑室,中央档案馆明清档案部编辑组.洋务运动(四)[M].上海:上海人民出版社,1961:382.
[15] 张之洞.拟设织布局折[M]//张之洞.张文襄公全集十九.北京:中国书店,1990:58.
[16] 左世元,姚琼瑶.找寻历史真相:汉阳铁厂选址问题再探讨[J].湖北理工学院学报(人文社会科学版),2014(5):6-10.
[17] 向玉成.论洋务派对大型军工企业布局的认识发展过程——以江南制造局与湖北枪炮厂的选址为例[J].西南交通大学学报(社会科学版),2000,1(4):31-36.
[18] 皮明庥.一位总督·一座城市·一场革命:张之洞与武汉[M].武汉:武汉出版社,2001:38-40,63-64.
[19] 何媛媛.京汉铁路早期经营研究(1895—1912年)[D].哈尔滨:哈尔滨师范大学,2010:10.
[20] 武汉地方志编纂委员会办公室.武汉市志简明读本[M].武汉:武汉出版社,2010:36.
[21] 苏云峰.中国现代化的区域研究:湖北省,1860—1916(修订版)[M].台北:台湾近代史研究所,1987:401-402.
[22] 廖桂华.近代武昌自开商埠探析[J].湖北教育学院学报,2005,22(6):59-60.
[23] 穆德和.近代武汉社会与经济——海关十年报告[M].香港:香港天马图书有限公司,1993:104.
[24] 徐焕斗,王夔清.汉口小志·建置志[M].武汉:爱国图书公司,1915:6.
[25] 苑书义,孙华峰,李秉新.张之洞全集:第六册[M].石家庄:河北人民出版社,1998:4252.
[26] 胡铭佐.汉口张公堤[J].武汉文史资料,1986(1):119-124.
[27] 刘生元.湖北警察史博物馆馆藏文物集萃[M].武汉:武汉出版社,2015:49-50.
[28] 张之洞.奏议四十五[M]//张之洞.张文襄公全集:四十五卷.北京:中国书店,1990:13,45.
[29] 苏云峰.张之洞与湖北教育改革[M].台北:台湾近代史研究所,1983:168.

[30] 武艳红.武汉近代教育建筑设计研究[D].武汉:武汉理工大学,2008:23-25.
[31] 皮明庥,欧阳植梁.武汉史稿[M].北京:中国文史出版社,1992:364.

图表来源
图1源自:《武汉历史地图集》编委会.武汉历史地图集[M].北京:中国地图出版社,1998.
图2源自:武汉地方志编纂委员会.武汉市志:城市建设志(上)[M].武汉:武汉大学出版社,1997:353.

第三部分 外国城乡规划演变与实践
PART THREE　EVOLUTION AND PRACTICE OF URBAN AND RURAL PLANNING IN FOREIGN COUNTRIES

"一带一路"背景下海外经济特区现状问题及政策风险识别：以老挝为例

徐利权 谭刚毅 高亦卓

Title: Current Situation and Policy Risks in Special Economic Zones Overseas against the 'One Belt One Road' Background: the Case of Laos

Authors: Xu Liquan Tan Gangyi Gao Yizhuo

作者简介

徐利权，华中科技大学建筑与城市规划学院，湖北省城镇化工程技术研究中心，博士后

谭刚毅，华中科技大学建筑与城市规划学院，湖北省城镇化工程技术研究中心，教授

高亦卓，华中科技大学建筑与城市规划学院，硕士研究生

摘 要 人类社会正处于大合作时代，随着资源、要素的全球流动，各国之间的互通互联越来越密切。习近平主席提出的"一带一路"合作倡议，顺应了时代要求，为丝绸之路沿线国家的发展注入了新动力。老挝与中国关联密切，21世纪以来，其借鉴中国经验，展开经济特区建设。本文从现场调研入手，通过系统梳理老挝经济特区的建设情况，归纳出其现状所面临的问题，识别其潜在风险，为中国企业海外投资提供决策依据。研究发现：老挝经济特区虽然数量众多，但发展良莠不齐，许多经济特区招商引资不佳，仍处于单纯的产业集聚阶段。目前其经济特区主要面临四个方面问题：①基础设施条件较差，处于工业化初期，产业体系还未形成；②劳动力资源丰富，但水平低、招工困难；③欠缺精准的发展路径导向，仍停留在产业园区发展思路上，忽视本土化的过程；④区域竞争越来越激烈，经济特区发展模式急需转型。最后从土地政策、金融政策、法律法规政策三个方面对老挝经济特区的政策风险进行识别。

关键词 经济特区；老挝；"一带一路"；现状问题；政策风险

Abstract: Human society is in the era of mega-cooperation. With the global flows of resources and elements, the communication between countries is steadily increasing. The "One Belt One Road" cooperation proposal Chairman Xi Jinping raised responds well to the tide of times and infuses new energy into countries on the Silk Road. Laos is close to China in many ways. Since the beginning of 21st century, Laos has been learning from China and developing its own Special Economic Zone. This paper starts from field study with a systematic analysis on current situations of Laos's Special Economic Zone and tries to summarize problems they are facing and underlying risks in the future, which could in return serve as materials Chinese companies could make use of when investing overseas. The research shows that though there are a number of Special Economic Zones in Laos but their development is imbalanced with lack of investment and still in the phase of simple industry agglomeration. Special Economic Zones now face four major problems: Firstly, infrastructure is in bad shape with no industrial system established, still at the early stage of industrialization. Secondly, there is an adequate source of labor force but with low skills and difficulty in hiring. Then, Special Economic Zones do not have an exact developing path forward, they are still only thinking about developing industrial parks without regards to localization. Finally, competition in those regions is worsening, and their development mode needs to take a big turn. Last, this study points out policy risks of Laos's Special Economic Zone from three aspects: land policy, Monetary policy and legislative policy.

Keywords: Special Economic Zone ; Laos; 'One Belt One Road'; Current Situation; Policy Risks

1 引言

为构建"人类命运共同体",习近平主席提出的"一带一路"区域合作倡议得到了各国的热烈反响,为丝绸之路沿线国家的发展注入了新动力。中国与老挝山水相连,有着深厚的传统友谊,自1961年4月25日建交以来,双边关系稳步发展,政治互信不断增强。特别是进入21世纪以来,两国呈现多领域、多层次发展的良好态势,中老经贸合作也取得了突出的进展。本文对老挝经济特区展开研究,有利于两国在经济特区领域的交流合作,无疑具有多重意义与价值。

2 经济特区相关研究综述

2.1 经济特区的概念内涵

经济特区(Special Economic Zone)是促进贸易和发展国内产业的一种工具,其传统形式是在当今发达国家的发展过程中诞生的。经济特区早在12世纪是以自由港口、自由城市和自由区的形式第一次出现在欧洲;直到18世纪工业革命以来,它们演变为港口内或者毗邻港口的自由贸易区;1957年,爱尔兰的香农是第一个拥有现代出口加工区的地方;1960年代,该模式扩散到亚洲;1970年代末,经济特区进入中国,并开启了中国特区模式[1]。从经济特区的演变历程可以发现,经济特区通常是一个宽泛的概念,基本涵盖了各类不同的园区,例如自由贸易区、出口加工区、工业园区、经济技术开发区、高新区、科技园、自由港、保税区和企业区等[2-3]。

2.2 中国经济特区相关研究

有关中国经济特区的研究非常多,尤其是关于深圳特区的研究,深圳也成为中国经济特区的代名词。较多学者从经济特区的建设原因与意义展开研究,重点讨论了经济特区政策在推动中国对外开放、吸引外资、推动市场自由化等方面提供了政策工具,对探索中国社会主义建设和经济体制改革发挥了巨大的作用[4-5]。也有学者认为中国经济特区具有"综合性、独特性与战略性"的功能,如中央政府给予经济特区的优惠政策不只局限在经济层面上[6];其比出口加工区具有更大的地理区域,更广泛的政治、文化、教育、技术以及经济功能等[7]。由于深圳模式取得了巨大成功,因而有关这方面的研究成为全球聚焦点。

2.3 海外经济特区相关研究

近年来,越来越多的国家开始通过这一手段来推动本国工业化进程,特别是在制造业中吸引外国直接投资(FDI)、创造就业机会、促进出口和赚取外汇等[8]。海外学者已系统梳理了世界经济特区的演变历程,从经济特区的结构、空间、功能及管理维度进行了深入探讨[1];并从政府管理视角提出,政府部门拥有双重身份,应担当好自己的监管角色,为经济特区合作过程细节制定相应的规则[9]。在融资方面,吸引外来资金的重视程度直接影响其常规融资过程[10];而且呈现出所有权向私人资本转移,私人资金逐渐成为资金主要存在状态的趋势[11]。我国学者对海外经济特区的研究主要集中在"境外经贸合作区"方面,这和我国企业"走出去"战略密切相关,且近几年才开始集中出现。如对中非经贸合作区、泰国的泰中罗勇工业园、越南的龙江工业园、柬埔寨的西哈努克港经济特区、白俄罗斯的中白工业园、俄罗斯的乌苏里斯克经贸合作区等的研究。

目前,有关老挝经济特区的研究极少,已有研究还处于对老挝经济特区的描述阶段。如通过展开对老挝经济特区进行 SWOT 分析(态势分析),提出了相关政策建议[12];对万象赛色塔经济特区的建设与发展模式展开研究[13];对老挝经济特区与经济专区进行了简要介绍等[14]。

3 老挝经济特区发展现状及问题

3.1 老挝经济特区发展现状

2001 年 1 月,老挝发布《总理令》,宣布规划建设了一系列经济特区与经济专区。2016 年,老挝政府决定将经济特区与专区合并,统称为经济特区,并通过《关于通过老挝人民民主共和国投资促进法》(2016 年)明确了经济特区的概念:"由政府决定设立、有专门的行政管理机制的地区,以使满足利用高科技、环保、出口生产及进口替代吸引资金之需求,在农产品生产、清洁生产、节约自然资源和能源中利用新科技,以保持可持续发展。"至 2016 年年底,老挝政府共批准经济特区 17 个,各特区在批准时间、投资规模、用地规模等方面差异较大(表 1)。投资最多的塔銮湖(Thal Luang)经济特区达到 16 亿美金,最少的维塔特别经贸园(VITA Park)只有 0.43 亿美金;用地面积最大的普乔(Phoukhyo)经济特区和琅勃拉邦(Luang Prabang)经济特区达到 4 850 hm²,最小的东坡西第二(Dongphosy 2)经济特区只有 28 hm²。此外,经济特区的参与主体多元,中国、越南、日本、老挝本土企业等都有参与,而其中又以中国企业在老挝经济特区的开发建设中最为积极,如正在合作的磨丁(Boten)经济特区、赛色塔(Saysettha)发展特区、金三角(Golden Triangle)经济特区等。虽然老挝经济特区数量众多,但其发展水平不一,部分特区的建设也并未启动,仍停留在圈地阶段。

表 1 老挝政府已批准的经济特区

序号	特区名称	地点	签约年份	总投资金额(美金)	面积(hm²)
1	萨凡—塞诺经济特区	沙湾拿吉(Savannakhet)	2002	0.740 亿	1 012

续表1

序号	特区名称	地点	签约年份	总投资金额（美金）	面积（hm²）
2	金三角经济特区	博胶（Bokeo）	2007	10.000亿	3 000
3	磨丁经济特区	琅南塔（Luangnamtha）	2003	5.000亿	1 640
4	维塔特别经贸园	万象（Vientiane）	2009	0.430亿	110
5	赛色塔发展特区	万象（Vientiane）	2010	1.280亿	1 000
6	普乔经济特区	甘蒙（Khammouan）	2011	7.080亿	4 850
7	塔銮湖经济特区	万象（Vientiane）	2011	16.000亿	365
8	龙滩经济特区	万象（Vientiane）	2009	10.000亿	560
9	东坡西经济特区	万象（Vientiane）	2009	0.500亿	54
10	他曲经济特区	甘蒙（Khammouan）	2012	0.800亿	1 035
11	占巴塞经济特区	占巴塞（Champasak）	2015	1.625亿	995
12	万涛	占巴塞（Champasak）	2016	2.460亿	253
13	日本中小企业	占巴塞（Champasak）	2015	0.620亿	195
14	老挝占巴塞服务工业区	占巴塞（Champasak）	2015	—	800
15	占纳空	占巴塞（Champasak）	2016	0.800亿	58
16	东坡西第二经济特区	万象（Vientiane）	2015	1.000亿	28
17	琅勃拉邦经济特区	琅勃拉邦（Luang Prabang）	2016	12.000亿	4 850

3.2 老挝经济特区现状问题分析

目前，老挝经济特区虽然数量众多，但是许多特区还未启动建设。已建设的特区主要集中在万象周边，但发展都不太理想，主要原因还是发展模式落后，没有找准功能定位，已引入的产业没有形成产业链或者产业集群，因此对经济的带动能力不强。本文重点从基础设施、劳动力、园区定位、发展模式四个方面来论述当前老挝经济特区发展的现状问题。

（1）基础设施条件较差，处于工业化初期，产业体系还未形成

老挝基础设施条件较差，对外交通方式单一，主要通过航空来实现。湄公河作为贯穿老挝全境的母亲河，沟通了中、缅、老、泰、柬、越六国的交通运输，但受河段中岛屿石山和礁石的影响，许多地段通航较为危险。陆路交通方面，截至2017年老挝全国还没有高速公路，主要通过公路进行交通运输。但公路等级较低，尚未形成网络体系。部分公路的损毁十分严重，车辆运行十分困难（图1）。近年来，老挝政府积极参与国内交通的建设，专门成立公共与交通部来进行管理，很多重大交通运输项目得以执行。除交通外，在水、电等市政基础设施配套方面同样还未形成体系。

图1　老挝13号公路实景

老挝是全世界44个最不发达的国家之一。2013年，老挝的人均国内生产总值（GDP）仅有1 534美元，而当时中国的人均GDP是6 767美元，相当于老挝的4倍多。目前老挝的产业结构仍是以农业为主，工业基础薄弱，仍处于工业化初期。一、二、三产业比例为24.8∶36.1∶39.1（2014年数据），农业占比非常大，工业和服务业占比相对较小。由此可以看出，老挝的产业结构还远没有成熟。不仅如此，老挝的产业体系还仅在初级阶段，不同行业之间的关联非常弱，几乎没有形成产业集群甚至产业链。

（2）劳动力资源丰富，但水平低、招工困难

老挝是东南亚国家中（除文莱以外）人口最少的国家，2015年老挝人口为649.22万人；人口密度为27人/km²，远远低于世界平均水平（49.7人/km²）；老挝人口从1950年的168.3万人增长到2015年的649.22万人，增长率达290%左右，人口密度增长近4倍。虽然老挝人口总量不大，但老挝人口增长速度极快，结构年轻化，目前城镇化水平为38%，步入快速城镇化发展阶段。加之其就业人口达到400万人，目前老挝的劳动力资源较为丰富。

但由于老挝本国的产业所能提供的就业不足，有很多劳动力到周边国家去工作，以获取工作岗位和更高的报酬，以输出泰国最多，其次为新加坡、马来西亚、越南和中国等。此外，老挝劳动力素质不高是困扰当前老挝产业发展的一大问题，全国有知识、有技术、守纪律的员工仅有8万人。从现场调研的过程中了解到，大多数的劳动力没有接受过高等教育或者职业教育培训，劳动生产效率低下。因此，目前老挝经济特区劳动力招工困难，水平低。

（3）欠缺精准的发展路径导向，仍停留在产业园区发展思路上，忽视本土化的过程

老挝计划建立经济特区借鉴的是中国开发区的经验，但在本土化过程中存在诸多问题，

主要有以下两个关键因素:

第一是要形成产业体系,要有明确的功能定位和发展理念,才能产生块状经济。这样的定位和理念不是简单地拍脑袋,而是根据资源优势、市场需求、政策要求等综合判断。以产业发展较好的维塔特别经贸园(VITA Park)为例(图2),目前有49家工厂入住,包括来自日本、泰国、老挝、中国、马来西亚、丹麦等国家在内的企业。但各国企业间的产业类型差异巨大,相互联系不紧密,只是机械的组合。如日本的企业主要做电线、温度感测器、五金工具、锁推车。中国大陆投资的企业主要做焊条、活性炭、摩托车组装和混凝土;中国台湾的企业瑞芳电子(Jui-Fang Electronics)是一家电线厂;中国香港的恒昌制衣公司(Lao Comfort Garment Manufactory)是一家特殊服装厂。最大的企业是丹麦的一家救火服公司马斯科特国际[Mascot International(Lao)Sole],销往欧洲。泰国的企业基姆帕塔纳[Chiem Patana(Lao)]是一家织布厂,川城食品厂(Chuacity Foods)是一家酱料厂,卜蜂公司(Charoen Pokphand Produce)是一个玉米选中厂,VT制药公司(VT Greater Pharma)是一家保健品厂。

图2 维塔特别经贸园现状实景

第二是在借鉴中国等国际经验的同时,如何处理本土化的问题极为关键。如塔銮湖经济特区(Thal Luang),将中国高层居住建筑引入特区,但没有考虑到老挝人民的居住需求,且定价过高(每平方米约1万元人民币),老挝人基本不愿购买,楼盘销售不理想,目前整个特区处于半烂尾状态。此外,老挝人民生活节奏较慢,慢生活的文化同样值得关注。

(4)区域竞争越来越激烈,经济特区发展模式急需转型

区域的竞争主要来自泰国和越南。老挝虽然不滨海,但是其独特资源也是极具特色的。然而,老挝的旅游业发展却远不如泰国,老挝每年的入境游客仅为400万人次,仅相当于泰国的1/10。原因有多个方面,有营销、基础设施条件不足等问题,但最核心的问题在于,老挝

缺乏一个可以带动全国旅游业发展的旗舰项目。目前仅有琅勃拉邦一个世界文化名城，显现出独木难支的局面。

此外，越南经济发展极快，从调研的情况来看，老挝作为一个农业主导的国家，其很多农业项目都是越南人来投资的，换句话说老挝的很多农业资源都被越南人把控了。这就导致老挝输出的农产品都是基础原材料，产品附加值极低，产生的利润非常少，农业生产模式也较为落后。

当前，"第五轮国际产业转移正向东南亚迈进""中国的'一带一路'""东南亚国家联盟（ASEAN）""大湄公河次区域经济合作（GMS）"等区域合作越来越频繁，同时也使得区域间的竞争越来越激烈。老挝已有的经济特区开发模式较为传统与单调，急需转变思路，完善政策，以真正通过经济特区转型发展带动地区实现跨越式增长。

4 老挝经济特区政策风险识别

有关老挝经济特区发展的政策风险主要从土地、金融、法律法规三个维度展开。

4.1 土地政策风险

（1）土地使用权流转规定滞后

老挝与中国都实行社会主义土地公有制，土地所有权禁止交易。但与中国土地管理法相比，第一，老挝土地法未规定土地使用权的期限，只规定土地租赁权的期限。第二，老挝土地法并未将建筑用地的使用权和工业用地的使用权区分为出让和划拨两种原始取得方式以及没有相应的实施细则。第三，老挝土地法对土地使用权的转让采用限制性规定，只有开发建设、增加生产的土地可以转让。

（2）土地补偿制度缺乏可操作性，土地征用程序缺失

老挝土地法只简单规定，为公益而有必要使用某一个人或组织的土地，政府或集体必须给予被回收土地的人适当的损失费赔偿。在损失费赔偿程序中，必须由有关部门代表组成的委员会进行评估以便规定损失费。这一规定缺乏可操作性，没有补偿范围、补偿原则、补偿标准的内容，补偿程序规定了专家评估制度，但未赋予受损害人知情权、参与表达意见和监督的权利。而中国土地管理法在这几个方面都做了具体规定。

（3）土地储备制度还未形成，房地产处于初创阶段

目前，老挝的土地储备制度还未形成，房地产处于初创阶段，政府受限于资金问题，一直无法推动国家经济的快速发展。2016年，老挝城镇化率为39%，相当于中国2001年的城镇化水平，即将步入快速城镇化发展阶段。历史表明，完全靠内部积累很难跨越最低的原始资本门槛；强行积累，则会引发大规模社会动乱。因此，增强土地价值，利用土地财政推进城镇化是必然选择。因此，如何构建适合老挝的土地储备制度，制定老挝房地产发展政策，这对于经济特区的发展影响巨大。

4.2 金融政策风险

（1）资金筹措成本高、渠道少

老挝资金筹措成本较高，融资利率明显高于周边国家和地区，企业融资成本较大。老挝

本地商业银行资产规模普遍较小,资金实力较弱,无法满足重大项目的资金需求。在老挝的中资企业普遍认为老挝的水电、矿产资源丰富,经济发展较快,存在较多的市场投资机会,但由于企业在老挝和东南亚地区业务的快速发展,且完全依赖进出口银行、国家开发银行等政策性银行支持或自有资金,已不能满足企业发展需求,需要拓展其他融资渠道。

(2) 外汇管制较为严苛

当地企业或个人可以开立外币账户,可自由进行外汇兑换和交易,如个人购汇超过2 000美元,必须到商业银行兑换。老挝央行对汇入无限制,汇出款项(跨境)个人客户每天不超过等值1万美元,公司客户必须提供汇款背景资料,单笔超过200万美元的跨境汇款必须先报央行审核通过后才可汇出。这种严苛的外汇管制将极大影响企业的运营效率和外商投资的积极性。

4.3 法律法规政策风险

(1) 投资法规尚不健全

老挝外国投资法虽然颁布多年,但是与之配套的法规仍不健全。在农业、通信、电力等行业至今仍缺乏行之有效的鼓励外国投资的具体法规,特别是政策的随意性和行政干预往往动摇外商的投资决心。此外制度的欠缺也给一些不法客商偷税漏税、虚假投资、炒卖项目提供了方便。

(2) 审批过程不清晰

老挝投资促进法中对各项审批程序有详细规定,但在实际操作过程中仍存在申请迟迟得不到回复、办理步骤不清晰的现象。近年来随着老挝对外开放力度加大,各种法律都在修改完善之中。同老挝政府签订的投资协议中,老方承诺的优惠政策若无法律作为依据,在执行中仍可能会出现争议。

(3) 行政效率环境有待改善

以世界银行2017年营商环境报告中的开办企业为例来考察老挝政府的行政效率,这一指标反映的是一位企业家要开办并正式运营一个工业或商业企业时,完成官方正式要求或实践中通常要求的所有手续所需的时间和费用,以及最低实缴资本,老挝在190个参评国家中的营商环境排名从2016年的第168位上升到第160位。老挝法律制度以法国的司法实践、老挝惯例法、传统、社会主义实践为基础,透明度和效率普遍偏低,涉及国际贸易和投资的主要法律、法规和规章都没有翻译成英文。

5 结语

"穷则独善其身,达则兼济天下。""一带一路"的愿景是开放的,中国有能力为沿线发展中国家提供城镇发展经验。但中国"走出去"曾有忽略本地化的教训,应在"一带一路"的新进程中加以改善。本文以老挝经济特区为例,融合了中国改革开放40多年的城镇发展经验,系统梳理了老挝经济特区的现状问题,并展开政策风险识别,目的在于一方面让更多沿线发展中国家从中获得经验,另一方面也能为中国企业海外投资提供决策依据,真正推动中国与老挝在经济特区领域的交流合作。

参考文献

[1] 阿拉德纳·阿加瓦尔.经济特区的演化:国际经验和教训[M]//袁易明.中国经济特区研究.北京:社会科学文献出版社,2015:22-41.

[2] FIAS. Special economic zones: performance, lessons learned, and Implications for zone development[Z]. Washington DC: World Bank, 2008.

[3] 曾智华.解读"中国奇迹":经济特区和产业集群的成功和挑战[M].北京:中信出版社,2011:4.

[4] CRANE G T.Reform and retrenchment in China's special economic zones[M]// U.S. Congress Economy Association. China's economic dilemmas in the 1990s: the problems of reforms.New York: M.F. Sharp Publish Co.,1993:841-857.

[5] GRAHAM E M. Do export processing zones attract FDI and its benefits: the experience from China[J]. International Economics and Economic Policy,2004(1):87-103.

[6] JUDE H. China opens its doors: the politics of economic transition[M]. Hertfordshire: Wheatsheaf Publishing Co., 1993:25.

[7] VOGEL E F. One ahead in China: Guangdong under reform[M].Cambridge: Harvard University Press,1989:510.

[8] 曾智华.经济特区的全球经验:聚焦中国和非洲[J].国际经济评论,2016(5):123-148,8.

[9] ETZKOWITZ H. Innovation in innovation: the triple helix of university-industry-government relations[J].Social Science Information,2003,42(3):293-337.

[10] LINDELOF P,LOFSTEN H. Academic versus corporate new technology-based firms in Swedish science parks: an analysis of performance, business networks and financing[J].International Journal of Technology Management, 2005,31(3-4):334-357.

[11] SOFOULI E,VONORTAS N S. S&T parks and business incubators in middle-sized countries:the case of Greece[J].The Journal of Technology Transfer,2007,32(5): 525-544.

[12] 潘基奥(VIENG-VILAY P).老挝经济特区与经济专区投资的机遇与挑战[J].沈阳工业大学学报(社会科学版),2016,9(3):214-218.

[13] 庞霄霄.云南省(国家级)境外经贸合作区的建设与发展模式研究——基于万象赛色塔综合开发区的案例分析[D].昆明:云南财经大学,2015.

[14] 陈定辉.老挝经济特区和经济专区简介[J].东南亚纵横,2013(7):16-21.

图表来源

图1、图2源自:笔者拍摄.
表1源自:老挝中央投资促进管理委员会提供.

英殖民时期吉隆坡城市建设中华侨聚落的适应与发展

涂小锵　陈志宏　康斯明

Title：Adaptation and Development of Overseas Chinese Settlement in the Construction of Kuala Lumpur City in the British Colonial Period

Authors：Tu Xiaoqiang　Chen Zhihong　Kang Siming

摘　要　在英殖民马来半岛之前，吉隆坡华侨通过与当地合作开采锡矿早已形成产业聚落，伴随着英殖民者对吉隆坡的城市建设持续发展，原有城市中的华侨聚落进行相应的调整，并逐渐适应，发展成为吉隆坡多元都市格局中的重要组成部分。本文按英国殖民吉隆坡的城市发展时间脉络，从城市布局、公共领域、商业住区以及城市交通等方面分析华侨聚落的发展变化，指出华侨在东南亚殖民城市建设发展中的重要贡献，探讨在殖民环境下华侨社会空间不断地调整并保持文化特性的适应方式。

关键词　英殖民时期；城市建设；华侨聚落；适应与发展

Abstract：Prior to the British colonization of the Malay Peninsula, overseas Chinese had long formed industrial settlements by mining tin deposits in cooperation with the locality. With the British colonists developing their urban construction in Kuala Lumpur, overseas Chinese settlements in the existing cities were adjusted and adapted accordingly and developed into an important part of the multi-urban patterns in Kuala Lumpur. This article analyzes the development and changes of overseas Chinese settlements from the aspects of urban layout, public sphere, commercial settlements and urban traffic in the context of urban development in British colonial Kuala Lumpur. It also points out the important contribution of overseas Chinese in the construction and development of colonial cities in Southeast Asia, and exploring the ways of adjusting and maintaining the cultural characteristics of overseas Chinese in the colonial environment.

Keywords：British Colonial Period；Urban Construction；Overseas Chinese Settlement；Adaptation and Development

作者简介
涂小锵，华侨大学建筑学院，硕士研究生
陈志宏，华侨大学建筑学院，教授
康斯明，华侨大学建筑学院，硕士研究生

据《新加坡马来西亚华侨史》记载，早在汉代中国与马来西亚就有交通和贸易往来，唐代就有华侨移居马来半岛[1]。明代郑和七下西洋，多次途经马六甲，发现有不少华侨定居马六甲，并与当地土著通婚,形成独特的土生华人峇峇①社群。华侨大规模移居马来半岛是在 19 世纪后期,西方殖民者为推动橡胶和锡米开发引进了大量中国移民,这些华侨逐渐在马来西亚落地生根,成为其主要族群之一。近年来马来西亚学者开始对当地城市发展史进行研究,如华人学者张集强的《英参政时期的吉隆坡》从英国殖民者行政体系、政策制定、都市规划等方面分析吉隆坡城市建设的历史发展[2];马来西亚学者沙姆苏丁(Kamalruddin Shamsudin)在《查尔斯·里德:英属马来西亚城镇规划》(*Charles Reade:Town Planning in British Malaya*)研究中分析了英籍城市规划师里德的田园城市规划理念对马来联邦的影响[3]。

这些马来西亚城市发展史的研究架构多以西方殖民政策与规划设计为主线,研究史料也主要涉及殖民档案与官方规划资料。虽然张集强的吉隆坡城市研究以早期华侨聚落作为起始,但是对相关华侨史料的运用较少,很难看出华侨在早期城市建设中的重要作用。本文在分析英殖民时期吉隆坡城市的发展脉络下,着重梳理近代华侨在吉隆坡城市建设中的相关史料、历史地图,从城市格局、公共领域、商业住区等方面对华侨聚落的变化进行分析,探讨华侨在吉隆坡英殖民城市建设发展中的调整与适应方式。

1　英殖民时期吉隆坡发展分期

英殖民时期吉隆坡的城市发展过程主要分为以下五个时期,其中英殖民前期、过渡期及发展期将作为本文的研究重点进行探讨:

(1) 英殖民前期(1850—1873 年)

英殖民前期从 1850 年代开始,华人从海峡殖民地迁至内陆地区开采锡矿,逐渐在锡矿地区形成产业聚落。此时的产业聚落大部分由华人领袖甲必丹②(Captain)负责管理。1863—1873 年雪兰莪内陆矿区发生了激烈动乱与战争。

(2) 英殖民过渡期(1874—1889 年)

从 1874 年开始,英国对吉隆坡所在的雪兰莪州进行直接管理。1880 年英国参政司驻地从巴生迁至吉隆坡后开展了一系列的市街重整措施,英国参政制度逐渐取代之前华人甲必丹的族群管理制度。

(3) 英殖民发展期(1890—1941 年)

从 1890 年开始,吉隆坡成立卫生委员会,为改善大量外来移民流入造成的居住环境问题而制定了一系列的市街建设条例,这些条例对当地华人街区形态产生了巨大的影响。

(4) 英殖民中断期(1942—1945 年)

从 1942 年吉隆坡沦陷开始直至 1945 年 8 月日军投降,为英殖民中断期。

(5) 英殖民后期(1945—1957 年)

1945 年日本宣布无条件投降后英国恢复殖民统治,直至 1957 年马来亚联合邦独立。

2　英殖民前期华侨聚落的形成(1850—1873 年)

19 世纪初,吉隆坡所在的雪兰莪州被分为五区,即芦骨(Lukut)、冷岳(Langat)、巴生(Klang)、瓜拉雪兰莪(Kuala Selangor)和伯南(Bernam),其中巴生是雪兰莪州的主要港口。

从1850年代开始,苏丹穆哈末鼓励华人到芦骨投资并开采出大量的锡矿。随着锡矿产业的蓬勃发展,1857年苏丹穆哈末的女婿拉惹阿都拉(Raja Abdullah)雇佣大量华裔劳工从下游的巴生乘船进入上游开发内陆的锡矿产业,并于1859年在安邦(Ampang)发现大量锡矿。

当时的吉隆坡为巴生港和安邦矿区之间的交通必经之地,在巴生河(Klang River)与鹅麦河(Gombak River)交汇处。最早开发吉隆坡的是以丘秀为首的广东惠州籍客家人,他们在这里建造棚屋,经营为矿区华工服务的生意。华人聚落修建的第一条马路是从矿区通到河岸装卸货物的地方,位于现在的敦陈修信路[Jalan Tun Siew Sin,旧称西冷路(Jalan Silang)]。在短短的几年之后,这里的人口迅速增长,逐渐发展成为生气蓬勃的产业聚落[4]。

1863年雪兰莪内陆地区发生的动乱持续到1873年才结束,华人甲必丹叶亚来开始重建吉隆坡。叶亚来在当时建造了大量的木造房屋,供给他的族亲与同乡居住,也出租给华人矿工,同时还建设了一座菜市场、一间赌场,以及娼寮等[2]。当时的吉隆坡道路网以华人聚落为中心,向锡矿所在地区呈放射状发展,并以所到锡矿的名称作为路名(图1)。从当时的历史照片来看,这个时期华人聚落的大部分房屋由木材简易建造,建筑彼此连接,屋顶由茅草或亚答叶编织而成,建筑屋顶出檐至建筑正前方,再以沿街的木柱支撑,已有后来骑楼街屋的雏形(图2)。

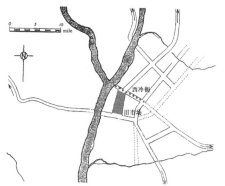

图1 叶亚来重建后的吉隆坡城市布局　　图2 叶亚来重建后吉隆坡中心区的历史照片
注:1 mile≈1 609.344 m。

从华人跋山涉水、远渡重洋开始,在故乡祭拜的神明神像便被带到马来西亚,以提供精神寄托与心灵慰藉。在定居雪兰莪的华人中,广东惠州客家人的人数最多,因此当地最早的华人会馆便是惠州邑人于1864年所创立的惠州公司③,会址在今天的吉隆坡卡斯杜里街[Jalan Kasturi,旧称罗爷街(Jalan Rodgre)],给来吉隆坡拓荒的同乡亲友提供歇息安顿之处,四年后迁到现在位于茨厂街的位置。同年叶亚来又创立了仙四师爷庙,仙四师爷庙为吉隆坡城市中华人最早的庙宇[5]。

3 英殖民过渡期华侨聚落的调整(1874—1889年)

3.1 英殖民城市规划建设

英国人于1880年将雪兰莪政府从巴生迁至吉隆坡。基于防御性和安全性考虑,雪兰莪第二任参政司威廉·布鲁姆菲尔德·道格拉斯(William Bloomfield Douglas)将政府机关选址于巴生河的西岸地势较高处,与华侨聚落一河相隔。其后,雪兰莪第三任参政司弗兰克·瑞天咸(Frank Swettenham)于1882年抵达吉隆坡后随即开展市街重整工作,重点解决吉隆坡卫生及建筑安全问题,包括市街内垃圾清理、骑楼空间的管制、防火安全及消防巡逻等。

雪兰莪战争结束后,为了快速恢复地方的经济活动,同时为了获得更高的采矿利润、降低运输成本,甲必丹叶亚来着手兴建由吉隆坡到白沙罗河口的陆路,并在雪兰莪政府的帮助下于1878年完成(图3)。1882年,瑞天咸向殖民政府提出兴建更快速的铁路以取代叶亚来所修建的道路,铁路工程于1883开始动工并于1886年通车,其中叶亚来承包了部分工程。便利的铁路交通带动了吉隆坡的快速发展(图4)。

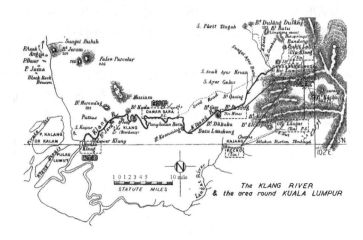

图3　1878年叶亚来所兴建的连接吉隆坡与矿区的陆路交通

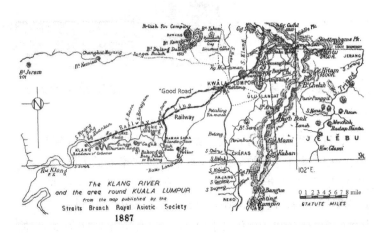

图4　1886年吉隆坡与矿区的铁路交通

3.2 华侨街屋改造

甲必丹叶亚来兴建的华人建筑多为木造简易建筑,模仿土著的"浮脚屋"①形式以适应当地的气候环境。该建筑高架于地面有利于防潮排洪,用亚答叶制作屋顶,并且建筑彼此相连。但这种城市布局与建筑构造容易发生火灾,1881年的一次火灾几乎烧毁了吉隆坡整条市街建筑。为了避免火灾的再次发生,叶亚来采用加大房屋间隔、拓宽街道宽度的方法,然而同年的一场水灾又淹没了吉隆坡的大部分地区,造成华侨经济财产损失惨重。

英殖民当局认为只有兴建永久性建筑才能解决此问题,并拟定一系列的策略。1884年9月,甲必丹叶亚来配合英殖民政府的市街重整要求,以砖石等较为坚固的建筑材料重建华人街屋,以取代之前华人的木造简易建筑(图5)。叶亚来先从市场街(Market Street)开始,然后是安邦街(Ampang Street)、谐街(High Street)及富都街(Pudu Street)等,逐渐改变了华人商业聚落的街道面貌。到1884年年底首先完成四栋砖造建筑改造(图6),由于当时砖材有限,二层以上仍以木构造为主。吉隆坡城市的这次市街改造以城市街道卫生与建筑防火安全的改良为主要目的,反映了早期自发建设的华人聚落开始在英殖民政府的主导下进行调整,并逐渐适应。

图5　1884年吉隆坡市街重整所涉及的街道

图6　1884年第一排重建完成的华人街屋

3.3　市场的调整

1883年英殖民政府同样以城市卫生与防止火灾为由,要求叶亚来将华人聚落中的市场和赌场进行搬迁。为了减少华人社会的经济损失,叶亚来自行出资将市场拆除,再在原地兴建了一座适合政府要求的具有砖柱及镀锌铁板屋顶的新市场(图7)。

甲必丹叶亚来于1885年去世后,英殖民政府随即以不符合城市建设要求为由拆除旧市场,并将该空地保留以作为广场,即现在的旧市场广场(图8)。同时,英殖民政府在旧市场南

图7　1884年重建的新式华人市场

图8　20世纪初旧市场被拆除后开辟的旧市场广场

端的位置(图9),利用巴生河的一处低洼地,将其填平之后兴建了一座符合卫生标准的新型市场。该建筑于1888年兴建,隔年完工,命名为中央市场(Central Market),带动华侨聚落向城市南部的发展(图10)。新市场平面由北至南呈"工"字形,建筑宽达90 ft(1ft≈0.304 8 m),长280 ft,为当时马来西亚内陆地区最大型的建筑物[6]。

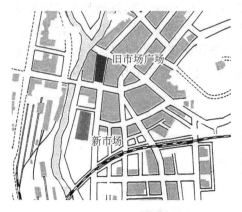

图9　新旧市场位置关系　　　　　图10　1888年沿巴生河兴建的新市场

3.4　华侨组织及信仰

英国人在海峡殖民地实施种族分区⑤的政策由来已久,该政策可以避免种族之间的冲突,同时通过分而治之的手段制约华侨的发展(图11)。华侨在自己的区域内适应英殖民政府市街建设的同时也发展自治组织和教育事业。

（1）寺庙

甲必丹叶亚来于1875年献地创建吉隆坡"仙四师爷庙",把仙四师爷奉祀为吉隆坡的保护神[4]。当年华人矿工随着探察开采锡矿地的推进,也把仙四师爷庙创建于其不断延伸的开矿地区,华人矿工通过创建仙四师爷庙以寄托信仰,祈求仙四师爷的

图11　英殖民政府时期吉隆坡种族分区示意图

庇佑(图12)。另外一座华人寺庙是位于苏丹街的天后宫,1889年由海南会馆创建,海神天后是海南人最重要的民间信仰。

（2）会馆

吉隆坡早期会馆的建设主要与客家人相关,所以先建设的会馆包括惠州会馆(1864年)、雪兰莪茶阳会馆(1878年)、雪兰莪东安会馆(1882年),随后其他闽粤地方会馆也开始发展,如雪兰莪福建会馆(1885年前)、吉隆坡广肇会馆(1886年)以及雪兰莪琼州会馆(1889年)[7]。

（3）华人教育

当时的英殖民政府并不关心华人的教育问题,没有对华人学校进行相关的规划和建设。在华人社会,早期来的华人以做苦力为主,为生活所迫,无暇顾及子女的教育,只有在同乡会

馆及民间寺庙自发形成的传统私塾教育。如 1884 年,甲必丹叶亚来在惠州公司附设私塾——唐文义学,这是一种会馆与教育相结合的形式。相类似,在海南会馆创建的天后宫分为前后两进,前座为侨南学校,后座为天后宫,延续了传统庙学合一的格局(图 13)。

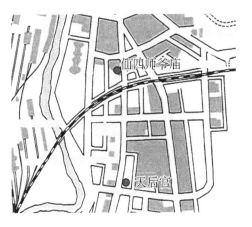

图 12　仙四师爷庙及天后宫在城市中的位置

图 13　1889 年苏丹街的海南天后宫

4　英殖民发展期华侨聚落的发展(1890—1941 年)

4.1　英殖民城市的规划建设

在英殖民初期,吉隆坡的卫生管理工作由公共工程局负责,直到 1890 年转由卫生委员会负责,而卫生委员会的职责范围也逐步从早期管理卫生问题到城市人口、建筑管理、城市规划等城市建设相关事项。1904 年市政厅建筑完工后,卫生委员会迁入并扩大其城市管理组织,成立了吉隆坡市政厅来规划管理城市建设。

在此期间,市政厅制定了一系列的市街建筑规则,以便此时开始兴建的建筑符合卫生标准。条例包括:建筑兴建许可、拆除不符合规定的建筑以及骑楼空间使用限制。锡矿的开采及橡胶工作的开展导致大量人口的增加,衍生了一系列城市环境问题,包括居住空间不足、环境卫生、交通及消防安全问题等等,市政厅于 1906 年开始实行一系列的城市改造工程,主要分为闲置土地管理、居住人口管理、骑楼街屋改善以及街道拓宽计划等[2]。

4.2　华侨聚落市街重整

吉隆坡最早的砖造骑楼街屋于 1887 年建成,到了 1900 年左右,这些街屋大部分都受到白蚁的侵袭和破坏。在市政厅的监督下,于 1906 年对骑楼街屋进行了第二次大规模改建。到 1912 年为止,在吉隆坡市区的老旧街屋几乎都已经重建成较大且较适合的居住空间(图 14)。

这一时期兴建的骑楼街屋外观装饰性较过去的街屋更加华丽,正立面二楼之立面大部分为三扇开窗设计,并有百叶窗的形式,增加通风和采光功能(图 15);建筑分为前后栋,前栋主要作为商业用途,后栋为居住空间;厕所等移至街屋后段,以方便卫生局清洁人员收集粪便。

图 14　第二次市街重整后的街道　　　　　　图 15　第二次市街重整后的街道建筑立面

在英殖民政府的市区改善计划实施下，华人街区发生了很大的变化。1895 年的吉隆坡街道仅有 25—30 ft（图 16），建筑之间彼此相连，没有后巷通道，街道所围合形成的街廊较大。到 1925 年，街道已拓宽至 66 ft，大部分街廊已经拆建并增加后巷道，以满足骑楼街屋的室内通风采光，同时可避免火灾的连续燃烧并作为逃生通道（图 17）。

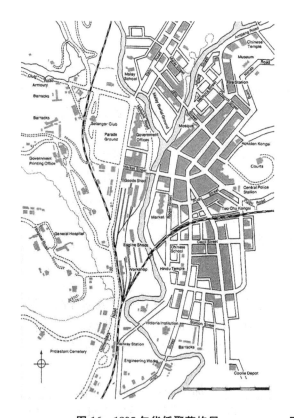

图 16　1895 年华侨聚落格局　　　　　　图 17　1925 年拓宽街道并增加内部巷道的华侨聚落

4.3 华侨组织及信仰

（1）寺庙

1890年以前华侨聚落的寺庙只有天后宫和仙四师爷庙,吉隆坡产业及经济的迅速发展促进了民族之间的文化往来,在宗教文化上形成了伊斯兰教、华人民间信仰、印度教等多种宗教信仰并存的环境。在英殖民发展期,吉隆坡华人区主要有四座华人庙宇（图18）,分别是仙四师爷庙、关帝庙、天后宫以及观音寺,其他族群宗教有马里安曼兴都寺。临近的马来人居住区有位于巴生河与鹅麦河之间的嘉美克清真寺。

由图18中可看出,华人聚落落的寺庙有四座位于谐街,一座位于茨厂街尽端处,这两条街道皆属于当时的主要街道。沿谐街往下,是关帝庙与马里安曼兴都寺和谐共处。始建于1873年的马里安曼兴都寺是吉隆坡历史最悠久的印度庙,起初坐落于旧火车站旁,为早期印度移民提供了礼拜之处。1885年迁庙于谐街,紧邻斜对面的关帝庙。一端是以华人为主且香火旺盛的道教寺庙,另一端是以印度人为主且鲜花环绕的印度教神庙,二者在建筑文化、宗教信仰方面有着天壤之别,却在谐街成为邻里,体现了当时文化的多元与包容。

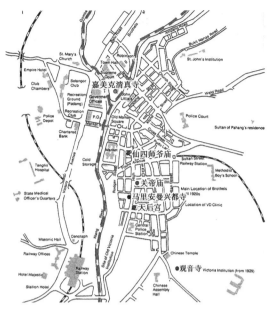

图18　华人聚落多元宗教并存的格局

（2）会馆

来马来西亚的华人主要分为客、福、广、琼、潮五帮,潮州人在雪兰莪州中居华人的第四位,潮帮会馆成立的最迟,雪兰莪潮州八邑会馆直到1891年才成立,嘉应会馆（1902年）、福州会馆（1912年）等也随后成立[7]。至此华人五帮皆在吉隆坡有了自己的会馆。

20世纪初,吉隆坡华人社会酝酿创建华人最高领导机构,以领导雪隆地区的华人社会。当时华侨领袖陆佑认为雪兰莪锡矿总局⑥（图19）可以改建为华人大会堂,并成立信托委员会进行策划工作,以公开竞图方式征求设计方案,包括马来联邦及海峡殖民地的开业建筑师事务所均可参加。这种开放式竞图设计方式显示出雪兰莪华人大会堂——雪华堂的设计有别于过去的地缘华侨会馆建筑,从当时竞图公告及设计执行之争议可以看出大会堂的建筑在当时英殖民地是一个重大事件[8]。

雪华堂最终决定将设计任务委托予英国布迪与爱德华建筑公司。从该公司建筑师艾弗森（Iversen）的设计草图（图20）可以看出建筑风格没有采用过去广州、福建等华侨祖居地的建筑式样,而是选择了西方社会

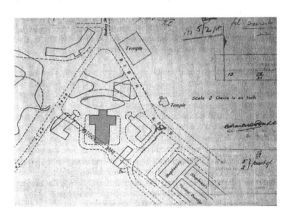

图19　雪华堂位于吉隆坡城市南端的重要位置

流行的新古典主义风格,超越了之前的地缘和血缘的限制,希望它可以成为现代华侨社会共同的中心,其立面的四根巨柱、高大的圆顶成为华人社会最鲜明的特征。雪华堂建成之后,作为吉隆坡一个大型礼堂供公共议事,同时也成为近代华人社会的建筑地标。雪华堂的地位标志着华人社团的进一步发展。

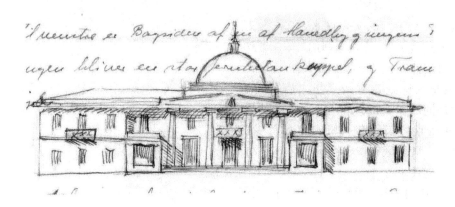

图20　艾弗森的雪华堂立面设计草图(1928年)

(3) 华人教育

1901年,美国总驻扎官曾宣称,英国政府的政策是不承担对"外来暂住人口子女以他们自己的语言进行教育"的责任。因此可见英殖民政府从未考虑设置公立的华人学校,也不承认私立华人学校的学历。华人学校完全依靠华人社会的自身力量才得以存在和发展[9]。

早期南移华人主要为低阶层劳工,文化程度不高,在20世纪初新思潮的影响下,华人社会开始教育革新,首先从创办新式学堂开始。著名的百年老校尊孔学校(图21)于1906年由吉隆坡侨领陆佑等开办,已过百年的学校还有1908年创立的坤成女校以及大同学校等。另有将会馆所设立的私塾改为新式小学,如1913年将惠州会馆所设立的私塾改为"循人学校"(图22)。

图21　尊孔学校历史照片　　　　图22　循人学校历史照片

在20世纪初义学尚有所保留,在新旧制度的过渡期仍扮演着重要角色。由会馆所开办的学校有1916年借用苏丹街嘉应会馆筹办"吉隆坡中国学校",1923年由雪兰莪潮州八邑会馆创办"吉隆坡培才学校",1925年由吉隆坡福建会馆开办的"中华女校",1926年由吉隆坡广肇会馆开办的"广肇义学"等。

华人教育由早期的私塾及义学到大量新式学堂的创办,一部分反映出华人在华侨聚落的快速发展,人口的急剧增加,大量骑楼街屋建设的同时也进行公共建筑的建设;同时也反映了华人教育受到重视,进一步促进了中华文化的传承。据1959年《星马通鉴》资料显示,1946年光复时雪隆有华人学校176所。雪隆境内的华人学校大部分创办于独立以前,每一所学校的创立背景各不相同,却都反映了华族重教化的精神[10]。

4.4 华侨义山

先辈早年南来吉隆坡所创立的社团除了照顾同乡的福利、扮演仲裁的角色等"生"的问题外,也兼顾同乡"死"的问题,许多社团都兼拥墓地、管理义山⑦(图23)。早期侨胞都把逝世者遗骸埋葬于周围荒地,缺乏管理。为合理处理侨胞善后殡葬事宜,华人会馆遂发起成立义山,并着手向英殖民政府申请葬地。最终从早期无序布置的家族坟冢发展为后期符合城市规划卫生要求的华侨义山。

吉隆坡早期的华侨义山是创立于1895年的广东义山,是由叶亚来、叶致英、叶观盛、赵煜及陆佑发起创立的。经过多年的奔波及筹划,英殖民政府终于在1895年拨给吉隆坡语文局路一块215 acre(1 acre≈4 046.856 m^2)地给义山作为葬地[4]。其后是福建义山(1891年)、广西义山(1898年)等,均由相应地缘会馆进行管理。这些华侨义山均远离市区,选址于环境清幽的山林之地,与其他种族的社会空间相互区隔,

图23 华侨义山与吉隆坡城市的位置关系

以符合卫生要求并避免文化冲突,也传承了中华传统的殡葬文化。

5 华侨聚落的调整适应方式探讨

(1)族群分区自治下的多元文化融合

吉隆坡的华人聚落以锡矿带动产业发展,靠近河流发展形成产业市镇,同时华人自发建设木屋、街道、市场等形成自己的聚落中心。英殖民政府将行政机构迁入吉隆坡以后,以巴生河为界形成自己的行政范围,同时以种族分区自治的方式来分割并限制各种族的势力发展。华人聚落早期按照种族严格进行分区,仅有华人的街屋、会馆及寺庙。吉隆坡华人产业及经济的迅速发展促进了不同民族之间的商业文化交流往来,华人聚落中的寺庙从单一的华人庙宇到其他宗教的建筑在华人商业区和谐共处。

(2)殖民城市管理下华人商业模式的调整

早期华人区的中心位于甲必丹叶亚来建设的市场周边,伴随着吉隆坡的发展、人口的迅速增加,同时在英殖民的卫生及市街治理下,叶亚来将市场拆除并于其南部另建符合卫生标准的市场,带动华人中心逐渐向南移动,促进城市向南发展。华人聚落早期的道路狭窄、街廊较大,在英殖民政府的市街重整制度影响下,华人拓宽了道路,划出了后巷,增加了路网密

度。从旧市场的拆除到商业广场、新市场的建设,华人密集的商业街市与西方商业广场的相结合,为近代东南亚殖民城市典型的商业布局模式。

(3) 华人住区方式延续与环境卫生改善

华侨住区由早期自发建设到英殖民政府规划影响下的主动转变,促进了城市住区的安全与卫生。原有木构建筑由更为坚固耐用的砖造骑楼街屋所替代,配备供水、排污、厕所等设施以符合城市卫生要求,街廓地块的划分适合商业与居住使用,增加街区内部的后街巷以利于防火疏散。随着华侨社会经济实力的增强,华侨住区的立面设计、构造材料及街屋的使用空间都较旧街屋更为完善,外观装饰性也较为华丽。

(4) 从地缘组织到民族认同的华人公共领域

华人组织由单一的帮群组织向多帮群融合发展,并形成华人统一的自治管理机构。华侨早年南来马来西亚,都伴随着社团组织的建立,通常以寺庙及地缘性的会馆建立为先,并随着各帮人士的发展逐渐形成自己的会馆以及各会馆所管理的义山。随着吉隆坡城市的发展以及华人社团的进一步建设,形成跨越地域与宗族的雪兰莪华人大会堂,从早期地缘、血缘认同的同乡组织向民族认同的华人公共领域转变。

6　结语

1886年英国海峡殖民地总督弗雷德里克·威尔德(Frederick Weld)在报告中指出,"它(吉隆坡)快速成为殖民地或各土邦里最整齐与美丽的华人和马来市镇,在我的记忆中,它曾经是最脏乱及声名狼藉的市镇"[4]。在英国殖民者的吉隆坡近代城市规划中,兴建铁路改良市政,实行市街管理政策和市街建筑重建计划,吉隆坡的近代城市面貌发生了巨大变化,当地的华侨在对华人传统的民居、店屋、市场、寺庙和会馆等建筑类型延续传承的基础上,进行了多方面的改造和调整以顺应西方殖民地都市发展要求,如干净卫生的市街环境、整齐秩序的骑楼街道、功能方便的现代化商业市场等等,海外华侨社区与城镇聚落发生了近代化的转型。

东南亚殖民城市的近代化改造对当地华侨社会无疑形成了明显的示范作用,随着华侨将西方近代观念和建设经验带到侨乡,成为侨乡传统城镇发展的自发性动力。如东南亚的近代骑楼被华侨带回到闽粤侨乡,不仅成为遍布侨乡城镇的骑楼商业建筑,也成为侨乡城镇现代化的重要标志之一。探讨近代西方殖民城市建设中华侨聚落的适应与发展,分析近代华侨在移民、生存、适应和发展过程中的城镇聚落与建筑的衍化模式,有助于了解中国建筑文化在境内外的传播影响与交流演变,推进近代侨乡城市与建筑史学研究的进一步深化。

[本文为国家自然科学基金资助项目"闽南近代华侨建筑文化东南亚传播交流的跨境比较研究"(51578251)]

注释

① 峇峇(Baba)是马来群岛历史上早期华人移民与当地马来妇女通婚后所繁衍的后代。峇峇专指男性成员,女性峇峇一般称作"娘惹"(Nyonya)。

② 华人甲必丹是葡萄牙及荷兰在印度尼西亚和马来西亚的殖民地所推行的侨领制度,以协助殖民政府处理侨民事务。"甲必丹"即荷兰语"kapitein"的南方汉语音译,本意为"首领"(与英语"captain"同源)。

③ 公司(Kongsi),这个词在不同的历史背景下获得了其他含义,并非现代商业上的"公司",而是一种祭祀性神缘宗祠组织。
④ 亚答屋为南洋传统建筑风格。该建筑最大的特点是房子的全部结构都建在离开地面的支柱上,房屋陡斜的屋面用亚答叶来覆盖,墙面则通常用树皮或木板制成。亚答屋可建于沼泽上,即浮脚屋。
⑤ 为治理这些大量移民人潮及防止各种族的冲突,海峡殖民地政府采取种族隔离政策,将移民分为华族、马来族、印度族及其他族(简称CMIO)四大族群,分区而居,互不干扰。
⑥ 该地为吉隆坡华人甲必丹叶观盛在世时向英殖民政府所申请的一块作为兴建锡矿公所用途的地段。不过,叶观盛去世后该土地被闲置,1914年英殖民政府收回该土地。陆佑先贤再次向英殖民政府申请土地作为兴建锡矿总局会所用途。英国最高专员亚瑟爵士(Sir Arthur Young)批准一块占地1 acre的土地。详细参见陈亚才.堂堂九十:隆雪华堂90周年纪念特刊[Z].吉隆坡:吉隆坡暨雪兰莪华人大会堂,2015。
⑦ 华人义山指的是由马来西亚华人民间团体管理的坟地或公冢,是随着华人移民海外而产生的事务,在不同地方也称之为"义山""公冢""义冢""山庄""公司山"或"大伯公山"。

参考文献
[1] 林远辉,张应龙.新加坡马来西亚华侨史[M].2版.广州:广东高等教育出版社,2008:13-22.
[2] 张集强.英参政时期的吉隆坡[M].吉隆坡:大将出版社,2007:3,112-125.
[3] READE C. Town planning Service in British Malaya(1921-1929)[M].Kuala Lumpur:Kamalruddin Shamsudin,2015:147.
[4] 陈亚才.与叶亚来相遇吉隆坡[M].吉隆坡:大将出版社,2016:26,41,96,141.
[5] 石沧金.马来西亚华人社团研究[M].广州:暨南大学出版社,2013:138.
[6] 张集强.消失的吉隆坡[M].吉隆坡:大将出版社,2012:27-30.
[7] 吴华.马来西亚华族会馆史略[Z].新加坡:东南亚研究所,1980:30-31.
[8] 陈亚才.堂堂九十:隆雪华堂90周年纪念特刊[Z].吉隆坡:吉隆坡暨雪兰莪华人大会堂,2015:100-116.
[9] 高玛莉.马来西亚华文教育与华人经济的发展[J].八桂侨史,1996(2):52-53.
[10] 徐威雄,张集强,陈亚才.移山图鉴:雪兰莪历史图片集(中)[Z].吉隆坡:华社研究中心,2013:160-190.

图表来源
图1源自:张集强.英参政时期的吉隆坡[Z].吉隆坡:大将出版社,2007:41.
图2源自:徐威雄,张集强,陈亚才.移山图鉴:雪兰莪历史图片集(上)[Z].吉隆坡:华社研究中心,2013:31.
图3、图4源自:徐威雄,张集强,陈亚才.移山图鉴:雪兰莪历史图片集(上)[Z].吉隆坡:华社研究中心,2013:38.
图5源自:陈亚才.与叶亚来相遇吉隆坡[M].吉隆坡:大将出版社,2016:16.
图6至图8源自:徐威雄,张集强,陈亚才.移山图鉴:雪兰莪历史图片集(上)[Z].吉隆坡:华社研究中心,2013:47,49,53.
图9源自:陈亚才.与叶亚来相遇吉隆坡[M].吉隆坡:大将出版社,2016:16.
图10源自:徐威雄,张集强,陈亚才.移山图鉴:雪兰莪历史图片集(上)[Z].吉隆坡:华社研究中心,2013:48.
图11源自:笔者根据张集强.英参政时期的吉隆坡[M].吉隆坡:大将出版社,2007:70重绘.
图12源自:陈亚才.与叶亚来相遇吉隆坡[M].吉隆坡:大将出版社,2016:16.
图13源自:徐威雄,张集强,陈亚才.移山图鉴:雪兰莪历史图片集(中)[Z].吉隆坡:华社研究中心,2013:28.
图14源自:徐威雄,张集强,陈亚才.移山图鉴:雪兰莪历史图片集(上)[Z].吉隆坡:华社研究中心,2013:53.
图15源自:张集强.消失的吉隆坡[M].吉隆坡:大将出版社,2012:89.

图 16 源自:陈亚才.与叶亚来相遇吉隆坡[M].吉隆坡:大将出版社,2016:16.

图 17 源自:KHOR N, ISA M, KAUR M. The towns of Malaya: an illustrated urban history of the peninsula up to 1957[M].Singapore: Didier Millet, 2017:115.

图 18 源自:陈亚才.与叶亚来相遇吉隆坡[M].吉隆坡:大将出版社,2016:16.

图 19 源自:READE C. Town planning service in British Malaya(1921-1929)[M].Kuala Lumpur: Kamalruddin Shamsudin, 2015:261.

图 20 源自:ROLLITT R I. Iversen: architect of Ipoh and modern Malaya [M].Penang: Areca Books, 2015:15.

图 21 源自:徐威雄,张集强,陈亚才.移山图鉴:雪兰莪历史图片集(中)[Z].吉隆坡:华社研究中心, 2013:160.

图 22 源自:http://petalingstreetstory.blogspot.com/2009/11/.

图 23 源自:KHOR N, ISA M, KAUR M. The towns of Malaya: an illustrated urban history of the peninsula up to 1957[M].Singapore: Didier Millet, 2017:115.

"一带一路"视野下湄公河流域的建筑遗存保护对策初探：
以老挝占巴塞省段为例

高亦卓　徐利权

Title：Preliminary Study on the Protection Countermeasures of Building Remains in Mekong River Basin from the Perspective of 'One Belt One Road'：Taking the Provincial Section Champasak in Laos as an Example

Authors：Gao Yizhuo　Xu Liquan

摘　要　本文试将占巴塞省的文化遗产置入遗产廊道重要组成部分的视野下，通过对老挝占巴塞省湄公河沿岸的世界文化遗产瓦普寺及相关建筑遗存的浅析，提出以价值为中心的遗产评估体系，以期对老挝及湄公河沿线相关国家及地区的保护工作提供新的视角。

关键词　老挝占巴塞；"一带一路"；文化意义；遗产廊道

Abstract：This article tries to discuss Champasak's culture heritage in the view of an important components of the heritage corridor. By analyzing Wat Phu, which is a world cultural heritage site along the Mekong River in Champasak, Laos, a value centered heritage assessment system is proposed. This system is expected to provide a new perspective for the protection of Laos and relevant countries and regions along the Mekong River.

Keywords：Laos Champasak；'One Belt One Road'；Cultural Significance；Heritage Corridor

1　背景

　　湄公河发源于中国唐古拉山，在中国境内叫澜沧江，流入中南半岛后的河段称之为湄公河，主流全长 4 909 km，流经中国、老挝、缅甸、泰国、柬埔寨和越南，是亚洲最重要的跨国水系。多种文明与文化对湄公河流域国家的发展产生多重影响，沿线有多个世界文化遗产和重要建筑遗存。

　　作为历史的积淀与见证，文化遗产能激发人们的历史记忆，增强文化认同感和归属感。"丝绸之路"起源于各人类文明中心之间的相互吸引，一直以来是古代东方与西方文化交流的代名词，也是文化交流的大动脉。"一带一路"走廊上多种文

作者简介
高亦卓，华中科技大学建筑与城市规划学院，硕士研究生
徐利权，华中科技大学建筑与城市规划学院，博士后

明与文化多元并存,建构平等的文化认同框架,共同的历史记忆是各国合作的重要基础,其开放包容的精神建立了各国、各民族、各宗教之间互利互信、合作共赢的桥梁与纽带。

2 老挝占巴塞省概况

2.1 历史沿革

占巴塞省曾是老挝王国澜沧分裂而成的三个国家之一。5世纪,孟高棉真腊王国(Mon-Khmer Chenla)将首都薛斯塔普拉(Shrestapura)选址在毗邻后来修建瓦普寺的地方。8世纪,泰族(Tai)开始从中国南部迁徙,进入老挝形成泰老族(Tai-Lao),泰老族沿着老挝北部地区的南乌江、南康河等河流一路缓慢向南迁移,最终到达湄公河。1713年,占巴塞(Champasak)从澜沧王国分裂而出,占巴塞王国于18世纪初开始繁盛,但不到一个世纪后就沦为暹罗的属国。1893年,在法国统治下,占巴塞成为一个行政区域,并丧失王权,后于1946年加入老挝王国。现今占巴塞省的首府是巴色,以原占巴塞王国首都占巴塞命名。

2.2 主要遗存现状

老挝作为内陆国家与多个国家接壤,周围地区的古代文明都曾向这里传播,它接纳了来自不同方向、不同时期的不同文化,形成了自己独特的建筑形式和风格。

湄公河流经占巴塞省,省域大部分地区为湄公河下游平原,南部形成大量冲积平原。境内现有主要遗存有高棉时期建筑遗址、传统村落、上座部(小乘)佛教寺庙、法国殖民时期建筑及铁路遗存等沿湄公河分布。

3 占巴塞省的世界文化遗产——瓦普寺及其周边建筑遗迹

瓦普寺——高棉建筑中"南北仓风格"的山地建筑,坐落于老挝南部占巴塞省内,背靠普帕萨山,面朝湄公河,距离柬埔寨北部边界约100 km。占巴塞文化景观还包括湄公河两岸的两座文化名城和普高山,体现了5—15世纪以高棉帝国为代表的老挝文化发展概况。近十几年,来自法国、印度等多国遗产保护人员对瓦普寺及周边遗产进行修缮。

3.1 瓦普寺

古老的高棉风格宗教建筑群瓦普寺(Wat Phu)建于公元5世纪扶南时期,供奉湿婆神的象征林伽,自真腊时期成为高棉人膜拜的神址。13世纪吴哥王朝接受上座部(小乘)佛教后瓦普寺被改成佛教寺院并一直保留至今。

(1)建筑规划布局

高棉人对自然山川充满崇拜之情,曾耗费人力物力在吴哥平原上修建对自然山体摹写的庙山寺庙。5—15世纪,高棉帝国在占巴塞以山顶至河岸为轴心,在方圆10 km的区域内整齐地建造了包括路网、城市、居住地及寺庙群在内的大规模规划方案,完美表达了古代印度文明中天人关系的文化理念。

其中,山地寺庙建筑群占巴塞瓦普寺(图1、图2)延绵1 400 m,直至普帕萨山。寺庙沿山体东侧成中轴线布局,宗教仪轨俨然存在于充满秩序的空间中,拾级而上,沿轴线层层递增,烘托出寺庙的宗教气氛。

图 1　瓦普寺阁亭现状

图 2　瓦普寺圣殿现状

寺庙主要分三层(图3、图4),下层是一条堤道式的礼仪步道,沿中轴线南北两侧有水池,现已干涸,步道两旁莲花蕾形的石柱在逐渐修复中。中层同样沿轴线分布两座精雕细琢的砂岩红土四边形阁亭和近期修复的南迪大殿。一条古代王室专用道路朝南延伸,可直达距离 300 km 外的吴哥窟,随着台阶逐步向上直至上层,圣殿本身距下层 75 m。圣殿隐没在树荫中,北侧已大量毁塌,原内部祭奉印度教湿婆林伽,山上的泉水沐浴湿婆林伽的雕像后,将象征肥沃多产的圣水通过水渠灌溉至山下的稻田。如一位研究者所述:"高棉文化的根基,是依托印度教的表象下,对山水的祭祀。"圣殿所在的顶层视野极佳,周边建筑及湄公河畔的古城尽收眼底[1]。

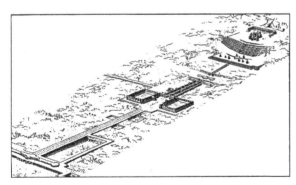

图 3　瓦普寺复原鸟瞰图

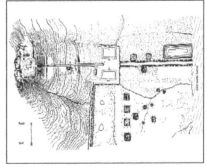

图 4　瓦普寺及周边建筑遗存平面图

(2) 建筑材料与建筑技术

瓦普寺与周边地区的高棉寺庙有着共通的特点,即建筑内部的狭小空间与周边环境的空旷尺度形成鲜明对比,其窄小的内部空间与建造时期所选用的建筑材料和建造技术紧密联系。

吴哥时期建筑中常用砖作为砌体材料,少用石块。瓦普寺大多数建筑物由大的砂岩块或砖红壤块直接堆叠而成,大的砂岩块用来建造主圣殿的门厅,相较小的砖红壤块被用作四边形形制的建筑。为减少门框处的荷载,高棉工匠们采用卸荷拱,通过石块的叠涩来减少对门框的压力作用。砌筑好石料坯块后再进行雕刻,从上至下进行休整、抹灰及雕刻。早期砖砌屋顶的发展不成熟,导致建筑内部空间尺度较小,也因此给现今遗产地的保护与修缮带来了一定的难度。

（3）利用现状

除每年旅游旺季游客慕名拜访外，阴历第三个满月日（通常为公历2月）瓦普寺会举行为期三天的占巴塞瓦普寺节，主要进行与佛教相关的活动。僧人一早接受信徒的布施，晚上在神殿举行烛光绕佛仪式。节日期间是占巴塞省最热闹的时段之一，大量老挝香客攀爬山体，贡献鲜花和熏香贡品。现今节日更加趋于商业化，如在瓦普寺举办泰拳赛事、斗鸡、喜剧表演和歌舞活动。

3.2 孟考古城

距占巴塞以南4 km，湄公河的西岸旁，有一距今约1 500年历史的古城遗迹，即孟高棉真腊王国的首都薛斯塔普拉（Shrestapura），现名孟考（Muang Kao），意为"古都"。

从卫星图（图5）看出，孟考古城遗迹呈长方形，长2.3 km，宽1.8 km。在高棉文化中，宇宙被视为海洋中的方形土地，这种神圣的形制自然地启发君王们企图在尘世间建造天国的都城。古城东有湄公河保驾护城，三面双层土墙环绕（图6）。古城其他遗址包括蓄水池（Baray，高棉语意为"水池"，通常用于仪式）、几座圆形砖砌寺庙基座、错综复杂的灌溉系统遗址、多种印度教雕像和石刻石碑、石器以及陶器。

 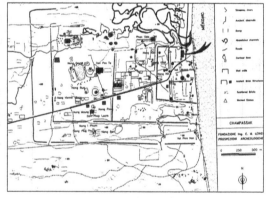

图5　1981年卫星图显示的瓦普寺与孟考古城相对位置　　图6　1994年绘制的孟考古城平面图

古城内的水渠和蓄水池是古城肌理的主要构成。高棉人善于通过构建大尺度和复杂系统引流治水，并独创"水利城市（Hydraulic City）"这一卓越的规划模式，通过完好维护的蓄水池和水渠在旱季蓄水，在雨季排水泄洪。在农业生产下，该模式仍能满足灌溉引水等需求。

3.3 奥蒙寺

高棉寺庙遗址奥蒙寺（Tomo Temple）建于约9世纪末，时值高棉王耶输跋摩一世统治时期，通过雕刻中推测建造之初是为供奉印度神楼陀罗尼（Rudrani）。20世纪初，奥蒙寺被法国远东学院的艾蒂安（Etienne）博士发现，现仍隐没在一片遮天蔽日的森林中（图7）。现状遗存建筑分散，很难看出平面规划布局，遗址的中央有一散落的砖塔。据主圣殿内发现的碑铭及考古测绘的平面图（图8）推测，奥蒙寺建于吴哥王朝时期，遗址中保存最好的结构是12世纪红土制的印度教式的寺庙塔门——瞿布罗（Gopura，意为华丽的玄关），在其东南侧均有砂岩制的门框和窗框。

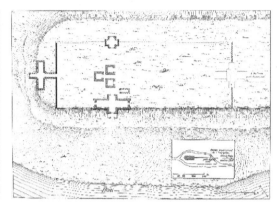

图7　奥蒙寺遗存现状　　　　　　图8　奥蒙寺平面图

4　占巴塞省建筑遗产的价值认知与文化认同

老挝境内南北各有一处世界文化遗产，之北是曾经澜沧王国的中心琅勃拉邦，之南即以占巴塞省的瓦普寺及周边建筑遗迹为代表的高棉时期建筑。较遗憾的是，因遗产保护体系不完善、价值评估体系不健全等因素，相较老挝的琅勃拉邦及柬埔寨的吴哥建筑吴哥窟而言，以瓦普寺为代表的占巴塞省域内的建筑遗存的价值未被广泛认知。

4.1　瓦普寺历史价值认知历程

早前瓦普寺历史价值认知的探寻大体分为法国湄公河探险队时期（图9）的初探及随后法国远东学院（图10）成立后的后续研究。第一份有关瓦普寺遗址的相关叙述来自法国湄公河探险队的先驱者加尼叶（F. Garnier）在1867年的考察日记。随之来自远东学院的多位研究员在1902—1907年对瓦普寺进行了进一步的勘测和记录。早期法国学者的研究中最重要的一篇是来自亨利·帕尔芒捷（Henri Parmentier）于1914年的论述，其至今被视为该领域的标杆。

图9　法国湄公河探险队在吴哥窟留影　　图10　远东学院的哈曼德（J. Harmand）博士在拓印梵语碑铭

20世纪后半叶,老挝陷入政治动乱期,有关瓦普寺的研究一度停滞。1991年至今,相继有来自法国、日本、印度等国文物修复工作者对瓦普寺遗址进行进一步探勘和修缮,其历史价值逐渐被发掘,最终在老挝政府及多国遗产保护者的共同努力下,于2001年成功申报世界文化遗产。

4.2 文化认同

文化是动态的,文化意义随着时代不断地改变、衍生、创造和再定义。不同时期的文化都有一定价值,应通过当代社会的历史保护对其再定义。

占巴塞省作为内陆地区,西邻泰国,南接柬埔寨。省域内沿河道线性分布着众多建筑遗迹,印证了湄公河流域作为文化传播路线的重要载体。印度教的传播,高棉王国的扩张,傣族由北向南沿河道迁徙引发上座部(小乘)佛教的传播,法国殖民置入新的文化特征,占巴塞省作为历经不同时期、不同文化圈层的影响关键地理节点,许多文化的动态变迁都在这里留下了独具特色的遗存,展现了文化的包容性和传承性。

文化价值应是一系列的过程,而不是一组固定含义的实体。历史工作者在认知一个场所的价值意义不应一味地处于闭塞封闭的本领域下讨论,而应在更广泛的视野下达成文化认同。历史保护在总体上已经从馆藏式的"内看"转向更开放、和谐的城市进程视野下的"外看"。在有效的人力及资金援助的前提下,提出具有当代意义的遗产保护体系不仅有助于遗迹的保存,且有利于其转译、保护和投资的政策与计划形成合作[2]。

5 占巴塞省建筑遗产保护体系的主要问题

5.1 近代建筑遗存价值评估的不健全

老挝仍处于欠发达国家之列,国家建设与发展依靠多国援助,许多重要的遗存尚未被认知及有效地规划与保护。随着瓦普寺及其周边遗迹的成功遗产化,人们也越来越关注老挝境内的遗产保护以及与周边国家和地区经济、文化上的互联互通。

现今老挝境内,除以琅勃拉邦及瓦普寺为代表的早期文明建筑遗迹已申报世界文化遗产外,部分上座部(小乘)佛教寺庙、法殖民时期建造之初并无长久保留之意的近代建筑和结构(图11、图12),并未引起足够的价值认知与文化认同,在现状保护体系和保护策略上存在

图11 占巴塞现存近代建筑形式与类型(部分)

图12 占巴塞省东德岛法殖民时期铁路遗存

一定的缺失。

5.2 线性遗产保护体系的缺失

遗产保护在传统、静态的框架中,多限于回归原样的修复与重建、起草单栋及街区的整体全域保护名单,而缺少基于文化作为过程的视角,将视野延展。保护理念和保护手段不应局限于单一静止的、固定含义的人为事物的保护和诠释,而是一种广泛的、具有一定脉络的社会传播过程的线性系统。老挝在遗产保护体系中还缺乏线性遗产保护体系,遗产保护视角较片面。

6 保护对策初探

6.1 具有当代意义的评估体系——以"价值"为中心的遗产保护

文化遗产的保护离不开价值评估,价值评估的准确及时代适应性有赖于科学的方法和创新的思维[2]。以《巴拉宪章》为代表的以价值为中心的评价体系,给予意义和变化优先考虑,对一个场所的历史价值和当代价值给予同样的重视。

价值评判方式并不应是一成不变的,承认并接纳价值和意义的动态性可以促进遗产保护顺应当代理解方式。传统遗产价值评估将某种专家或专业机构认可的价值置于主导地位而忽视其他价值或将所有价值视为重要含义。一个审慎的、系统的、中立的价值评估方式和类型学框架的构建可以将"意义"分为遗产价值的不同组成成分,来自专家学者、民众、社会团体、政府机构以及其他利益相关者不同思维框架下的意见与建议可以被更有效地抒发和比较,呈现一种构建保护方案与决策制定的不同方法[3]。在技术性解决方案与考虑经济、政治给予和挑战的环境下能被接受并建立共同的基础,而更加广泛地以寻求问题的眼光看待基于历史与当代价值的意义。

湄公河流域不同文化核心载体的文化遗产的保护必须只争朝夕,其价值认知必须进一步挖掘,方能为沿线各国社会、经济、文化、生态合作共赢及可持续发展做出贡献。

6.2 遗存作为遗产廊道的重要组成部分

中国作为历史悠久的文明古国,拥有丰富的遗产资源。线性遗产的整体保护本身已经成为文化遗产保护的一项重大课题。以京杭大运河申遗为契机,中国已对遗产廊道有一定的研究和实践。通过选取大运河各个河段的典型河道段落和重要遗产点,京杭大运河于2014年成功申遗,为线性遗产廊道的保护工作提供了宝贵的本土经验。遗产廊道作为美国在保护本国历史文化时采用的一种范围较大的保护措施,其对线性遗产区域进行研究和保护具有鲜明的地域性、活态性和综合性等特征[4-5]。老挝在遗存分布上具有鲜明的地理线形关系,但在遗产保护体系中还缺乏遗产廊道层次的架构。

基于此,占巴塞省遗存应置于湄公河流域地理线形基础和文化动态传播的视野上,统筹沿线的自然景观,将原有基于孤立、分散的建筑遗存聚集发展,形成统一、区域一体化的线性遗产廊道网络,并对其进行个性化、动态化的价值评估、整体保护和管理研究。

我国提出的"一带一路"建设跨越几十个国家,涵盖从公路到铁路等各类基础设施建设,将给21世纪的全球地缘政治经济带来重要影响。倡议得到了国际社会的认同和支持，也为我们重新思考中国在新的国际政治格局中所应该发挥的作用提供了契机[6]。老挝与中国山水相连、经济互补、命运共通，且同为社会主义国家，"一带一路"倡议提供了中国与老挝的双向合作基础。

"一带一路"建设要"文化先行"，中老两国同为澜沧江—湄公河合作机制重要成员，推进构建突出文化生成和发展意义的遗产廊道保护体系有助于多地区文化的交融与互通，形成一个将历史、现实和未来连接在一起共同面向全球化战略的命运共同体，促进澜沧江—湄公河沿线社会、经济、文化、生态的合作共赢和可持续发展。

参考文献

[1] LORRILLARD M. Autour de vat phu de l'exploration a la recherche（1866-1957）[M]. Vientiane：EFEO—DPV, 2012.
[2] 兰德尔·梅森. 论以价值为中心的历史保护理论与实践[J]. 卢永毅, 潘玥, 陈旋, 译. 建筑遗产, 2016(3): 1-18.
[3] DE LA TORRE M. Assessing the values of cultural heritage [Z]. Los Angeles：The Getty Conservation Institute, 2002.
[4] 王志芳, 孙鹏. 遗产廊道——一种较新的遗产保护方法[J]. 中国园林, 2001, 17(5): 85-88.
[5] 阮仪三, 丁援. 价值评估、文化线路和大运河保护[J]. 中国名城, 2008(1): 38-43.
[6] 王心源, 刘洁, 骆磊, 等. "一带一路"沿线文化遗产保护与利用的观察与认知[J]. 中国科学院院刊, 2016, 31(5): 550-558.

图表来源

图1、图2源自：笔者拍摄.
图3源自：SANTONI M, HAWIXBROCK C, SOUKSAVATDY V. The French archaeological mission and Vat Phou：research on an exceptional historic site in Laos [Z]. Vientiane：Recherches Nouvelles sur le Laos, 2008: 81-111.
图4至图6源自：LORRILLARD M. Autour de vat phu de l'exploration a la recherche（1866-1957）[M]. Vientiane：EFEO—DPV, 2012.
图7源自：笔者拍摄.
图8源自：LORRILLARD M. Autour de vat phu de l'exploration a la recherche（1866-1957）[M]. Vientiane：EFEO—DPV, 2012.
图9源自：KEY J. Mad about Mekong[M]. London：Harper Perennial, 2006.
图10源自：LORRILLARD M. Autour de vat phu de l'exploration a la recherche（1866-1957）[M]. Vientiane：EFEO—DPV, 2012.
图11、图12源自：The International Gateway. Projects and partnerships [M]. Milano：Edizioni Olivares, 2010: 48-57.

外来影响下越南城市规划演变的文化特征

丁替英 李百浩

Title：Cultural Characteristics of Urban Planning Evolution in Vietnam under External Influences

Authors：Dinh Tea Ahn Li Baihao

摘 要 越南城市规划可分为古代、近代和现代三个时代,其中,1859年前为古代,这是一个崇尚儒家思想的时代;1859—1956年为近代,以法国殖民主义城市规划为主;1956年后为现代,即在社会主义外援背景下建构了工业化、公有制城市规划。因此,本文围绕有哪些类型的外来规划,在哪些地方或哪些层面上影响越南,由于谁或什么途径,在越南的本土化或在地化是一个什么样的过程,有哪些深入越南文化基层,又有哪些被人们去影响化等问题,基于"外来影响"的视角,试图解析规划的文化特征,以期认识越南城市规划演变的一个基本路径,在"一带一路"背景下提供东亚城市规划多元文化融合的历史线索。

关键词 越南规划史;古代规划史;近代规划史;现代规划史;儒家思想;殖民主义;社会主义

Abstract：The urban planning in Vietnam can be divided into three eras. The period before 1859 is the ancient time, which was an era of advocating Confucianism. The period between 1859-1956 is the early-modern time, which was dominated by French colonial urban planning. The period after 1956 is the modern time, under the context of socialist foreign aid, the urban planning of the industrialization and public ownership was constructed. This paper involves the following questions: What types of foreign planning are there? In what places or at what levels do they affect Vietnam? By whom or what way? What is the process of localization or adaption in Vietnam? What goes deep into Vietnamese culture? What aspects have been de-influence by people? Based on the perspective of 'foreign influence', this paper attempts to analyze the cultural characteristics of planning in order to understand a basic path of urban planning evolution in Vietnam. Under the background of the 'One Belt One Road', it provides historical clues of multicultural integration of East Asian urban planning.

Keywords：Planning History in Vietnam; Ancient Planning History; Early-Modern Planning History; Modern Planning History; Confucianism; Colonialism; Socialism

作者简介

丁替英,东南大学建筑学院,博士研究生

李百浩,东南大学建筑学院,教授

1 引言

近2 000年来,越南在政治、社会、文化的方方面面都体现出很深的外来烙印。从公元前179年至公元939年的1 100余年中,越南北部大部分地区都曾属于南越国、汉吴魏晋齐梁隋唐及南汉国的疆域范围①。公元939年后,越南虽建立了独立国家,但统治阶层仍延续之前的政体文教范型,即崇尚"儒释道"的封建国家统治方式,如汉字和士绅制度等已深入越南文化基层,并影响至今。1859—1956年,越南被法国纳入殖民版图,成为其殖民地的东亚基地。倡议"文明化使命"的法国殖民者,植入欧洲中心主义文化以同化越南,他们假借"现代化"之名,改变越南已有的政教体系,甚至想方设法废弃其存在已2 000余年的汉字,充分反映出"文明化使命"的背后其实是帝国主义性质的奴役和掠夺。1956—1975年,世界"冷战"背景下的越南,因受大国干涉,又分裂为美国扶植的南越和社会主义阵营援助的北越两大阵地,并发生南北内战②。内战的本质实际上是一场选择不同主义范型的现代国家较量之战。最终,北越取得战争的胜利,1975年4月30日越南完成统一。从此越南迈向社会主义共和国时代,并延续至今。

在此背景下,与其他学科一样,越南城市规划变迁同样呈现出不断接受外来因素而又不断转型的文化特征。就"外来"而言,在规划思想、规划文化层面上通常有接纳外来和去除外来两种形式③。接纳外来又有了选择接纳、被强迫接纳和不加批判的接纳(Uncritical Reception)三种状态④。去除外来亦然如此。越南的城市规划是全面包含了这些状态的一个典型案例。外来影响是认识越南城市规划演变的一个基本路径。

总体来看,越南城市规划可分为三个时代,即崇尚儒家思想的古代(1859年以前),以法国殖民主义城市规划为主的近代(1859—1956年),在社会主义外援背景下建构了工业化、公有制的现代(1956年后)。

由此,本文按照时间顺序,研究围绕外来的和受外来影响的规划大事件,抓住人物线索,聚焦思想层面,再现外来规划的文化演变。考证"本体规划"和"外来规划"之间的几种相处方式,并分析其中的内外动因。通过研究越南国家一号档案中心新公开的一批汉语、法语、越南语档案(2017年12月),在内容上旨在填补和完善目前若干代表研究[1-3]。本文思考越南城市规划历史和文化特征,并提供"一带一路"背景下东亚城市规划多元文化融合的历史线索。

2 古代:儒家思想的城市规划

诞生于中国的儒家思想传播到越南,成为越南古代政体、文教的核心,具有正统价值[4]。尤其是在10—19世纪的越南(下文统称越南封建时期),统治阶级主动延续儒家思想,倡议"三纲五常"观念,推动儒家思想社会化,以建构自己国家的尊卑秩序、社会道德和法制体系[5-6]。值得注意的是,越南儒学还成为承载宋元明清时期知识传播的最重要渠道,如"宋儒"在15世纪至18世纪的越南,逐渐成为"国教"的核心[7]。

在中国古代规划史研究领域,部分学者趋向使用"礼制""礼仪""制礼"等术语,认为古代规划体现了儒家思想的核心,即"礼"[8-10]。"礼"代表了有等级、有秩序的国家意识形态,引导城市规划转向有系统、有制度的理论。越南古代规划的情况也一样,但除此之外更加注重属于儒家"经学"范畴的《尚书》《易经》《春秋公羊传》等古籍,从中寻求"阴阳""八卦""五行""天人感应"等有千年历史经验的中国自然哲学知识。这一点可在越南的《地学精华》(年代不详)、《遵补御案易经大全》(1715年)、《易肤丛说》(1790年代)、《周礼节要》(1827年)、《书经大全》(1861年)等古代典籍中找到例证。

总之,越南的儒家思想城市规划主要体现在两大方面:维护国家政体的规划和辨用自然的规划。后者不完全以地理、天文、道学等知识体系为发展基础,更多的是中世纪儒学的一个分支。

2.1 维护国家政体的规划

成型于秦汉至隋唐时期的中国古代城市规划知识传统,奠定了越南古代城市规划学的发展基础。在这段历史,一个"农业文明帝国"的意识形态及其建成空间逐渐成形,并向整个东亚地区渗透,造就了疆域和势力范围广阔、内部运行缜密的封建国家范型。这样的秦汉模式,在政治运作方面,实质上依托于两级地方行政制度——郡县制。郡县制的一个重要工作是将政治设计落实到国土空间层面上,造就了政区结构和具有系统性、网络性的行政据点[11]。借用政治学的术语,这一方面的工作可称之为政区规划。这些行政空间进行进一步的防卫建设,就形成了政治城市体系。在这一过程中,建设工作的核心原理是"营城制"[12]。

总的来说,郡县制背景下的政区规划和营城制促进了越南城乡结构的成型,并在越南封建时期得以延续和本土化。

(1) 郡县制背景下的政区规划

郡县制的使命是维护农业社会稳定发展,在思想层面上构思一个"地—人—城—国"的空间逻辑,其操作过程可归纳为以下三个步骤:

① 以"方百里"的国土范围为基础单位,谓之"县"⑤。基于县,将国家领土全面划分。一个县的土地资源可承载1万户人,即可供养5万人口⑥。

② 将20多个县整合到1个"郡"的管理范围内[13],并施行郡城和县城建设。从理论上来看,郡城到它所管理的县城的最远距离大约为200里(1里=500 m)(图1)。任何一个县区发生行政紧急情况,其情报在一天一夜内可通过骑行送达郡城。

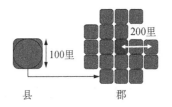

图1 郡和县的空间关系

③ 规范各类不同行政等级的城池,尤其在规模、军防、营造法式、可设立文教建筑类型等方面,以巩固国家尊卑意识形态,防止社会秩序的变动。

当然,这三个步骤在实际操作时非常灵活。所属一个郡的县,根据资源供应、军防、交通等不同地理条件,在数量、规模、布置等方面都是可变的。在郡—县体系中,防卫系统和行政系统既能结合又可分开。军队可以驻扎在郡城,也可分散到若干个县城,甚至在行政据点网络之外的交通要点处另筑城塞。由此,这不变的物质结构,在面对社会的稳定或动荡或局部失衡等状况时,可布置出不同的政治局势。

据文献记载,在秦至唐史段的安南②领土上,建设郡县的重要人物为西汉的路博德和东汉的马援等。《安南志略》记录了路博德攻占南越国、设立九郡的史实:"路博德平南越,灭其国,置九郡,设官守任。"[14]《后汉书》记载了马援完善郡县格局的功绩:"马援奏言西于县户有三万二千,远界去庭千余里,请分为封溪、望海二县,许之。援所过辄为郡县治城郭,穿渠灌溉,以利其民。"在《后汉书》的这段史料中可以看到马援的三方面工作:一是考察人口及地域范围;二是针对土地、人口、政区三个因素进行了逻辑建构,并提出了行政划区的改良方案;三是基于实际条件布置防卫和生产系统。关于郡县的划界问题,《安南志原》更详细描述了马援在安南立铜柱以明确郡县界线的事迹[15]。

根据陶维英(Đào Duy Ahn)的研究,越南古代基本延续了唐岭南南道的郡县格局,并在此基础上引入了东汉的分封方法[16]。《安南志略》又记载了10—14世纪,越南效仿宋朝的行政制度:"后丁、黎、李、陈相继篡夺。宋因封王爵,官制刑政,稍效中州。其郡邑或仍或革,姑概存之。"[14]此外,通过陶维英、李昌宪、郭红、傅林祥等的行政区划史研究[16-19],很容易发现一个明显的现象,具体如下所述:

① 越南的丁朝、前黎朝(968—1009年),延续了唐制的道—州(郡)—县行政体系。
② 越南的李朝、陈朝(1010—1400年),仿效宋朝,采用了路—州(府)—县。
③ 越南的后黎朝(1427—1778年),与明朝相同,采用了承宣—州(府)—县。
④ 越南的阮朝(1802—1945年),与清朝相同,采用了省—府—县。

由此可见,越南封建时期不仅延续了秦至唐时期的郡县制,还不断向宋、明、清学习,不断对自身体系进行更新。

(2)郡县制背景下的营城制

"营城制"规范了各类城池的建设形态,规制其等级、估工、法式等因素③。这一点可在古文献中找到不少的例证,如《孟子·公孙丑下》:"三里之城,七里之郭。"《尚书·大传》:"九里之城,三里之宫。"作为经典文献的《考工记》亦提出了三个规模标准:"方九里""方七里"和"方五里"[20]。

据考古研究,在今天越南的北部地区,古螺城和大罗城城址具有营城制的典型特征。需要说明的是,这两座城池在越南古代建城思想方面占据重要地位。古螺城于939年成为越南吴朝的京都。大罗城于1100年之后被改建为升龙城,作为李朝、陈朝、黎朝的京都,有800年历史。

古螺城城址位于今河内市东英县。其防卫结构从内到外包括周长1.65 km的方城、周长约6.58 km的中郭和周长约7.6 km的外郭。根据遗址的筑造技术、出土的具有东汉纹理的瓦当等考古资料,阮文宁认为该城址为东汉时代产物[21]。在另外一个研究线索上,陶维英通过文献法,亦提出类似的观点,甚至推测该城池由马援所造,认为它在汉文献史料中是封溪县城,俗称"茧城"[22]。这里尝试用汉代的度量单位以求证,再基于武廷海所提出的"计里画方"规画(划)方法来进一步分析④,最后可以再现城池的营造模数(下文统称模数解析法)(图2)。可见,古螺城的内城面积非常接近方1里,外郭所卫护的地块面积约为方5里,从等级结构、法式、估工及规模上看基本符合汉代县城的规制[23]。

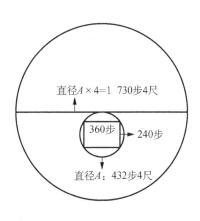

图2 古螺城的营造模数解析图

大罗城城址位于今河内市,大致限于巴亭(Ba Đình)、还剑(Hoàn Kiếm)、栋多(Đống Đa)三郡的范围内。汉代历史上,其由唐朝张伯仪筑造,张丹、高骈扩建,于890年成为交州(趾)治城(后改称为安南都护府城)。据《安南志略》[14]《安南志原》[15]《越史略》[24]等史料记载,该城池结构从内到外包括周长2 000步的方城、周长1 980丈5尺(3 961步)的罗城和周长2 185丈8尺(4 371步3尺)的堤垒。同样采用模数解析法可发现,该城池的内城面积接近方2里,罗城所卫护的地块面积约为方7里,从等级结构、法式、估工及规模上看基本符合唐代府城的规制(图3)。

图3 河内城的营造模数解析图

在越南封建历史上,这种具备制度属性的建城方法一直延续到法国殖民时期的开始。其中,阮朝时期(1802—1954年),越南皇帝引进"沃邦"(Vauban)军事城塞技术,改变全国城池形态。尽管如此,各类政治城池仍体现出系统化、制度化的特征,其建城思想仍可被视为营城制的进化体(图4)。

图4　越南的沃邦城塞

2.2　辨用自然规划

辨用自然规划包括以下三个主要步骤:一是观察天、地、山、水、动物、植被等因素,辩证它们之间的关系,以识别为一个整体;二是将人的生活因素植入其中,创造一个新整体;三是不断观察人与自然之间的互相影响,时时加以调整,追求和谐共处⑩。在各种古籍中,辨用自然规划通常以"象天法地""地理""堪舆""风水"等概念或学说出现,其内容并非完整。由此,在流入越南、朝鲜、日本等地域时,辨用自然规划亦较为散碎,同时还略有几分神学的色彩。

据宇汝松、王继东、牛军凯的研究,唐朝的高骈(821—887年)和明朝的黄福(1362—

1440年)曾在安南施行了许多勘察地理、选址、筑造城市、改善水利和交通的实践,对越南影响深远[25-27]。越南古文献《安南志原》《大越史记全书》等史料也记载了许多例证,如"骈人据府,筑罗城定疆界镇戍贡税之籍。州民畏而敬之,咸呼为高王""来苏江……黄福重加浚治""交趾府承宣布政司……黄福再新起建……规模制度一如其旧""黄福请升太原宣光二州为府"等。值得注意的是,高骈和黄福的实践及思想由后世记录于《高骈奏书地稿》(图5)、《安南地稿记》《安南地理稿》《安南九龙歌》《安南事宜》《奉使安南水程日记》等书籍中。这些书籍在后黎朝时期传入越南,得到了统治和绅士阶层的欣赏[24]。

在越南接受中国古代人居理论方面,《大越史记全书》记录有越南李朝太祖皇帝赏识和竭力推行高骈的学说:"况高王故都大罗城,宅天地区域之中,得龙蟠虎踞之势,正南北东西之位,便江山向背之宜,其地广而坦平,厥土高而爽垲,民居蔑昏垫之困,万物极蕃阜之丰,遍览越邦,斯为胜地,诚四方辐辏之要会,为万世京师之上都。"在这段史料中,关于天地、局势、方位、山水、地形、地质、植被、民居的辩证关系,都可说明这位创建升龙(河内)的皇帝在一定程度上了解汉唐的"相地"学。此外,通过李百浩等学者的研究,可进一步说明越南人通过《春秋》《易经》《天人三策》《前汉书·地理志》《淮南子·天文训》《史记·天官书》《星经》《唐书·天文志》《山堂考索》《南越志》《宋两朝·天文志》等中国典籍,学习到了较完整的数术、天文、地理学,并有选择地、有更改地创建出"越南象天法地"(图6)[28]。除了都城之外,越南古代的文教建筑、陵墓、园林的方方面面均体现出辨用自然思想的深刻烙印(图7)。

图5 《高骈奏书地稿》

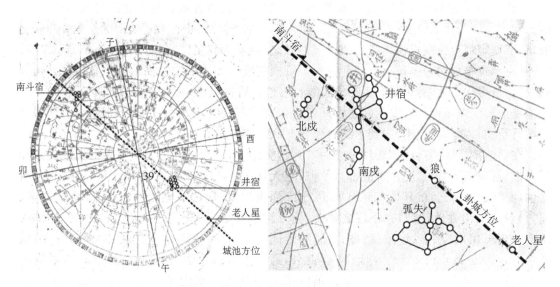

图 6　关于越南嘉定城的天星解析图

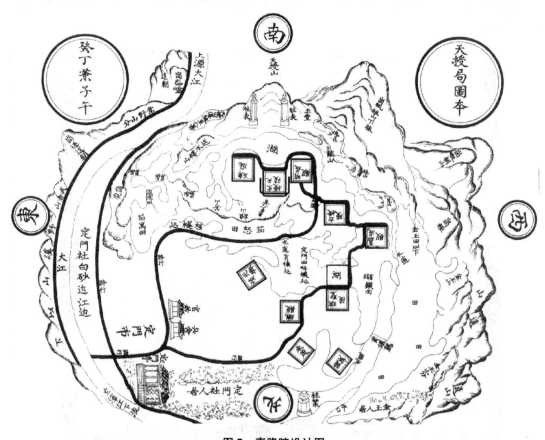

图 7　嘉隆陵设计图

3 近代:法国殖民主义城市规划

3.1 所谓殖民主义城市规划

殖民主义是一个相关历史概念,体现若干个西欧民族和多个非西欧民族之间在政治上控制和统治、在经济上剥削和压榨、在文化上奴役和贬抑的关系[29]。可以说殖民主义与帝国主义在本质上是一致的,但也有不同。殖民主义强调西欧人种或欧洲文明优越于"其他人种"或"其他文明",并认为有"使命"领导非西欧民族走向西欧思想文明化、西欧范型的社会化道路。当然,这样的"使命"仅为军事干涉、侵略领土、不平等外交等行为提供一个合理化的借口。由此,对应的殖民主义城市规划,也是以巩固殖民地的统治、提升宗主国的社会经济潜力为宗旨的。除了将非工业革命世界的经济体演变成附属工业革命世界的经济体外,殖民主义城市规划的特点至少以下两大方面有所体现:

一方面,它将穿着"科学服装"的西欧城市规划概念移植到全世界,并将其叠加在相同的物质空间上。从宗主国到各个殖民地,殖民主义城市规划的科学服装和叠加手法是非常有必要的,可使它既成为帝国主义文化的工具又具备内在客观和中立价值[1]。换一种说法,西欧殖民者希望去除所谓的"原始的"或"落后的"文明象征,并用白种人所创造的"现代品种"取而代之[1]。当然,这一理想在本质上,是去除宗主国国民的担忧和恐惧,以满足他们的需要和利益,而绝对不是以满足原住民的需要和利益[30]。

殖民主义城市规划的另外一个重要任务则是处理种族问题,既要强调两类人种之间的差异,又要将"优越"人种和"劣等"人种计划在同一个具有依赖属性的经济体中,并将他们安置在同一个或两个非常接近的物质空间内。在处理种族问题方面,各殖民集团在各时代有不同的手法。在16—17世纪的北美殖民地,殖民当权者鼓励移民和跨种族婚姻[31]。在人口规模上,白种人以绝对数量挤压印第安人种的生存空间,进而获得统治领土的主权;在18—19世纪的亚非殖民地,殖民者反过来禁止或蔑视跨种族婚姻,构思种族化的社会阶级概念,强调"优越的白种人"具有获得权力的权利。值得注意的是,对于"优越"的意识形态,英荷殖民者认为"白种人"优越于"其他人种",而法国殖民者却认为"白种人的文化"(西欧文化)优越于"其他文化"[32]。由此,虽然均用欧洲中心主义的城市规划概念,在空间形态上有可能看似一致,但各个时代、不同国别的属地,在城镇的建成空间方面,却体现出多种"种族认同"的意识形态及政治哲学。

法国在"印度支那"的殖民统治,始于1859年,直到1956年结束,可以说在法国所有殖民地项目中最为动荡。在经济方面,法国殖民者以越南为中心,将已完成工业化的法国经济体和尚未完成工业化的中国、越南、老挝、柬埔寨等经济体连接起来。在政治方面,为法国的军事及政治活动提供驻扎亚洲的根据地。在文化方面,期望建立法国的"世界超级大国"的国家威信(Le Prestige)[2]。规划建设方面,法属"印度支那"的殖民项目虽有许多种类型,但均可归为两个略有重叠的目标,即提升殖民集团的经济潜力和巩固在殖民地的统治政体。为实现第一个目标,殖民当权者竭力推行港口城市的建设,并注重规划交通基础设施,将散落在各地的自然资源有效连通到各个港口城市。为实现第二个目标,殖民当权者借助城市规划、建筑及景观设计等手段,创造了一种特殊环境,即在其中将种族标志了阶级身份、文化身份、获得特权的身份(种族化的社会阶级概念)。将"白种人等于社会特权"的意识形态铭刻在绝大多近现代建成空间上。这样的一种做法实质上是将权力从军事武力状态转向恐吓、诱惑、操纵或隔离等政治措施状态,有利于减少军方的牺牲、统治机构的成本,但同时却渐渐加大了种族之间的矛盾。由此,在法属"印度支那"历史的最后20年里,一种以安抚土著居民为目的的"联合"政策出台,给予了城市规划和建筑、景观设计新的使命,即创造"新当地人街区""新型种族混合街区"等模范街区和本土风格的公共建筑。基于物质空间的表达,殖民当权者希望教化和培养出新一代对法国心存好感的越南精英阶层,包括新政派的统治阶层、西学派的知识阶层、崇尚资本主义的新资产阶层。

3.2 提升殖民经济潜力的城市规划

(1) 港口城市规划

通过若干个不平等条约,殖民当权者首先将西贡、归仁、芽庄、岘港、海防等沿海城市变为法国的城市(确定明确的市域边界),同时将其余的占领地设定为"受法国保护"的领地,进一步竭力投资建设港口城市。在这样的背景下,具有殖民属性的港口城市规划理论优先被植入越南。在这一方面,西贡规划可以说是较为突出的案例。

1860年,西贡成为法国在东南亚的第一处军事驻扎港,并于1867—1902年作为"印度支那"联邦的第一个首都,可以说是一座归属法国殖民集团的典型港口城市。1862年,著名的海军都督波那(Bonard)和军事工程师保罗·科芬(Paul Coffyn)缜密制定了第一版规划——"西贡50万居民的城市计划"(Projet de ville de 500,000 âmes à Saïgon),基于奥斯曼式空间理论,将法国的"现代象征"铭刻在建成空间中(图8)[33]。

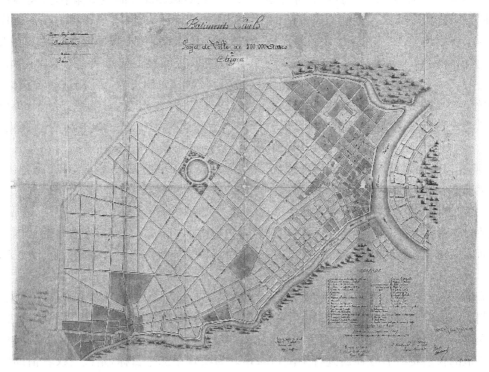

图8 1862年西贡50万居民的城市计划总平面图

该规划方案构思了一条环绕城市的人工运河,将一个面积约为 25 km² 的地区孤立起来,并在上面叠加格网状道路,将空间划分为多个基本方正的街廓。该格网状道路具备法国独特的空间理念,体现在三个街道空间元素上:一是礼仪性林荫大道(Grand Avenues),总宽度为 40 m,在两边设置宽 4 m 的人行道,在各人行道上种植两列行道树。有人说:"宏伟公署及华丽别墅赋予它庄严,阴凉的树木衬托着它,英雄雕像装饰着它。"[34] 二是交通性林荫大道(Boulevards),总宽 20 m,在两边设置宽 2 m 的人行道,人行道只种植一列行道树。这一类街道在 20 世纪上半叶成为法属殖民城市的经典镜头。三是堤防路(Quai)(类似于上海外滩),它一半是交通性林荫大道,而另一半则是码头,在沿河或沿海的一边设置宽 6 m 的人行道,在此人行道上种植两列行道树,并预留有轨道交通空间。

在空间组织上,首先垂直于堤防路布置礼仪性林荫大道,在交点处形成广场,作为城市中心(图 9);其次在城市中心两侧规划约 2 km² 的行政城市(Ville Administrative)和约 23 km² 的商业城市(Ville des Affaires)。这点可视为简易式的分区规划,也能说明殖民主义港口城市的主要职能是商业贸易和行政管理。

图 9　1881 年西贡的堤防路及中心广场

在土地利用方面,其将城市分为军事及行政、商业、居住三个功能分区。其中,军事及行政区选址在高地,在河流的上游。这一点基于三方面的考虑:一是安全;二是防止顺水流而传播的疾病;三是将高地作为表现权力的一个元素。商业区沿着码头路而展开,区内划分为小商业和大商业两个类型地块。小商业地块长 12 m、宽 10 m,大商业地块长宽均为 20 m;其余空间均归属于居住区,进一步划分为市域居住地和郊区居住地两个类型。市域居住地以长 80 m、宽 20 m 的地块模型进行细分。郊区居住地以长 90 m、宽 50 m 的地块模型进行细分[33]。当然,各类型地块并不完全按照功能分区,在各街廓上以多样性方式组合。在行政分区和商业分区的交叉地段,朝向商业部分的都是大小商业地块,而朝向行政部分的都是居住地块(图 10)。这样既提升了商业街区的活力,又保证了行政街区的宁静。

通过空间组织及土地利用的规划手法,很容易看出殖民当权者对阶级分区的意图。首

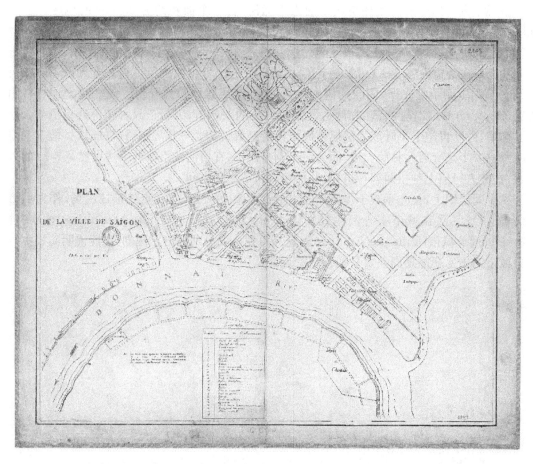

图 10　1870 年西贡市地图

先,城市的中心是留给军队、国际商业集团、从事行政事业的白种人的。其次,市域是预留给移民的白种人,多为华贵的别墅、郁郁葱葱的花园。最后,郊区成为殖民地代理人(地主阶级)的天地,多为各类农林庄园、工人营地。

(2) 交通基础设施规划

在那些以掠夺为目的的殖民地(另有以移民为目的),在投资建设基础设施的思想逻辑上,交通及运输占据特殊的地位。原因在于,殖民者主要关注的对象是那些体量庞大的农林产品及自然资源(原材料)。在工业化时代,原材料是发展经济的重要资源,并可提升政治权力,以推动工业化国家的"自我宗主国化"过程[35]。此外,交通基础设施还可以提高武装部队的运输速度,以对抗有可能的侵犯。比如,在向法国议会申辩云南铁路项目的必要性时,"印度支那"殖民地总督保罗·杜美(Paul Doumer)甚至使用了这样的比喻:"该铁路项目是法国与英国之间的一场无炮弹的战争。"[36]

在"印度支那"殖民地,仅交通基础设施的建设,当权者就花费了大量的财力,其中最为突出的是"印度支那"铁路系统项目[37]。1896—1936 年的 40 年里,该项目使殖民地政府的财政时常处于捉襟见肘的状态,从宗主国金库里要走了至少 2 亿法郎(1897 年)。铁路包括四条主要路线:第一条为"印度支那"线,于 1936 年开通,旨在将西贡和河内连接起来;第二条为云南线(又称滇越线),从海防起经由河内终达云南府,旨在将北部湾、越南北部及中国云南连接起来;第三条为横向线设计,穿过越南中部的长山山脉,将湄公河中游流域和越南海岸线连接起来,旨在为老挝提供通往海洋的通道;第四条穿越湄公河三角洲,在柬埔寨境内与泰国铁路网相连,在越南境内将金边和西贡连接起来。"印度支那"铁路系统的工程路线总长3 200 km,使越南在国际经济贸易方面发挥了区域中心的作用(图11)[1]。

图11 "印度支那"铁路系统规划图

殖民地背景给予铁路项目许多竞争优势。和当时其他运输方式相比,它至少有四个方面的优势:一是确保快速高效的回收投资成本;二是在酷暑和严寒环境下,运输大件和重型的货物方面,它的成本最低;三是铁路的宽度最窄,工程面积最小;四是铁路建设是劳动密集型项目,通过征招殖民地内的无偿劳动力,当权者可将建设成本大大降低[38]。当然,铁路项目也存在一个重要的劣势,即工程建设初期需要投入大量的财力。因此,在离宗主国较远的殖民地上,在军事力量较为薄弱的情况下,这类项目的投资存在巨大的风险。

想要解析殖民者如何合理化这个投资风险问题,需要站在更广阔的时空思辨框架里。"印度支那"的铁路系统实质上揭示了法国统治阶级在东南亚的傲慢、执着和自我妄想[30]。据当时的新闻及报纸报道,该铁路系统和它的若干个桥梁被视为法国殖民事业的化身,具有重要象征意义。可以说,相比工程本身,这些象征意义更加关键,其重要性体现在以下三个方面:第一,彻底打消了原住民的抵抗念想;第二,向其他殖民集团宣布了对领土的占领决心;第三,将法国殖民事业和其他国家殖民事业区分开来,赋予它"富裕的同情心"。关于第三点,可在杜美总督的《印度支那回忆》一书中找到解释。通过提及巴拿马运河、苏伊士运河等知名的殖民项目(由法国政治家策划、法国工程师规划和实施的项目),杜美总督强调法国人以智谋和技术改变世界的地理格局,既为宗主国谋取利益又为殖民地创造财富[39]。总之,所有一切都是为了建立法国"世界超级大国"的国家威信[39]。

3.3 巩固殖民地统治的城市规划

(1) 种族化的社会阶级概念

作为政治思想的一种类型,种族化的社会阶级概念并非殖民地独有,但在殖民地背景下,其表现得尤为直接。在它的逻辑框架里,种族的认同方式设定了不同的生活标准。这意味着,属于某一种族的人不执行某些任务,不能住在某种形式的住宅里,不能吃某类食物,也不能参加某项活动[30]。

在18—19世纪的亚非殖民地,推动法国殖民主义扩张的政治家利用法国人民的民族自豪感,将这个概念与"白人至上"的意识形态捆绑起来,造就了所谓的"白人身份""白人特权""白人文明普及世界"等说法[30]。为了解读这个事实,著名的法国作家弗朗茨·法农(Frantz Fanon)是这样写的[40]:

"这就是殖民地的独特性。在现实的经济体中,存在不平等和巨大差异的生活方式。这一点是永远不可掩盖的人类现实。当你仔细观察殖民地的环境时,会发现一个显而易见的现象:世界上的财富什么时候开始变成属于或者不属于某一个种族。在殖民地,经济基础也是上层建筑。原因正是结果。你是富有的,因为你是白人,而你是白人,因为你是富有的。这就是为什么要有马克思主义的分析,而每次我们讨论殖民地问题的时候都有些紧张"⑪。

需要注意的是,这样一种思想逻辑,不是由一个具有历史惯性的意识形态所演化出来的,相反,它更像是一个人们协商好的社会干预政策。在统治"印度支那"的时期,法国人刚走出近百年的革命历史,在反复建立三个共和政体之后(1870年后),他们比全世界更为理解所谓"自由、平等和博爱",尤其是那些经常参加议会的政治学家。由此说来,在"印度支那",当权者采取这样举措的背后有着特殊原因及隐秘动机。为了更好地理解这些特殊原因及动机,首先需要阐述一些关于"印度支那"殖民项目的困难及挑战:第一点,难以寻找有能力并愿意在该地区生活和工作的合格法国人(既富有又具备高文化水平的人士);第二点,难以同化一个有着几千年历史的本地文明系统;第三点,遭遇不宜居的气候、不利的地形和热带典型的致命疾病。

这些困惑的综合效应,导致了一个特殊的现象,法国人努力建造没有多少白人居住的白人文明范型城市。西贡、河内和海防的人口统计证明了这一点。尽管移民人口与日俱增,但白人在各大城市的人口占比始终不超过5%[30]。换一种说法,白人文明范型城市实质上是一套政治服装,以表现法国的存在和永恒,同时掩盖它内在力量空虚的一面。更为重要的是,需要强调那些占城市人口5%的白人是"优越的"、有"社会特权的",以肯定他们是城市或国家的主人。这一方面给予城市规划、建筑及景观设计一个前所未有的舞台。

(2)殖民主义背景下的欧洲中心主义城市规划

同时体现象征主义、政治权力的空间化、种族及社会阶级之间的关系等方面,河内殖民首都规划(1902年)是一个典型的案例,具有极为重要的历史地位。

在著名建筑师亨利·维杜(Henri Vildieu)的协助下,殖民当权者通过空间隔离手段,将古老的河内划定为三个街区,即原住民街区(Quartier de Indigènes)、欧洲人街区(Quartier de Européens)和首都行政街区[41]。首先,通过铁路线、公园、广场及大型商业街等物质结构,在各个街区之间建构隔离空间;其次,通过设计或建设管理政策,在各个街区植入截然不同的道路及住宅空间形态,以强化种族之间的差异(图12)。

例如,在原住民街区,当权者提倡"传统保护"政策。在保留街道肌理、地块结构的基础上,通过建材规则对街区环境条件进行改良建设,尤其注重防火、卫生及外观等方面。"传统保护"政策也给予当权者许多理由,以忽视该街区的现代化程度,可在道路、下水道、公园等基础设施项目上拒绝拨款[30]。

在欧洲人街区,强调秩序和健康。以格网状、交通性林荫大道为基础元素,将空间整齐划分。这种以直角相交的道路模式,对殖民地的秩序管制活动至关重要。在这样的系统中,带有望远镜的军事巡逻人员可以从一个十字路口向四个方向观察,其监视范围可超过2 km。此外,通过宽阔的街道以及公园、公署建筑的花园、广场等空间,当权者确保欧裔居民能够获得充足的阳光和新鲜空气,建构一个健康的生活环境。此外,绿树成荫的大道保护欧裔人的脆弱皮肤,让它免受热带阳光的伤害[30]。

在首都行政街区,注重建立权力的象征。在空间手法上,该街区以格网状和礼仪性林荫大道为基本元素,给予人们一种既庄严又疏远的感觉。通过地块划分、建筑规则、景观控制等手段,当权者赋予它很多"空"的空间。这些空闲、不允许建造或控制建造的空间,既确保"西湖的微风"可吹到每家每户的每个窗户里,又展示出所有者的尊贵身份。将土地用于种

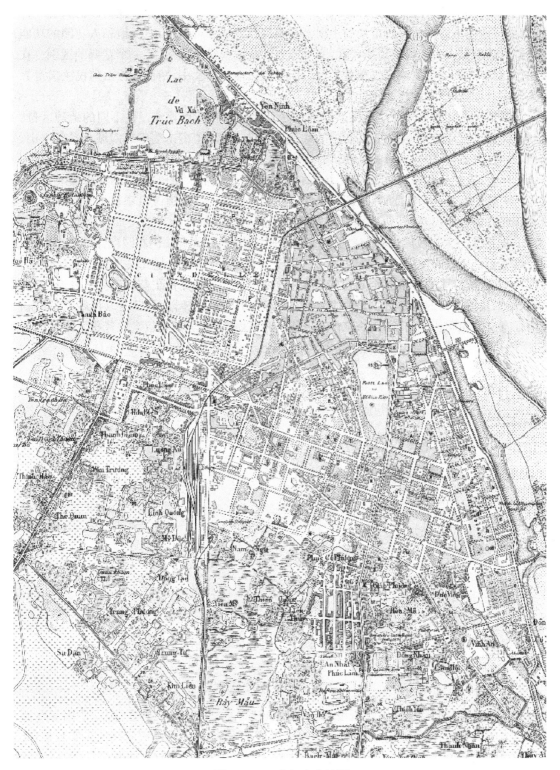

图12 1911年河内市地图

植鲜花、实验外来植物或养护草坪等行为,表明了街区内的人群不必像其他街区的人群一样生活,强调他们不需要在每平方米的土地上都要进行建造。可以说,殖民地私人花园的功能与法国贵族的私人公园或狩猎场一样,象征权力和阶级身份。当然,有一个重要的区别。在宗主国,财富和血统为贵族提供精英地位。而在殖民地的社会中,精英地位由殖民主义世界观来制定,具有肤色和种族的属性[30]。

法国殖民主义的另外一个重要遗产类型是公共建筑和城市景观。在不同的地理区位、气候条件和文化环境中,将第三共和国的特色及"布扎"美术范型镌刻于越南城市景象之中。河内、西贡、海防、大叻等城市的景观均有这样的特点。

总体上,这些公共建筑、花园及广场都具备以下三个特征:第一,似乎不考虑当地条件,竭力将法国的元素移植到此,并强调原型性。在河内的第一条街道改良项目中,当权者对宽度设计反复提出修改意见,并特别强调宽度至少 20 m,以设计标准的交通性林荫大道(图13)⑫。河内第一个行政广场看上去更是完全不属于当地,它强调法国花园设计的美学秩序,而忽略了热带植被的使用(图14)⑬。第二,尺度非常庞大,远远超越此时居民的实际要求。在河内剧院,演奏厅的容量甚至超过竣工时(1911 年)城市中所有欧裔人口。总督府、最高法院、监狱及博览会的博物馆亦是典型例证。第三,在位置选择方面,旨在取代跟它们有相同象征意义或相同功能的场所,如总督府取代河内宫城,圣约瑟夫大教堂取代报天寺,"印度支那"图书馆取代文试场,最高法院取代学政堂[42]。

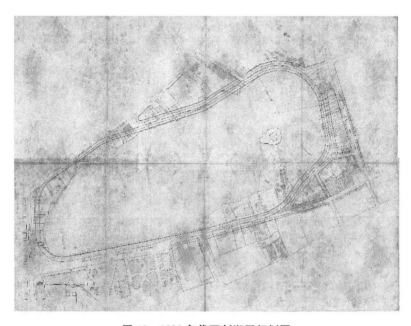

图 13　1880 年代环剑湖区规划图

这些特征背后的动机和上文所说的"政治服装"有紧密的关系。首先,强调法国是欧洲的杰出大国,以巩固国家威信。其次,通过夸大尺度的手法,掩盖了欧洲居民的真实数量,既可诱导更多人移民,又在当地人的视线中夸大白人群体的势力。最后,政教公署、纪念性建筑和文化空间的置换,实质上是一种政治教化过程,是向当地人传达殖民主义及各种族身份的认同方式。

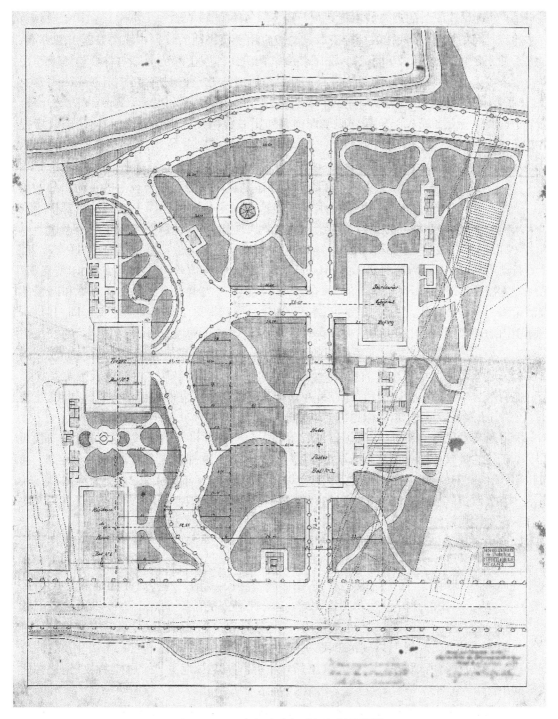

图 14　1887 年河内市行政区规划平面图

简而言之,以河内为代表,越南的这些城市是新的、现代的或许超现代的,尤其在社会工程的形式上。这点可将殖民地语境识别为一种独特的现代性形式,它基于种族和殖民阶级的关系来进行权力分配。可以说,法属越南殖民地基于种族化的现代性,构建、维护对秩序和永恒的意识形态,并规训本土居民。

（3）处理种族矛盾的理想城市规划

随着时间的推移,种族化的社会阶级概念被应用于殖民地的过程中逐渐显露出其弊端,加大了种族之间的矛盾。20世纪初,法国政治家意识到种族化的负面影响将会给整个殖民事业带来毁灭,开始提出改正意见[1]。1890年,元帅约瑟夫·利埃尼(Joseph Gallieni)首次提出"联合政策"概念⑭。随后,元帅兼军事学院院士贡扎尔夫·利奥泰(Gonzalve Lyautey)总结了他服役于亚非殖民战争和任职于摩洛哥殖民总督时期的工作经验,并向法国政府提出并肯定了利埃尼"思想"的正确性。这一点可在他的《来自马达加斯加和东京的启示（1894—1899年）》(Lettres du Tonkin et de Madagascar 1894 - 1899)一书中找到例证[43]：

"在这几个新的殖民地上,实现安抚的最好办法是运用武力和联合政治的行动。必须记住,在殖民斗争中决不能破坏,并必须永远宽容这个国家和居民。因为他们注定要接收我们未来的殖民公司,亦将成为我们开展业务的主要代理和合作者。"⑮

1911年,阿尔贝特·萨罗(Albert Sarraut)总督首次在"印度支那"地区介绍"联合政策"及其行动策划。1920年,茉莉斯·龙(Maurice Long)总督将该政策普及至整个"印度支那"殖民地。需要注意的是,在东南亚的"联合"并非一个给予当地人或当地文明尊重和同情的政治策略。在那个时代,在亚太地区,日本开始崛起,他们提出了东亚同质主义。同一时期,在孙中山的领导下,中国成功建立亚洲第一个共和政体,提倡"民族、民权和民生"的三民主义理念。1910—1956年,法国殖民集团的最大挑战,有很大可能是来自日本的侵犯或可能发生的民族革命运动。在这样的情形下,法国人需要安抚越南人,以建构民族盟友意识形态。他们竭力培养新一代越南精英阶层,并安排在各港口城市为他们施行分权。同时,还需要一个"欧洲人可撤退的"殖民撤退站——夏季首都大叻(Da Lat)[44]。

面对越南殖民地的新挑战,法国殖民者迫切需要一种既可整治旧城,也可扩建新城,还需要基于新的种族认同方式来重组城市空间的规划工具。这样的任务就落在欧内斯特·赫布拉德(Ernest Hébrard)的肩上,他和中央都市规划局(1924年成立)一方面为河内、海防、南定、顺化、西贡、金边(柬埔寨)六个城市编制"扩展及整治规划";另一方面,他们也为大叻构思具有总体规划意义的空间发展计划。

以河内扩展及整治规划为例。赫布拉德在城市西南部制定三个扩展区,并将其职能设定为"新土著人街区"(图15)。以编号1的新街区为例,赫布拉德设定出五类不同土地利用性质,即工业用地、资产阶级的居住用地、土著人的居住用地、商业用地和贫民街区(图16)。基于居民的富有程度及工作性质,建构社区内的阶级概念。进一步通过空间的排序、临界、公共空间等因素,实现小规模的秩序安排。通过空间设计手段,赫布拉德设计了种族化的"夜间"分离规划⑯,以规范市民的生活方式。基于空间舒适程度的等级化及空间分配手段,赫布拉德将所谓"现代越南人"(工厂厂主、商业老板、地主)的"社会特权"铭记在建成空间中。

关于夏季首都大叻的规划,赫布拉德精心绘制了宏伟的空间发展蓝图。通过人工中心湖、水源上游的自然保护地带、功能分区和种族空间分离等技术理论,将人居健康提升到精益求精的水平。在功能分区方面,划定行政、住宅、娱乐、商业和工业五个功能分区,并在行政和住宅分区兼容了种族空间分离设计。该规划成功规范和控制了城市居民的行为,规定了他们可以在何时何地能做什么等(图17)[1]。凭借在建筑和空间设计方面的知识背景,赫布拉德制定出一个有发展导则的总体规划(Plan Directeur),他在其中将空间舒适程度量化,

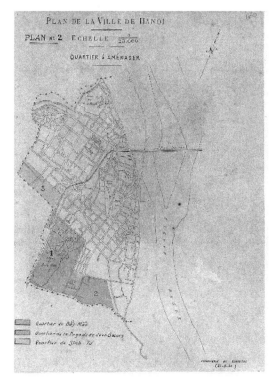

图 15　1925 年河内扩展规划平面图　　　　　图 16　1925 年七亩湖街区的规划平面图

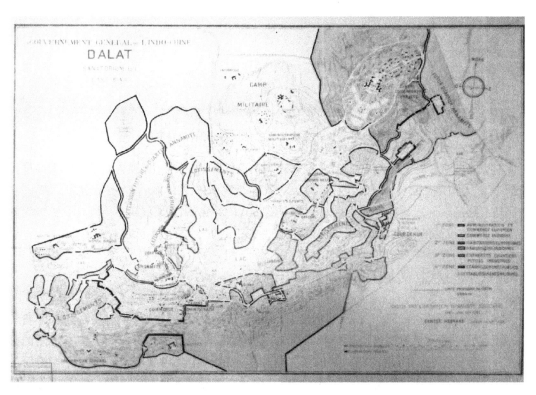

图 17　1925 年大叻功能分区规划平面图

以此标志不同种族和阶级的身份,以补充统治和管理的不足(图18)。正如库珀(Cooper)所说的那样:

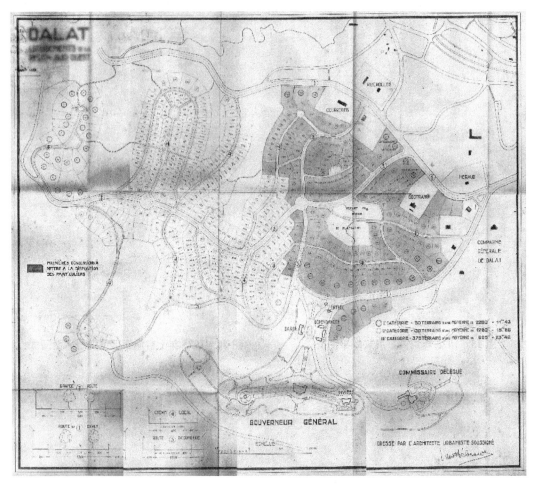

图18　1925年大叻西南片区的地块细分图(总督府区)

"大叻被设计为夏季政府所在地,也是宗主国精英的休憩场所。它被认为是一个受高度控制的环境。大叻旨在通过场地和设计激发政府效率,实现高尚的休闲,使人身心健康。"[45]

随后,路易斯·皮诺(Louis Pineau)、蒙迪(Mondet)和拉比斯凯(Lagisquet)等法国规划师继承了赫布拉德的工作,逐渐完成他的理想[46]。

4　现代:社会主义城市规划

抗法战争结束后(1954年后),胡志明领导北越站到社会主义阵营,一方面寻求苏联和中国援助,另一方面学习他们心目中所向往的国家模型,即一个走马克思列宁主义道路的国家。1955年5月签署《苏联越南经济的技术合作协定》后,社会主义国家的技术专家纷纷前往协助北越(越南)[47]。在规划方面,至少有10个国家安排技术团体在北越(越南)工作。他们的工作内容是为应对"应急战争"的设计、改造、发展和重建规划。从他们所做的实践对象看，主要分为工业城市和工业区规划、农业城市和镇村网络规划、计划经济思想下的邻里单元规划三个主体。

4.1 工业城市和工业区规划

1960年，波兰、苏联和中国三个国家首先派遣规划技术专家到北越。波兰教授彼得·萨伦巴（Piotr Zaremba）（1910—1993年）[17]是第一位为河内提出"首都区域规划"建议的专家，他认为可以以西湖为新的地理中心，围绕它规划三环公路和一环铁路，并在这些交通设施上安排工业、制造业。他的想法由苏联建筑师安泽诺夫（I. A. Antyonov）于1962年补充和完成。1973年，由谢尔盖·伊万诺维奇·索科洛夫（Sergei Ivanovich Sokolov）带领的列宁格勒都市规划建设研究院[18]，又一次采用了萨伦巴（Zaremba）和安泽诺夫的思想，完成"河内列宁格勒规划"，对越南现代城市规划的知识体系影响深远（图19）。

除了首都城市之外，波兰专家还帮助规划海防工业港，中国专家帮助规划太原（钢铁工业）和越池（化学工业）两座工业城市。随后的1965—1975年，东德派遣技术专家协助规划荣市（注重制造业），罗马尼亚协助规划太平（农产品加工），朝鲜协助规划北江工业区，古巴帮忙规划洞海工业区，匈牙利帮助规划鸿基和瓃烴（矿业）等[48]。总之，这些实践规划都有着一个共同的特点，即注重工业生产，以消除殖民时期所遗留的"贸易依赖性"特点。在当时的共产主义人眼里，"贸易"被视为非生产城市。

图19　1973年河内列宁格勒规划方案总平面图

4.2 农业城市和镇村网络规划

面对美国不断空袭的情况，北越（越南）政府提出分散建设理念，在农村地区实行网络生产模式，规划建设一个由多个小型镇村组合的网络。在中国和苏联专家的帮助下以河内周边地区的桃园和快州两县为模范区规划，逐渐扩展到海兴、安楚、琼瑠、舞秋、东兴、南定等地[48]。在这个过程中，来自保加利亚的规划技术团队提出了省域规划理论，它是一种根据阶段变化而制定的动态性规划，以引导传统镇村逐步走到大规模生产模型，最终形成若干现代农村城市。该理论奠定了越南现代乡村规划的发展基础。

4.3 计划经济思想下的邻里单元规划

由于工业发展和战争毁坏等原因，1955—1965年的建设问题主要在居住房屋方面。在河内、海防、荣市、南定等城市，在摆平市（永福省）、哥谭市（太原省）等工业区，这个问题都是迫切需要解决的。面对这样的问题，东德技术团队提出了城市中心区的实施性规划，该规划在荣市的光中小区进行实践，其核心思想是选择一处交通最为便利的区域，全盘重建为能够最高效地容纳人口的小区(图20)。另外,列宁格勒都市规划建设研究院又提供了另外一种思维,即计划经济方式的邻里单元,在大城市郊区得以实践。该类规划的第一个模范区是河内金莲小区(图21)。这两种思想的源头都是20世纪的现代主义规划,但是在社会主义国家表现出不同的特征[49]。

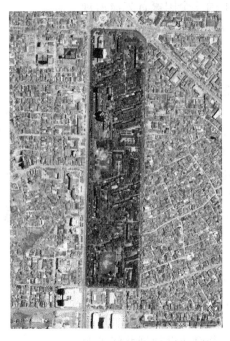

图20　荣市光中小区

图21　河内金莲小区

5 结论

随着越南历史的变迁,以1859年、1956年为分界点,越南先后主要受到中国、法国、苏联的影响,呈现出儒家思想、殖民主义、社会主义三种不同类型的城市规划,当然在1950—1970年,南部越南也呈现出资本主义城市规划的类型特征(图22)。1859年之前,源自中国的儒家思想城市规划是以维护国家政体为宗旨,并辩证地运用自然因素。1859—1956年法国殖民阶段的城市规划注重交通基础设置建设,旨在提升殖民地经济潜力。他们着力打造"欧洲中心"的意识形态,以维护殖民统治政体。自1956年延续至今的社会主义规划,将重点落实在提升国家经济实力的工农建设上;同时,以计划经济思想为出发点进行邻里单元建设,以期建成共产社会的理想城市(图23)。1986年革新开放后,越南与西方国家的交流逐渐频繁,不断引入和学习来自各国的规划类型及规划理论,主要包括日本、美国、德国及澳大利亚等。

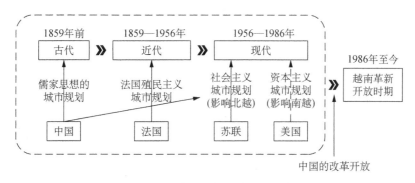

图 22 外来影响下越南城市规划演变脉络

图 23 外来影响下越南城市规划的知识体系

从古代到现代的越南规划史演变过程中可以发现,越南城市规划不是"在被统治、被保护或接受援助时遵循他国,在独立时寻回自己"那样简单。这个过程可看作由多层不同文化色彩的城乡理念、建设技术以及理念技术的空间化在同一个维度上的叠加。一方面,其叠加效果体现在物质空间上,呈现出一种由多个不同文化板块拼接而成的城市或镇村;另一方面,叠加效果在规划思想空间上也造成了许多模糊地带,尤其表现在越南执政者、规划者甚至整个社会对"外国规划"的价值认识层面。换个说法,当历史中的某一个外国规划事物被摆在越南决策者面前,一般都会表现为两面性:一面是现代性或优越性或人文性;另一面是被保护、被殖民或帝国主义或难忘的穷饿(计划经济时代),导致越南从革新开放(1986年)以来的城市规划(包括学科及行政)是一种跨文化互动的知识建构,但这并不是欣欣向荣的孵化体,反而是模棱两可的,具体表现在对自身所经历的外国规划的态度,时而夸赞时而轻视。这些可以通过越南近30年的重要城市规划文件(河内市、胡志明市、顺化市总体规划等)以及城市规划的学术文献找到依据,尤其是在解析"本土""民族认同""外国""中国""法国""苏联""美国"等关键词及其相关内容的时候。

需要说明的是,从古至今的越南城市规划很少有排挤外国规划的情况,反而在面对新挑战或需要更改自身理论体系的阶段中更倾向于依赖外国经验。正因为如此,问题就出现了:首先是"在那些曾经经历过的外国规划里,有多少已经吸收为自己的知识"?其次是"面对着一个复杂的历史背景和历史空间时,如何看清自己,到底借鉴哪一个文化体系的外国规划"?当然,这两个问题只是从历史角度出发,但是笔者认为它们是目前"都市遗产""民族认同""文化认同""本土特色""根源文化""城市品牌""规划教育""规划实效"等一系列理论和实践问题的源头。

注释

① 参见维基百科中国都护越南(Chinese Domination of Vietnam)条目部分内容。

② 这段历史被称为"越南战争"(1954—1975年):越南以北纬17°线被划分为南越和北越两个政权。南越为越南共和政府,接受美国、澳大利亚、韩国、泰国、菲律宾等国的援助。北越为越南民主政府,接受苏联和中国的援助。

③ 在规划文化层面上,接纳外来指的是将某外来属性的文化转变为自己的文化范畴,去除外来指的是抵抗某种外来文化的侵蚀和影响,或者将存在于自己文化范畴内的某种具有外来属性的文化去除。在越南,汉字从被接纳到被废除的过程就是一个典型案例。

④ 不加批判的接纳(Uncritical Reception)是一种故意不加以批判或不经过专业评审阶段而接受外来援助或帮助,在通常情况下是妥协于某种权力的"诱惑"或"操纵",详见 MERCURE-JOLETTE F. Hans Blumenfeld:a moderate defense of expertise in the controversial 1960s[EB/OL].(2018-01-23)[2019-06-18]. http://doi.org/10.1080/02665433.2018.1423638;NJOH A J. French Urbanism in Foreign Lands[M]. [S.l]:Spring International Publishing,2006。

⑤ 《说文解字》:"郡,周制,天子地方千里,分为百县。"《左传》:"千里百县。"《三国志》:"百里之县不足以展翼。"《汉书·百官公卿表》:"县大率方百里。"

⑥ 遵循方百里之地可以食作夫五万。详见袁祖亮,高凯.略论先秦秦汉时期的制土分民思想[J].郑州大学学报(哲学社会科学版),1998,31(3):11-15,22。

⑦ 安南为越南古名,安南得名于唐代的安南都护府。

⑧ 参见孙施文的"营城制度"概念(孙施文.中国城乡规划学科发展的历史与展望[J].城市规划,2016,40(12):106-112)。

⑨ 参见陶维英的"螺城还是茧城"[陶维英.越南古代史(上)[M].北京:商务印书馆,1976:218]。

⑩ 参见"西汉晁错建议新邑规划建设"的基本内容(吴良镛.中国人居史[M].北京:中国建筑工业出版社,2014)。

⑪ 原文:The originality of the colonial context is that economic reality, inequality, and the immense difference of ways of life never come to mask the human realities. When you examine at close quarters the colonial context, it is evident that what parcels out the world is to begin with the fact of belonging to or not belonging to a given race, a given species. In the colonies the economic substructure is also a superstructure. The cause is the consequence; you are rich because you are white; you are white because you are rich. This is why Marxist analysis should always be slightly stretched every time we have to do with the colonial problem.

⑫ 参见关于东京统使府的档案库(Fonds de la Résidence Supérieur du Tonkin)5231号档案,存于国家一号档案馆(河内)。

⑬ 参见关于东京统使府的档案库(Fonds de la Résidence Supérieur du Tonkin)10145号档案,存于国家一号档案馆(河内)。

⑭ 联合政策(Association):柔和地处理殖民地的行政与法律,接受地域的自然与人文影响因素,适当允许本地人的自身进化方式。联合主义不反对"开化使命",只是更注重"精神同化"任务,使本地人进化到与殖民者同等,最终走到共和模式。

⑮ 原文:Le meilleur moyen pour arriver à la pacification dans notre nouvelle colonie est d'employer l'action combinée de la force et de la politique. Il faut nous rappeler que dans les luttes coloniales nous ne devons détruire qu'à la dernière extrémité, et, dans ce cas encore, ne détruire que pour mieux bâtir. Toujours nous devons ménager le pays et les habitants, puisque celui-là est destiné a recevoir nos entreprises de colonisation future et que ceux-ci seront nos principaux agents et collaborateurs pour mener à bien nos entreprises.

⑯ 各人种在白天自由活动,但在晚上回到"他们的街区"。

⑰ 彼得·萨伦巴(1910年6月10日出生于海德堡,于1993年10月8日在什切青去世),波兰城市规划师,波兰空间规划学院的联合创始人、教授。

⑱ 这个团队包括:瓦谢列娃(M. G. Vasil'eva),罗曼纽克(N. V. Romnyuk),舍列霍夫(A. Shelekhov),西尼科夫(L. I. Syrnikov),萨摩尼亚(S. N. Samonia),库彻(A. Kucher)。

参考文献

[1] NJOH A J. French urbanism in Foreign lands [M]. Berlin: Springer Publishing Company. 2016:1,96,110-111.
[2] COOPER N. Urban planning and architecture in colonial Indochina [J]. French Cultural Studies,2000,11(31):75-99.
[3] NGUYỄN S Q,NGUYỄN T T M,LUU T G. Lịch sử đô thị[M]. Hà Nội:Nxb Khoa Học và kỹ Thuật,2012:27.
[4] 韩星.儒教的现代传承与复兴[M].福州:福建教育出版社,2015:217.
[5] 阎纯德.汉学研究第4集[M].北京:中华书局,2000:187.
[6] 丁克顺.越南儒学研究的历史与现状[J].复旦学报(社会科学版),2013,55(6):38-44.
[7] 梁志明.论越南儒教的源流、特征和影响[J].北京大学学报(哲学社会科学版),1995(1):26-33,25.
[8] 汪德华.中国古代城市规划文化思想[M].北京:中国城市出版社,1997:56.
[9] 李轶华.浅谈中国传统文化对中国古代城市规划的影响[J].规划师,2002,18(5):8-11.
[10] 张健,马青.中国古代城市规划的文化特点[J].规划师,2006,22(4):89-90.
[11] 中国城市规划学会.中国城市规划学学科史[M].北京:中国科学技术出版社,2018:58.
[12] 孙施文.中国城乡规划学科发展的历史与展望[J].城市规划,2016,40(12):106-112.
[13] 芳园. 国学知识一本全[M].天津:天津人民出版社,2015:6.
[14] 黎崱,大汕.安南志略:海外纪事[M].武尚清,余思黎,点校.北京:中华书局,2000:17.
[15] 高熊征.安南志原[M]. 法国远东学院订刊.河内:法国远东学院,1931:136-137.

[16] 陶维英.越南历代疆域[M].钟民岩,译.北京:商务印书馆,1973:148.
[17] 李昌宪.中国行政区划通史:宋西夏卷(修订本)[M].上海:复旦大学出版社,2017:167.
[18] 郭红.中国行政区划通史:明代卷[M].2版.上海:复旦大学出版社,2017:213.
[19] 傅林祥,林涓,任玉雪,等.中国行政区划通史:清代卷(修订本)[M].上海:复旦大学出版社,2017:327.
[20] 武廷海.六朝建康规画[M].北京:清华大学出版社,2011:39-41.
[21] NGUYỄN V N. Thành cổ việt nam [M]. Hà Nội:nxb Khoa Học Và Xã Hội, 1983:33-35.
[22] 陶维英.越南古代史(上)[M].北京:商务印书馆,1976:218.
[23] 徐龙国.秦汉城邑考古学研究[M].北京:中国社会科学出版社,2013:67.
[24] 越南史料编译委员会.安南志略[M].顺化:宏德出版社,1960:17,59,236.
[25] 宇汝松.论道教风水观念对越南社会的影响[J].宗教学研究,2016(2):55-60.
[26] 王继东.试析中西文化影响下的越南阮朝都城顺化[J].东南亚,2007(3):58-63.
[27] 牛军凯.试论风水文化在越南的传播与风水术的越南化[J].东南亚南亚研究,2011(1):80-85,94.
[28] 李百浩,丁替英,任小耿.植入与延续:越南八卦城的规划史解读[J].城市规划,2018,42(8):66-75.
[29] 孙红旗.殖民主义与非洲专论[M].徐州:中国矿业大学出版社,2008:1.
[30] VANN M G. Building colonial whiteness on the Red River: race, power, and urbanism in Paul Doumer's Hanoi,1897-1902[J]. Historical Reflections,2007,33(2):277-304.
[31] FREDRICKSON G M. Mulattoes and métis: attitudes toward miscegenation in the United States and France since the seventeenth century [J]. International Social Science Journal, 2010, 57 (183): 103-112.
[32] HARDY R B D. The making of urban America: a history of city planning in the United States by John W. Reps [J]. Town Planning Review,1999,70(1):131-132.
[33] TÔN N Q T, TRƯƠNG H T. Viết them về quy hoạch Coffyn 1862[J]. Tạp Chí Khoa Học Xã Hội, 2011,150(2):16-23.
[34] JEAN B. Documents pour servir à l'histoire de Saigon, 1859 à 1865[M]. Saigon: A Portail, 1927: 37-40,280.
[35] FULLER M. Building power: Italy's colonial architecture and urbanism,1923-1940 [J]. Cultural Anthropology,1988,3 (4):455-487.
[36] DOUMER P. L'Indochine Française: souvenirs[M]. Paris: Vuibert et Nony,1905:326.
[37] THOMPSON V. French Indo-China [M]. New York: Octagon Books,Inc,1968:235.
[38] NJOH A J. Urban planning, housing and spatial structures in sub-Saharan Africa: nature, impact and development implications of exogenous forces [M]. Aldershot: Ashgate, 1999: 115.
[39] DOUMER P. Xứ Đông Dương L'Indo-Chine Française (Hồi Ký) [M]. Hà Nội: Nxb Thế Giới, 2016: 31,54-59.
[40] FANON F. The wretched of the earth [M]. New York: Grove Press,1963:40.
[41] NGUYỄ T H. SựHình Thành và Chuyển Biến của các "Khu Phố Tây" và "Khu Phố Mới" ở Hà Nội Thời Pháp Thuộc[M] //PHAN P T. Khu Phố Tây Hà Nội Nửa Đà Thế Kỷ XX Qua Tứ Liệu Địa Chính. Hà Nội:nxb Hà Nội,2017:167-242.
[42] NACINOVIC C. Kiến trúc của các công trình công cộng thời thuộc địa ở Hà Nội và ảnh hưởng đối với quá trình phát triển đô thị[M]// CLÉMENT P. Hà Nội Chu Kỳ của những Đổi Thay Hình Thái Kiến Trúc và Đô Thị. Hà Nội:nxb Khoa Học và Kỹ Thuật,2010:155-171.
[43] LYAUTEY G. Lettres du Tonkin et de madagascar 1894-1899 [M]. 3rd ed. Paris: Armand Colin, 1933:638.
[44] JENNINGS E T. Da Lat, capital of Indochina: remolding frameworks and spaces in the late colonial era

[J]. Journal of Vietnamese Studies,2009,4 (2):1-33.

[45] COOPER N J. French colonial discourses: the case of French Indochina 1900-1939 [D]. UK: University of Warwick,1997:77.

[46] JENNINGS E T. Urban planning, architecture and zoning at Da Lat, Indochina (1990-1944) [J]. Historical Reflections,2007:327-362.

[47] LOGAN W S. Russians on the Red River: the Soviet impact on Hanoi's townscape,1955-90[J]. Europe-Asia Studies,1995,47(3):443-468.

[48] LƯ UĐ C . Thành tựu của công tác quy hoạch đô thị nông thôn trong sự phát triển đô thị 60 năm qua [J]. Tạp Chí Quy Hoạch Đô Thị,2018(32):21-28.

[49] WILLIAM S L. Hanoi: biography of a city [M]. Sydney: UNSW Press,2000:204:67.

图表来源
图1源自:笔者绘制.
图2源自:笔者根据法国远东学院的考古研究(1920年)绘制.
图3源自:笔者根据河内1891年地图绘制.
图4源自:笔者拍摄.
图5源自:笔者根据越南国家图书馆档案拍摄.
图6源自:笔者根据宋代天文图石碑(藏于苏州图书馆)绘制.
图7源自:笔者根据顺化古都博物馆档案拍摄.
图8源自:笔者根据越南国家二号档案中心(胡志明市)档案拍摄.
图9、图10源自:笔者根据法国国家图书馆(BnF)电子图书资源拍摄.
图11源自:DOUMER P. L'Indochine Française: souvenirs[M]. Paris: Vuibert et Nony,1905:326.
图12源自:笔者根据法国国家图书馆(BnF)电子图书资源拍摄.
图13至图16源自:笔者根据越南国家一号档案中心(河内)档案拍摄.
图17源自:笔者根据越南林同省博物馆档案拍摄.
图18源自:笔者根据越南国家一号档案中心(河内)档案拍摄.
图19源自:越南建筑师黄进发(Huỳnh Tấn Phát)提供.
图20、图21源自:谷歌地图库.
图22、图23源自:笔者绘制.

将城市史引入越南建筑及城市规划教学中：
导论性思考与展望

黎琼芝　李明奎　任小耿（译）

Title: Introducing Urban History into the Teaching of Vietnamese Architecture and Urban Planning: Introductory Thinking and Prospect

Authors: Le Quynh Chi　Le Minh Khue　Ren Xiaogeng (Translator)

摘要 越南的城市历史已经有上千年，它不只由单一的文化现象主导，而且受到多元外来文化的影响，因此值得深入研究。然而，作为一门学科，城市史在越南却只有不到20年的教学和研究历史。目前，越南大部分教科书和其他著作均聚焦于西方城市历史内容，而关于东方城市历史的内容则多是概略性介绍，没有受到重视，这源于学者缺乏对当地城市历史文献的解读和研究。本文基于文献法和人物访谈法，介绍越南城市史的基本概况，梳理城市史在越南建筑和城市规划教育中的发展过程，并以越南国立土木工程大学为案例阐述了城市史课程在目前教学中的现状以及所存在的问题，最后给出导论性的思考并呼吁对越南城市史进行进一步研究。

关键词 城市史；规划教育；越南

Abstract: The urban history of Vietnam has gone through thousand years. It is not only dominated by a single cultural image, but also influenced by multiple foreign cultures. Therefore, it is worthy of in-depth study. However, the urban history subject has been quite new in Vietnam with around 20 years of teaching and conducting research. At present, most of textbooks and other books on urban history in Vietnam have a large content on Western urban history, while most of the contents about the history of eastern cities are brief introduction. It is attributed to the lack of documents and research on local urban history. The paper objectives are to grasp a general understanding of urban history in Vietnam, the development of architecture and city planning education in Vietnam, and the current situation of Urban history course in Hanoi national university of civil engineering in Vietnam. The methodology is mostly based on literature review and in-depth interview with key persons. The conclusion is to give an introductory thought and a call for further research on Vietnamese History.

Keywords: Urban History; Planning Education; Vietnam

作者简介
黎琼芝，越南河内国立土木工程大学城市规划系，副教授
李明奎，同济大学建筑学院，博士研究生

译者简介
任小耿，东南大学建筑学院、代尔夫特理工大学，联合培养博士研究生

1 引言

越南城市的形成历史,基于两个方面的因素:一是社会经济背景;二是外国思想的影响。一般来讲,越南城市历史可以大致分为四个时期:古代时期(939—1884年);法国殖民时期(1884—1954年);社会主义时期(1945—1986年);现代时期(1986年至今)。

越南在古代时期属于封建制度,完全由皇帝控制,并受到中国的巨大影响。在这一时期,越南与中国之间发生过几次冲突,然而每次冲突之后,越南统治者都会尽其所能地重建朝贡体系。有趣的是,越南通常会主动派遣使节前往北京,提倡维护皇帝尊严,以换取和平和认可[1]。

16世纪开始,阮主(Chúa Nguyen)开始在越南南部与欧洲人通商,并设立了著名的贸易港口会安(Hoi An)。19世纪,越南北部也开放口岸,与外国人通商。这些外国人不仅包括欧洲人,还有印度人、中国人、东南亚人等。这些贸易活动带来经济活力,进而推动了越南古代社会繁荣的发展[2-3]。

当时的城市通常分为两部分,即皇家城市(Hoàng Thành)和百姓城市(Kinh Thành)。通过建筑形式可以明显看出城市由两个部分组成:城堡区(Thành)和市场区(Thị)。受当时中国城市模式的影响,越南城市社会的秩序亦反映在空间的分离结构上,即皇亲贵族居住在城堡区,百姓居住在市场区[4]。

然而,与中国城市不同的是,越南封建城市可被视为一个混合结构体,其中融合了乡村文化和士绅文化(儒家),具体表现在以下几个方面:一是城墙是开放的;二是城堡区混合了都市空间结构和乡村空间结构。此外,越南的城堡并非中国传统城市的复制品,其在防御结构方面还吸取了法国的"沃邦"形式。河内就是一个典型的案例,即外部的城墙按照沃邦形式来建造,内部空间却严格遵循儒家思想的原则[5]。

法国殖民时期始于"文明化使命"[5-7]。作为"文明化使命"的一个组成部分,"假象"的法国文化叠加在这些城市空间上,许多越南公共建筑被法式建筑所取代。法国在河内发展工业,建设了铁路网和电车。1888年,河内被宣布为自治市,并开始呈现出"西式"城市的面貌。然而,越南城市在这一时期并没有呈现出由单一文化主导的现象,与其他殖民地城市特征类似,越南殖民城市中的欧洲居民与当地居民也同样存在空间隔离。但河内的空间隔离模式并不像英属殖民地那般严格,其原因是越南精英阶层和法国统治阶层的频繁交流[8]。

在苏联的经济援助下,越南建立起民主共和政体。这一时期,苏联援助越南建设了300余个工程项目,其中,30%涉及工业建设[5]。由于持续的战争,越南城市的住房供应变得更加短缺。于是,在1950年代后期,越南政府颁布建设"集体居住区"的政策,在城市的郊区建设若干个"集体区"(Khu Tập Thể)。这项政策由越南政府自主领导,且在新政权的变革意愿和政治政策下推动,因此扩大了政府在现代化工业国家建设中的作用。具体来看,越南社会主义政府在原有城市的边缘规划了自给自足的居住社区,建设了包括日托、学校、医疗诊所、住宅和公园等在内的公共设施[9]。

1986年,越南政府出台"革新开放"政策,鼓励外国投资和合作,这在一定程度上促进了越南与西方国家的交流。在革新开放的开始阶段(1980年代末),由于越南对西方仍持有怀疑态度,因此外国资本并没有得到充分利用。1990年以来,越南政府对于西方投资的态度有所转变,持更加开放和友好的态度,从而带来了显著的成果。尤其是在国家发展援助和国外直接投资方面,标志事件是2000年与美国签订双边贸易协定及2007年加入世界贸易组织。

此外,开放政策也促进了外国建筑思想在越南的交流和传播。1960年代,越南出版了第一本外国建筑杂志,即《俄罗斯建筑杂志》,后来波兰、斯洛伐克和德国等国家的建筑杂志也被引入越南,但是来源国主要集中在社会主义国家。"越南与其他国家关系的改善及交流的增多,促进了1990年代资本主义国家书籍的增加。"①从1986年开始,法国的建筑杂志在越南受到欢迎[8]。同时,开放政策扩大了出国留学的机会,留学的主要目的地也发生了变化。1986年之前,留学目的地仅限于几个社会主义国家,包括苏联、古巴、波兰和东德等;开放政策实施后,学生更倾向于选择美国、澳大利亚、英国、新加坡和法国等国家②;除此之外,中国也成为越南学生留学的主要选择;近年来,受日本文化所吸引,尤其是现代时尚和音乐等领域[8],越南的年轻一代逐渐将日本作为留学以进一步深造的国家。河内国立土木工程大学和河内建筑大学作为两所著名的建筑院校,其年轻教师(约30岁)大多留学过日本、法国、澳大利亚和意大利等国家,获得硕士或者博士学位后回国任教。此外,在对外合作交流上,与这两所大学合作的外国高校也提供了大量的帮助。总体而言,河内作为国际交流的平台,见证了开放政策所带来的人才、知识的流通,以及随之而来的城市规模转变和空间专业化转型[10]。

2 越南的建筑和规划教育历史

1924年,法国在河内设立印度支那艺术大学。作为第一所越南艺术与建筑类高校,它将艺术思想从西方引入今中南半岛地区,其建筑系成立于1926年。1943年,由于战争原因,该建筑系迁移至大叻,由容歇(E. Jonchère)校长负责。1944年,该建筑系又升级为建筑学院,但是仍然属于印度支那艺术大学。该学校培养了越南的第一批建筑师,其中阮高练(Nguyen Cao Luyện)(第三届)、阮议(Nguyen Nghị)(第九届)后成为越南最著名的建筑大学的校长,即河内建筑大学和河内国立土木工程大学的创始人。

1961年,越南政府授权建筑部开设了第一个建筑师培训班,其课程根据中国清华大学和同济大学的经验而设置。此次培训的领导,包括建筑师阮高练(董事会主席)和阮议(主管教育的副主任)。同年,百科大学建设系开设了第一个建筑学本科专业,以满足战后巨大的建筑工程需求[11]。1967年,基于这类培训班和建筑学本科专业,在河内国立土木工程大学设立了第一个建筑与城市学院。1969年,建筑部也设立了建筑教育学校,后改名河内建筑大学,其教育理念受到由印度支那艺术大学毕业的建筑师阮高练的影响③。

河内国立土木工程大学建筑与城市学院(隶属于教育和培训部)的教师,主要来自百科大学,他们专注于技术问题,由阮议牵头③。1968年,城市规划系成立,由曾经在苏联接受建筑教育的张光操(Trương Quang Thao)担任系主任④。1970—1980年,越来越多的教师从越南本地建筑院校毕业或在古巴、中国、安哥拉和苏联等外国学校接受教育,这在一定程度上促进和扩展了该学院的师资规模。1998年,胡志明市建筑大学(前身是大叻建筑大学)设立了规划学院,由建筑师姜文十(Khương Văn Mười)担任院长。该院的大部分教师毕业于越南河内国立土木工程大学④。2000年,胡志明市建筑大学招募了30多名在澳大利亚、日本、中国、比利时等国家接受教育的老师。

1990年之后,越南高校普遍开始设立建筑系,如东都大学(1994年)、文郎大学(1995年)、顺化大学(2001年)、开放大学(2014年)、岘港大学(2016年)。其中,大多数的建筑院(系)领导或者创始人都毕业于越南河内国立土木工程大学(图1)。

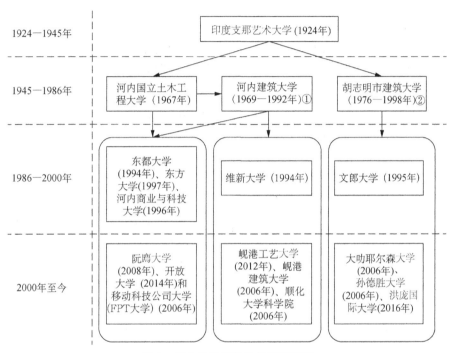

图1 越南建筑类院校发展演变图

注:① 1969—1992年为建筑学及城市规划系建立时间;② 1976—1998年为建筑系及城市规划系建立时间。

迄今为止,开设建筑和规划专业的学校共有17所,其中8所有专门的城市规划专业,集中在河内、胡志明、芽庄、顺化和大叻等城市,每年招收的学生数量为400—500人[1]。

3 城市史课程在越南教育体系中的发展状况

在越南,各学校的建筑学院基于不同的培养目标,将城市史课程与建设史课程相互交叉或者单独作为课程进行教学,总体上可分为两类。

第一类:具有悠久历史的大学院校,包括河内国立土木工程大学、河内建筑大学和胡志明市建筑大学。这些学校要求学生必须获得150—178个学分,其中建筑规划课程占70%—80%。城市史作为单独的课程,占2—3个学分(表1)。

第二类:较晚成立的建筑学院,通常将城市史课程作为建筑史的一部分进行教学。

表1 越南部分大学城市史课程的学分情况

学校	总学分(个)	城市史课程学分(个)	学年(个)
河内建筑大学	160	2	3
河内国立土木工程大学	178	2	3
胡志明市建筑大学	150	3	1

4 河内国立土木工程大学的城市史课程

1990年后，城市史作为一门单独的课程开始被教授给建筑专业的学生，第一本教材是邓泰皇(Dang Thai Hoang)教授于1992年出版的《城市规划艺术史》。1993年，他继续出版了《西方现代城市规划》与《古代和中世纪时期的城市规划》两本著作。2000年，一本名为《都市史》的书籍出版，收集了上述三本书的内容。这些书籍对越南的研究生和本科生学习城市史起到了非常重要的作用。邓泰皇教授出身于越南著名的知识分子家庭，从小学习中文和法文。他曾在中国同济大学接受建筑学本科教育，并在罗马尼亚完成博士学位。在中国学习期间，邓泰皇受到时任同济大学建筑与城市规划学院院长兼著名城市规划师李德华教授的帮助，专门研究城市规划理论，尤其是在城市历史方面。由于精通五国语言，他回顾了全世界范围内的经典建筑学专业书籍，并翻译出版，为越南的建筑学专业人士提供了重要参考。关于城市史内容，其书中回顾了东西方从古代到现代的历史，但更聚焦于西方国家，对于亚洲等东方国家的历史则只进行了简要的描述。他将越南城市史内容放置于中西方宏观背景下，希望从西方城市规划发展历程中汲取经验和教训⑤。自2011年以来，一些在荷兰等英语系国家接受过培训的年轻教师继续开展城市史课程，其课程内容除了参考邓泰皇教授的书籍外，还将英语的专业书籍及德国和日本最近的研究作为参考内容⑥。

城市史课程的教学时间为30个小时(包括24个小时理论和6个小时实践)。在第三学年，老师向学生教授的课程内容包括城市起源、古代城市、中世纪城市、文艺复兴和巴洛克城市、现代和后现代城市以及越南城市历史等。其中，西方城市史的内容约占65%，东方城市史的内容约为20%，越南城市史的内容约为15%(图2)。

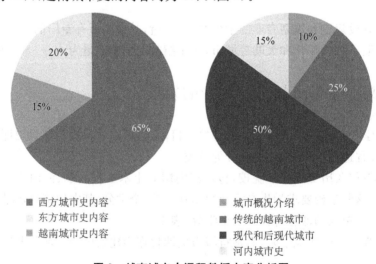

图2 越南城市史课程教授内容分析图

5 反思及展望

5.1 城市史研究的挑战

越南目前的规划实践受到西方的影响,如住房单元模型、以公共交通为导向的开发(TOD)等,但依然有必要理解越南城市史核心中的东方规划经验。在越南,大多数关于城市史的文献都是由汉字编写的,特别是前殖民时期(1858年之前)。近代以来越南语言体系的转变,导致难以理解和解读古代时期的历史文档。此外,"城市史"和"城市规划史"这两个概念仍存在争论,主要原因是没有足够的数据库支撑,也缺乏对古代时期建筑和城市规划历史的足够认知。今日的越南,城市规划学科正在面临转型,但从业者普遍缺乏对传统经验的理解,因此未来有必要提高城市史教学在越南城市规划学科发展中的作用。

5.2 城市史教育的挑战

目前在越南建筑规划专业教育中存在以下挑战:第一,课程时间上,30个小时用于教授城市史课程是不够的;第二,在教学方法上缺少像视频、模型等的资料;第三,语言文字问题难以理解或是对国内文献理解深度不足,也是制约学生深入学习城市史的主要因素;第四,在本科生课程和研究生课程中,缺乏关于规划史的内容。

5.3 发展机遇

越南的城市史已经有上千年,它不只是由单一的文化现象所主导,而且还受到多元外来文化的影响而塑成,因此值得深入研究。近年来,越南的城市史和城市规划逐渐引起国际组织的关注,如联合国人居署、世界银行等;同时,外国高校和学者也逐渐将越南作为研究的对象。目前,越南的大学和学院也在逐渐融入全球教育背景中,如派遣年轻讲师前往国外进行学习深造,各个高校也在不断改革课程和创新教育方法,这些为进一步开展城市史研究提供了机遇。

注释
① 参见2018年对越南建筑学会副会长阮国松(Nguyen Quoc Thong)教授的访谈。
② 参见2010年1月23日的越南新闻报道,http://www.thanhniennews.com。
③ 参见2018年对河内国立土木工程大学院长范雄强(Pham Hung Cuong)副教授的访谈。
④ 参见2018年对河内国立土木工程大学讲师阮文段(Nguyen Van Doan)的访谈。
⑤ 参加2018年对河内国立土木工程大学教授邓泰皇(Dang Thai Hoang)的访谈。
⑥ 参见2018年对河内国立土木工程大学讲师冯美幸(Phung My Hanh)的访谈。

参考文献
[1] HAI D T. Vietnam:riding the Chinese tide [J]. The Pacific Review,2017(31):2,25.
[2] PAPIN P. Histoire de Hanoi [M]. Paris:Fayard,2001:204.
[3] KHOI L T. 3000 Jahre Vietnam:schicksal und kultur eines landes[M]. Müunchen:Kindler,1969:314.
[4] TRUNG Q P. Hanoi du XIX siècle[C]. Amsterdam:Euroviet Conference,1997.
[5] LOGAN W S. Hanoi:biography of a city [M]. Seattle:University of Washington Press,2000:6.

[6] WRIGHT G. Indochina the folly of grandeur in the politics of design in French colonial urbanism[M]. Chicago:The University of Chicago Press,1991:45.

[7] SCHENK H,NAS P J M.Hanoi:between the imperfect past and the conditional future[J]. Directors of Urban Change in Asia,2005(3):56-78.

[8] GEERTMAN S,LE Q C. Globalization of urban forms in Hanoi[R]. Hanoi:Research Report,2010:113-114.

[9] LABBÉ D,JULIE-ANNE B. Understanding the causes of urban fragmentation in Hanoi:the case of new urban zones[J]. International Development and Planning Review,2011,33 (3):273-291.

[10] GEERTMAN S. The self-organizing city in Vietnam:processes of change and transformation in housing in Hanoi[D]:[Doctoral thesis]. Netherlands:University of Technology Eindhoven,2007.

[11] DOAN D T. Training architects in Vietnam 50 years - between the XX century[EB/OL]. (2009-07-22)[2019-06-19].https://kientrucxd.blogspot.jp/2009/07/kien-truc-viet-nam42.html.

图表来源

图1、图2源自:笔者绘制.

表1源自:HINH N X. Studying and evaluating specialized establishments training at architecture and urban planning to develop training programs in association with practice[R]. Hanoi:Research Report, 2017:45-46.

第四部分 城市空间形态研究
PART FOUR RESEARCH ON THE URBAN SPATIAL FORM

形态基因视角下的城市地域特征研究：
以成都为例

李 旭 陈代俊

Title：Study on Urban Regional Characteristics from the Perspective of Morphological Genes: Take Chengdu as an Example

Authors：Li Xu Chen Daijun

摘 要 本文回溯中国城市建设历程，认为城市形态"基因"的概念反映了中国"本土"特色探索从建筑到城市、从表象到本质、从静态到动态的发展趋势。结合相关理论的历史发展与概念辨析，将城市形态基因定义为城市形态的生成与组织原则，包括形式构成规律及地域自然、社会因素对形式规律的作用机制。应对城市整体性与复杂性的特点，提出按"多尺度层级""多维度关联"的框架，通过演变过程解析城市形态基因。以成都为例，分析城市道路网络的特征与演变过程，揭示其形式基因及背后的自然环境与社会文化基因，分析它们对城市未来发展的影响，探讨如何基于形态基因传承与发展地域"本土"特色。

关键词 城市形态；地域特征；形态基因；传承与发展

Abstract：In retrospect of the history of urban construction in China, it is believed that the concept of 'gene' of urban form reflects the development trend of the exploration of Chinese 'native' characteristics from architecture to city, from appearance to essence, from static to dynamic. Combining with the historical development and concept analysis of related theories, the urban morphology gene is defined as the generation and organization principle of urban morphology, including the law of form formation and the mechanism of action of regional nature and social factors on the law of form. In response to the characteristics of urban integrity and complexity, a framework of 'multi-scale hierarchy' and 'multi-dimensional association' is proposed to analyze urban morphological genes through the evolution process. Taking Chengdu as an example, this paper analyses the characteristics and evolution process of urban road network, and reveals its formal genes and the natural environment and social and cultural genes behind them. It also analyses their impact on the future development of the city, and explores how to inherit and develop regional 'indigenous' characteristics based on morphological genes.

Keywords：Urban Morphology; Local Characteristics; Morphological Genes; Inheritance and Development

作者简介

李 旭，重庆大学建筑城规学院/山地城镇建设与新技术教育部重点实验室，副教授

陈代俊，重庆大学建筑城规学院，硕士研究生

生物的基因支持生命的基本构造与功能,储存生命成长与遗传过程的关键信息;

文化基因决定人们对世界的看法与态度,决定地域文明的特征;

是否也存在这样的基因,它们决定城市的形态特征,持续影响城市的过去、现在与未来……

如何在全球化背景中保持与发展城市的地域特征是我国城市建设迫切需要面对的问题。空间形态是反映城市面貌的重要载体,因而对空间形态的规划和管控成为塑造"本土"特色的重要途径。2015年12月召开的中央城市工作会议明确提出要加强对城市空间形态的规划和管控,留住城市特有的"基因"。那么究竟什么是城市空间形态特有的"基因"?怎样找出这些"基因"?在当下环境条件下怎样留住这些"基因"?

本文拟回溯我国城市建设探索本土特色的历程与相关理论的历史发展,在此基础上定义城市形态基因的概念,提出相应的研究框架;以成都为例,解析城市道路网络的形态基因,揭示地域城市形态的本质特征与生成规律,分析形态基因对城市未来发展的影响,探讨如何基于形态基因传承与发展地域"本土"特色。

1 从中国"本土"特色的探索历程中理解形态基因

近代以来,我国传统的建筑形式受到西方现代文明的冲击,引发了人们对"本土"特色的关注。1929年,南京《首都计划》就曾设"建筑形式之选择"一章,提出"要以采用中国固有之形式为最宜"[1]。而在当时,中国固有形式几乎就被等同于古代宫殿,往往在西式构图基础上采用中国传统建筑的形式(图1),重点是建筑外表的"传统化"。

新中国成立后,建筑创作关注"民族的形式",中国传统建筑风格被认为是民族性的代表。历经1952年到1956年、1958年到1959年的复古浪潮,出现了一批在现代建筑形式上加仿古"大屋顶""小亭子"的建筑。但此

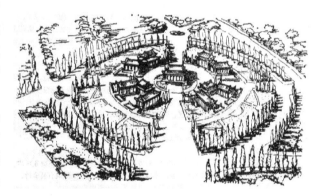

图1 1929年南京《首都计划》傅厚岗行政中心规划鸟瞰图

举也引发了争议,实际上对于本民族传统文化,不应仅仅是"戴帽子""贴标签"式的继承,还应该探索如何继承传统建筑内在优秀的东西。

1980年代以来,"千城一面"的现象更加引起人们对特色的广泛关注,然而很多城市在急切塑造"特色"的同时,又迷失其中,"欧陆风""仿古潮"以及一些地方争"高"、斗"奇"的"地标情结"带来新一轮的"特色制造危机"。显而易见,奇奇怪怪的建筑制造不出城市的本土特色,特色的形成是一个历史沉积的过程,特色的创造是一个发现、选择、重构和创造的过程,首先要"发现"特色形成的本质规律,才有选择、重构和创造的可能[2]。

城市是复杂的巨系统,建筑单体的特征不能代替城市的特色,必须从城市的角度进行系统分析。2015年中央城市工作会议提出加强城市的空间形态、文脉延续的规划和管控,留

住城市特有的地域环境、文化特色、建筑风格等"基因"。这表明城市规划不仅应关注传统建筑与城市的形式特征,更应深入形式背后的本质规律,如此方可结合当前背景条件探讨怎样传承与发展"本土"特色。

综上,从1920年代的中国固有形式、1950年代的民族形式到今天的城市空间形态"基因",反映了中国"本土"特色探索从建筑到城市、从表象到本质、从静态到动态的发展趋势。

2 从相关理论与概念的发展历史中认识形态基因

基因(Gene)的概念最早只是一种逻辑推理,始于1866年孟德尔(G. Mendel)进行的植物杂交试验,他认为植物的性状由遗传"因子"(Factor)所控制。1909年,遗传学家约翰森(W. L. Johannsen)所提出的"基因"一词代替了遗传"因子"的概念,意指控制生物性状的基本遗传单位[3]。1950年代以后,分子遗传学揭示基因是具有遗传效应的DNA(脱氧核糖核酸)片断,父代把自己DNA的一部分复制传递到子代中,从而完成性状的传播。

基因本质上是遗传信息的载体,具有稳定性,可将遗传信息传递给下一代,使之表现出相同的性状,不同的基因贮存着不同的遗传信息,生物表现出的不同特征由不同的基因控制。但基因并非是决定生物性状的唯一因素,生物在纵向遗传过程中受到环境的影响,表现出相应的性状。在一定环境条件影响下,基因也会发生突变,形成新的基因。有关基因及其遗传机制的研究还在继续,将来其定义会更具开放性和包容性。

文化的传承、传播与生物的遗传类似,既保留原有特性,也可能发生变异。理查德·道金斯1976年提出文化基因(Meme)[4],用于描述文化传递的机制,指在诸如语言、观念、思想、信仰、行为方式等的传递过程中与生物遗传功能类似的文化因子。

文化基因决定了特定地区的人对世界的看法,进而决定了该地域的文明[5]。城市被认为是地域文化的载体,文化是城市形态演变发展的内在、本质的逻辑,同时历史文化也是"本土"特色的重要组成内容。从演变的角度了解地域历史文化及其与城市形态的互动,洞悉文化传播的规律有助于更好地解读地域城市形态基因。

形态学(Morphology)也源于生物学,最初应用于人体解剖学,认为可以通过研究结构去了解身体的大部分功能,18世纪末被人文地理学者引入城市研究后产生了城市形态学。康泽恩[6]认为城镇的发展历程与其所处区域的文化历史一起都被深深地镌刻在其外貌及其建成区的肌理中。城市形态学注重研究城市形态的生成(Morphogenesis),"Morphogenesis"一词有时被译为"形态基因",究其根本,"生成"形式的因子与"控制"形式逻辑的因子含义一致,可见形态生成与形态基因的研究在本质上有共通之处。

建筑类型学形成于19世纪初,始于对建筑起源的追溯。昆西(Q. D. Quincy)认为"类型"就是"某物的起源,变化过程中不变的内容";罗西(A. Rossi)将类型定义为建筑的组织原则;莫里奥(R. Moneo)进一步将"类型"定义为"按相同的形式结构,对具有此类特征的一组对象进行描述的概念,其本质是内在结构相似性和对象编组可能性"[7]。所有建筑类型的原始来源,或表达最基本秩序的类型,都被称为"原型"。

从建筑"类型"的定义不难发现"变化过程中不变的内容""生成设计的规则"等与城市

形态基因具有"稳定性"以及"形成与控制城市形态特征"的本质特征十分类似。并且对于类型学而言,类型分析不是最终目的,通过分析、归纳、总结,探索具有生命力的类型,为设计提供参照与指导才是最终目的。而城市形态基因研究也是为了指导设计,传承与发展"本土"特色,因此可借鉴类型学的方法与程序来研究城市形态基因。

以上相关理论的历史发展与辨析显示,有一些与城市形态基因相近似的概念,由于"基因"与"形态"均源于生物学,引入这些概念的理论都关注形态构成与演变过程。城市形态学、建筑类型学、文化基因等理论从各自不同的角度涉及城市形态生成的重要方面,其中的学理与研究方法可资借鉴。

3 城市形态基因的定义与研究框架

城市形态基因可定义为,在一定地域范围内,城市形态的生成与组织原则,包括城市形态特征的形式构成规律,以及自然、社会因素对形式规律的作用机制。即城市形态基因包括人工建设城市形态的形式基因和影响这些形式的自然环境、社会文化等基因。

对应城市形态基因的定义,主要有三方面内容:其一,识别构成地域城市形态的形式基因,揭示形式构成规律;其二,解析这些形式背后的自然环境、社会文化等基因;其三,揭示城市形态的生成,探索城市形态基因的传承与演变规律。城市形态基因的研究有助于搭建理论与实践的桥梁,为探索本土特色的传承与发展提供理论指导。

由于城市形态是复杂的巨系统,包含诸多子系统,以及它们之间错综复杂的互动关系,局部要素特征的罗列不足以认识整体。应对整体性与复杂性的特点,可按"多尺度层级"和"多维度关联"的框架认识城市形态的基因。

首先,将城市分为"城市与环境""路网与用地""建筑与街区"三个层级:建筑群体组合形成街区;街区在道路网络的组织下形成城市用地;城市用地与周边环境共同形成整体的城市形态。在此框架下研究各层级要素的特征、形式规律以及要素之间、层级之间的组构关系,实现对城市形态由局部到整体的认识。

其次,研究形式特征与自然环境要素、社会经济文化的关联,解析形成地域特征、引起形态变化的影响因子及效应,揭示影响因素与形式构成规律的内在逻辑关系。

在此基础上,通过演变过程,解析城市由哪些不同时期的形态基因构成,包括形式规律与影响因素的作用机制,揭示其生成过程。通过演变过程还可以揭示城市形态基因传承与演变的规律,找出哪些形式的基因能经久传承,分析恒久基因能够传承与演变的原因,为传承与发展"本土"特色提供参考与借鉴。

4 成都城市道路网络的形态基因识别

以成都为例,按上述方法解析出城市道路网络的四种形式基因(图2),即北偏东30°方格形路网、正南北向方格形路网、北偏东30°鱼脊形路网、向心环状放射式路网,它们共同构成了复杂的城市道路网络。

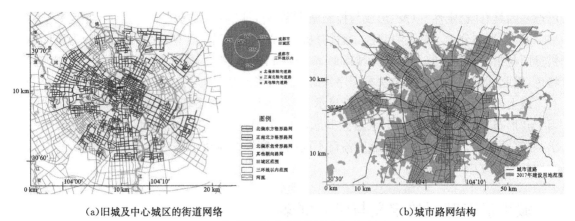

(a) 旧城及中心城区的街道网络　　　　　　　　(b) 城市路网结构

图2　街道网络形式基因的空间分布图

4.1　北偏东30°方格形路网

北偏东30°方格形路网主要分布在旧城,约占旧城路网的75%、中心城区路网的36%[图2(a)]。其形式构成以北偏东30°朝向为基准,街道平行或垂直其布局,形成方格路网。约公元前6世纪,古蜀开明王都"少城"已存在一条北偏东约30°的基准线,道路及建筑大都平行或垂直于此线布局,这种形式延续了一千多年,直至明初,城市中心的路网才局部改变。

成都平原地势西北高、东南低,该朝向的垂线契合水流方向,有利于引水和排水(图3);该朝向与成都平原东西两侧山脉走向及由此形成的主导风向平行,有利于通风(图4);由于成都平原与北方地区明显的气候差异,垂直偏东的朝向更有利于冬季集热、夏季遮阴。正是古人熟谙自然环境的特征与规律,并因势利导地布局建筑、道路与水系,形成了适应环境的城市形态,至今仍对城市有深刻的影响。由此可以提取形式背后的自然环境基因:西北高、东南低的地形;成都平原东西两侧山脉的围合形式以及这种围合形成的东北—西南风向;该地域的日照条件。

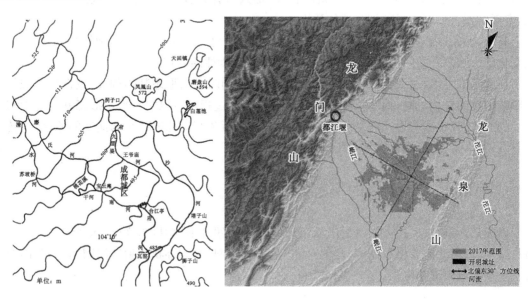

图3　成都城址与地形水系的关系　　　　图4　自然环境与城市形态的关系

形式背后更深层的文化基因则是古人顺应自然规律的价值观与因势利导的建城思想。分析表明,这一类型的形式基因、自然环境与社会文化基因出现得最早、最为恒久,影响也最为深远。

4.2 正南北向方格形路网

正南北向方格形路网主要位于城市中心,在旧城这种类型的道路占24%,在中心城区约占22%[图2(a)]。其形式构成以正南北朝向为基准,街道平行或垂直于其布局形成方格路网。正南北向轴线确立后便一直统领成都的城市发展,现中心城区就延续了这条轴线,未来仍为城市主轴,引领城市向周边齿状延伸(图5)。

正南北朝向源于明代城市中心"子城"的重建。因宋元战争的破坏,明代大体依循旧制全面重建,但为"显大明国威",将汉唐遗留下来的"子城"全部

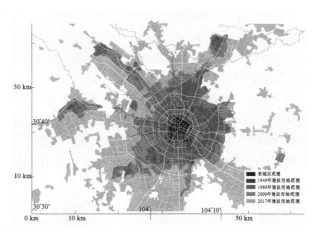

图5　1949—2017年成都城市演变轨迹

拆毁,在大城中心按明王朝营城制度重建"蜀王府",确立正南北的中轴,改变了原来朝向偏东的主轴[8]。在古代,正南北及其垂直方向的街道只见于蜀王府城内部;近现代以后,府城城墙逐渐被拆除后改为街道,故今旧城中心的道路反映了当时蜀王府城的轮廓和内部道路。

由此可见历史时期的营城制度(实质上就是礼制都邑规划制度)是这种形式背后的社会文化基因。一方面礼制等级观念有利于巩固封建政权;另一方面礼制规划秩序本方位尊卑,形成中心突出、层次分明、井然有序的城市格局[9],契合近现代以来城市设计的构图原则,加之城市轴线一旦形成便有较强的延续性,成都平坦的用地亦适用这种形式,因而这条轴线对城市的控制一直延续下来。这一类型的形式基因替代了旧城中心原有的形式基因后,便一直引领城市结构的发展,影响深远。

4.3 北偏东30°鱼脊形路网

北偏东30°鱼脊形路网主要位于旧城西侧,约占旧城路网的15%。其形式构成明显受到原有路网的影响,仍以北偏东30°朝向为基准,但南北向道路稀疏,东西向道路密集,呈鱼骨状。它们并未改变原有道路骨架,虽然一直被保留了下来,但未对后续城市发展产生影响。

这种类型的道路源于清代"满城"的修建,由于当时清官兵的文化和生活习俗与汉人存在差异,互存戒心,1718年在大城中增建"满城",作为满蒙八族官兵驻防区,汉人不得入内。该城西临大城西垣,东临明蜀王府西萧墙旧基,只增筑南北城垣,因而朝向受南北两侧原有街道方向的影响,亦为北偏东30°,但内部形制与清朝北京城相似,东西向街道密集,呈鱼骨状。近代以后,满城的城墙被拆除后变为街道,内部鱼骨状街巷基本被保留下来。

清朝满族文化影响下的营城制度是这种形式背后的社会文化基因,同时也受到原有形式及胡同形制的影响。随着清朝满族文化影响的逐渐消逝,这种形式虽被保留下来,但却是固化、停滞的基因,表现为城市中局部异质形态的拼贴,不再对后来城市其他地区产生影响。

4.4 向心环状放射式路网骨架

1949年以后,城市加速外拓,经过70年的发展,整个城市的路网结构以旧城为中心,呈环状放射式向外发展。

这种结构类型源于城市拓展模式。新中国成立初期,城市以工业为先导,向东北、东南轴向发展,道路网为环形加放射式。1980年代以后,以旧城改造和城区内填空补缺为主。1996年以后,东郊传统工业外迁,逐步转变为居住用地、公共设施用地、基础设施用地及公园绿地。2004年以后,按照规划向东、向南加速发展,"环形加放射式"的中心圈层格局逐渐明晰(图5)。由于城市规模不断扩大,为解决交通、生态环境等问题,城市总体规划确定了发展周边组团、构筑楔形绿地、调整与疏解中心城区部分功能的发展方向,现有的圈层结构正向齿状延伸转变。

这种结构形态与该时期我国其他平原城市的发展十分类似。由于城市建设中所必须考虑的经济性、交通便捷性等因素,围绕老城外拓的发展模式普遍会形成向心环状放射式的路网结构。它们就是这种形式背后的社会文化基因。而成都平原平坦的地势、周边更广区域的自然环境条件允许这种模式的发展,是形式背后的自然环境基因。这种形式的路网骨架嵌套在旧城外围,对旧城已有路网影响不大,对旧城外围的建设和城市未来的发展影响巨大。

5 路网形态基因对城市形态生成与未来发展的影响

综上,这四种形态基因的叠加、拼贴和演替,形成了复杂的城市路网。路网形态基因也会影响上下层级的城市形态。例如,古代城市轮廓就是与北偏东30°方向基本一致的长方形;而现在则在环形放射式路网骨架的基础上形成齿状轮廓。街区建筑的布局也受到路网的影响,建筑多平行或垂直于这几种类型的街道分布。按照层级框架,建筑与街区层面还可以根据需要进行更为深入的研究。

在传承与发展地域"本土"特色的城市建设中,这几种路网形态基因各有不同的影响与价值。首先,旧城三种形式的道路保留了地域不同时期的历史记忆,在旧城更新中应尊重与保护现状街巷、街区及地块的历史格局,并通过规划与设计手段彰显其历史价值。除了清代形成的鱼脊形路网(现宽窄巷子),其余形态基因对城市发展均有不同程度的影响。现代形成的向心环状放射式路网骨架会对将来一段时期内旧城外的路网及城市的发展产生持续影响。明代形成的正南北向方格形路网对城市中心及主轴附近的城市建设有持续的影响,正南北向主轴主导城市的空间结构,浓缩了不同时期的历史文化,也将引领城市的未来发展,可作为展现城市特色的重点地段。最早形成的北偏东30°方格形路网及其背后的地域自然环境与文化基因,对城市的影响最为深远,在当下城市规划与设计中,不仅可借鉴其形式,更应理解形式适应地域自然规律的内涵,传承古人顺应自然、因势利导的建城思想,探索具有当代地域特色的城市。

6 结论与讨论

由于城市特有的整体性与复杂性特点,揭示城市形态的生成是诸多相关理论持续关注的焦点与难点,也是传承与发展城市"本土"特色的前提。城市形态基因关注城市最为本质的形态特征及其影响因素、生成机制与演变规律,有助于认识城市形态形成的本质规律,为探索"本土"特色的实践搭建桥梁。

应对城市的整体性与复杂性特点,本文提出按"多尺度层级""多维度关联"的框架,从历史演变的过程中认识城市形态结构和要素特征的形式规律及生成原则。该研究框架具有开放性和灵活性,可以根据实际情况确定具体的研究内容与深度。成都路网形态基因的解析表明这些不同类型的形态基因形成于不同历史时期,其形式规律及生成原因各异,经过分析可以发现哪些是地域恒久的形态基因,哪些已然固化或停滞,哪些正在或还将影响城市形态的发展。这些形态基因与上一层级的城市轮廓和下一层级的建筑肌理有密切关联,可根据需要进行更为深入的研究,以达到对特定地域城市形态基因的整体解析,进而可在洞悉本质规律的基础上探讨传承与发展地域"本土"特色。

认识城市形态的"基因"有助于揭示地域城市形态的本质特征与生成规律,一方面可以更好地保护历史特征,另一方面也有助于在城市规划与设计中尊重与顺应规律,探索在全球化语境下传承与发展"本土"特色。

[本文为国家自然科学基金资助项目"西南地区城市形态演变过程与特色重构研究"(51208530)]

参考文献

[1] 国都设计技术专员办事处.首都计划[M].南京:南京出版社,2006.
[2] 顾孟潮.城市特色的研究与创造[J].建筑学报,1993(2):30-35.
[3] 高翼之."基因"一词的由来[J].遗传,2000,22(2):107-108.
[4] 理查德·道金斯.自私的基因[M].卢允中,张岱云,陈复加,等译.北京:中信出版社,2012.
[5] 梁鹤年.西方文明的文化基因[M].北京:三联书店,2014.
[6] CONZEN M R G. Alnwick, Northumberland: a study in town-plan analysis [J]. Transactions and Papers (Institute of British Geographers), 1960, 27: Ⅲ, Ⅸ-Ⅺ, 1, 3-122.
[7] 沈克宁.建筑类型学与城市形态学[M].北京:中国建筑工业出版社,2010.
[8] 应金华,樊丙庚.四川历史文化名城[M].成都:四川人民出版社,2001.
[9] 贺业钜.考工记营国制度研究[M].北京:中国建筑工业出版社,1985.

图表来源

图1源自:董鉴泓.中国城市建设史[M].2版.北京:中国建筑工业出版社,1989.
图2源自:笔者根据成都历史地图及遥感影像图绘制.
图3源自:四川省文史研究馆.成都城坊古迹考[M].成都:成都时代出版社,2006.
图4、图5源自:笔者根据成都历史地图及遥感影像图绘制.

都城权力空间：
六朝建康城市形态转译与特征分析

郑辰暐　董　卫

Title：The Power Space in Capital City：Historical Mapping and Feature Analysis of the Urban Form of Jiankang in Six Dynasties

Authors：Zheng Chenwei　Dong Wei

摘　要　六朝时期的建康作为江南地区首个独尊儒术的中央集权国家都城，礼制体系下的权力分布较为完整地反映在城市形态上。本文以城市历史图学为方法对六朝建康城市形态进行转译，对城市形态要素进行提取，并主要对水系、政治与礼制核心区及各类设施着重进行空间分布和相关计算分析，可以看到都城作为礼法系统的重要组成部分，具有象征政权的合法天授性、保证国家机器运转以及维持城市运作三个层次的重要职能。不同阶层的使用者对各类型空间的使用体现了皇帝与世家大族之间的权力倚靠与博弈，以及国家层面对海外经济文化交流的重视。

关键词　六朝建康；权力空间；礼制体系；城市空间形态；中国古代都城

Abstract：Jiankang in Six Dynasties was the first centralized state capital city in the Jiangnan region under central governance and Confucianism. Its urban form is a rather complete representation of the power and authority distribution under such an etiquette system. This paper uses urban historical mapping to build the geo-reference of Jiankang which enables the analysis and relevant calculations of the spatial distribution of different elements and functional areas of the city, including water system, political and ritual core area and various facilities. As an important part of the etiquette system, the capital city serves to display the legitimacy of the regime and to maintain the operational functions of both the nation's apparatus and the city itself. The different usage of space by users is a representation of the complex relationship and co-dependence between the Emperor and the aristocratic families. It also shows the focus from the government at the time on economical, religious and cultural exchange and communication with foreign countries.

Keywords：Jiankang in Six Dynasties; Power Space; Etiquette System; Urban Spatial Form; Chinese Ancient Capital

---

作者简介

郑辰暐，东南大学建筑学院，博士研究生

董　卫，东南大学建筑学院，教授

1 背景——礼、权力与都城空间

"礼,履也,所以事神致福也。"[1]礼的来源是农耕社会敬鬼神的祭祀文化,并且有需要履行的行为准则之意,其目的为"规定事物的差别和秩序"[2]。自周朝确立封建制度以来,礼制成为规范人的行为思想的权威原则,而礼制是由掌权者制定和执行的,因此可以说礼是权力的象征,通过历代人不断的整理重建,成为贯彻整个中国古代社会秩序等级的框架和基础。

在中国历史时期的背景下探讨都城权力空间,其核心是礼制系统在都城物质空间形态上的表征。探讨中国古代都城空间中的权力分布可以从不同类型物质空间的使用者所代表的社会阶级分层入手,无论是空间相互聚合或排斥均体现了使用者的社会阶级关系。天地为构成中国传统世界的基本要素。自《周礼》成为系统化的宗法社会典章制度和行为规范以来,都城作为礼法系统中一个重要的组成部分,首先其最重要的职责就是象征政权的合法天授性,其次是保证国家机器运转的政治职能,最后是维持城市运作的社会职能。从南京[①]城市发展历史的角度来看,从孙吴至南朝陈的六个政权间,南京作为都城的时间长达323年,因此将六朝作为一个时期来讨论一直是学界的共识。六朝时期的建康作为江南地区第一个独尊儒术、中央集权的成熟国家的都城,是该区域可考证的首次将礼制体系下的权力分布较为完整地反映在城市形态上的都城。

2 六朝都城规模推算及形态转译

2.1 都城都市规模推算

将文献记载结合六朝时期考古发掘点分布可以推测出都城建康鼎盛时期都市圈的大致范围。唐人所撰《金陵记》有云:"梁都之时,城中二十八万余户,西至石头城,东至倪塘,南至石子岗,北过蒋山。"[3]这是古人所谓京邑的范围。1950年代至2008年间南京地区的六朝时期考古发掘及遗址点共计143处(表1),其中城墙城壕、建筑基址及道路等重要遗迹为22处,可作为都城核心区、宫城定位及形态的重要依据;瓦当发掘点为40处,可作为主城区建筑物密集分布区的依据;墓穴81处,可作为都市范围的参考依据。如图1所示,与都城核心区相关的考古点集中分布在玄武湖、燕雀湖、秦淮河以及长江所围的河间平原中心,并在半径为1 km的核心圈层内高度聚集。根据城墙城壕的遗址发掘,六朝都城的城墙及道路均呈北偏东25°正交分布的形态,这一方向也作为都城建康的整体轴线,由城市中心河间平原直指南部"天阙"——牛首山双峰。作为主城区建筑分布参考的考古点主要分布在距离中心5 km的第二圈层内。与都城都市区相关的墓穴考古点主要分布于距离中心10 km的外围圈层内,并且呈现沿都城整体轴线南北向分布较多的趋势,这一外围圈层与《金陵记》所描述的京邑(包含郊区)四至基本吻合。可以认为,以这三类考古遗址点所划分的三个圈层正是代表了都城建康鼎盛时期核心区、主城区以及都市区的三个范围。

表1 南京地区六朝时期考古遗址分类表

遗址大类	小类	遗址编号(位置见图1)
城址类遗址	城墙城壕	3、8、9、12、17
	道路及排水沟	1、2、4、5、6、7、10、11、14、15、16、18
	建筑	13、26、58、59、60
瓦当类遗址	云纹(孙吴早期)	28、29、30、31、32(18)
	人面纹(孙吴中后期至东晋早期)	22、25、33、34、35、36、37、38、39、40、41(18、29、30、42)
	兽面纹(东晋早期至南朝早中期)	19、43、44、45、46、47、48、49(18、22、34、36、39、42)
	莲花纹(南朝中晚期)	20、21、23、24、27、50、51、52、53、54、55、56、57、61、62(18、19、22、32、34、35、38、42、43、58)
墓葬类遗址	孙吴	67、74、78、83、85、86、87、90、94、108、111、140、141、142
	西晋至东晋	63、64、65、66、68、70、71、72、73、75、76、79、81、82、84、88、89、93、95、98、102、104、106、109、110、112、113、120、122、123、124、125、126、127、128、129、130、131、132、133、135、138、143
	南朝早期	80、96、97、99、100、101、105、115、116、118、119、121、134、139
	南朝中晚期	69、77、91、92、103、107、114、117、136、137

注：括号内数字编号表示多次出现。

图1 南京地区六朝时期考古发掘点分布图(遗址类型对照表1)

2.2 都城城市形态转译

六朝时期都城形态的转译绘制主要依靠考古成果的定位以及文献记载中的描述共同推断,而文献记载中最重要的是《建康实录》,此外还有《六朝事迹编类》《晋书》《宋书》《南史》《太平寰宇记》《南朝寺考》《运渎桥道小志》以及《读史方舆纪要》授以参照。2000 年以后与城墙、道路相关的考古发掘有较大进展,其中最重要的遗址有两处:2008 年东箭道原汉府街长途汽车站工地发现的六朝城墙及城壕遗址被认为是都城东城墙,距现地表 2 m,宽 27 m,并据此认定所有城墙城壕北偏东 25°;而 2002—2003 年中山东路南京图书馆新馆工地发现的六朝城墙被认为是东西向城墙北折的拐角点,同时发现瓦当直径最大者达 24 cm,疑与主殿有关,推测该段城墙应当可以作为最内侧宫城四至的定点。结合文献记载,宫城以及都城可以判定为东晋时期开始建设,因此首先对东晋建康城市形态进行确定,孙吴时期建业的城市形态根据此结果反推,南朝时期则在此形态框架下发展(图2)。文献中关于城郭形态与尺寸最重要的记载如表 2 所示,包括都城周长,御道所连都城宣阳门及朱雀门之间的距离,建康宫距唐代江宁县治的距离及周回,宫城大司马门与都城宣阳门的距离,以及朱雀浮航的位置及尺寸。这几处记载结合考古遗址可以大致推测出建康宫城、都城、中轴线的位置及形

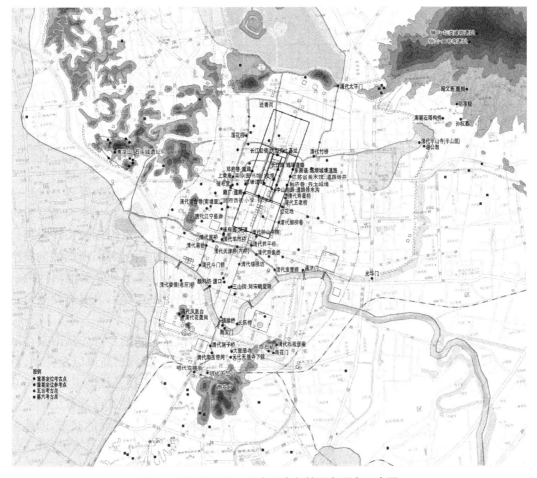

图 2 六朝都城核心形态要素与转译参照点示意图

态，以及主要河道的宽度和走向。道路转译的重要旁证还包括桥航、城门以及篱门的记载，一方面可以认为这些要素的位置上必然有道路经过，另一方面这些要素也可以作为已有名称记载的道路的位置佐证。可以明确形态和位置的道路主要来自考古发掘，这些道路多为南北向的直街，与都城城郭走向一致，因此本文且将所有主要街道定为北偏东25°正交的形态。

表2 涉及都城核心区形态与尺寸的文献记述汇总表

记述对象	记述内容	出处	所定尺寸
都城	都城周二十里一十九步	《建康实录》卷七	都城周长约800 m
御道	次正中宣阳门……南对朱雀门，相去五里余	《建康实录》卷七	都城南门宣阳门距离朱雀门，亦即御道长度约为2 000 m
建康宫城	即今之所谓台城也，今在县城东北五里，周八里	《建康实录》卷七	宫城距离唐代江宁县治（在今江苏省委党校）2 000 m
	建康宫城濠（壕）阔五丈	《大事纪续编》卷二十九注引《南朝宫苑记》	宫城壕宽度约18 m
大司马门	建康宫五门，南面正中大司马门……南对宣阳门，相去二里	《建康实录》卷七	宫城南门大司马门距离都城南门宣阳门800 m
朱雀浮航	新立朱雀浮航。航在县城东南四里……长九十步，广六丈	《建康实录》卷七	据朱雀浮航尺寸推断秦淮河宽约140 m，朱雀浮航宽约19 m
青溪	在县北六里，阔五丈，深八尺	《太平寰宇记》卷九十	青溪宽约15 m
运渎	运渎水自斗门桥北流至红土桥……	《运渎桥道小志》	运渎宽约30 m

3 水系分布与六朝建都的政治局势及地理环境

一方面，水系是六朝建康城市腹地的经济交通命脉以及城市形态构成的重要基础。首先，南京的地势条件是长江造就的。长江以其宽阔的江面及陡峭的岸壁，在历史时期一直被视为易守难攻的险要河道，但同时它也是重要的水源和交通主干。南京附近的长江为河口段上段，宽阔的镇扬段江面西南行至燕子矶附近因受到宁镇山脉北支的限制，所形成的狭窄段使得江面较为平静。同时江水通过狮子山之后东南岸线向东推进至今外秦淮河西段一线，直达清凉山石头山下。因此六朝时期南京的地理形势既能够扼守江险，又具有交通可达性和水资源获取的便利性。

另一方面，南京依靠各河流具有多功能腹地的自然优势和发展基础。首先从南京市域范围来看，汉代以来的城市农业腹地由秦淮河南部支流，向南可以延伸到高淳以及芜湖、姑孰等地圩区；而向东紧邻的镇江京口自秦代以来就一直是江南运河连接长江的重要港口，基于此南京可与吴会地区相通；同时可于北岸扬州广陵通江淮运河，亦即战乱南迁移民的主要通道。其次从政权格局来看，汉末浙东以南的广大地域尚处于开发程度较低的状态，因此对于割据淮水以南的南方政权来说，长江沿岸的区域是其具有密集人口基础的基本经济区，包括西部以荆州为中心的长江中上游地区，以吴会为中心的江南、浙东地区以及以扬州为中心的江淮地区。在这样的局势中，南京地区实际处于以长江为轴线的沿江经济带的中间位置，以长江水系联系淮河水系和太湖流域水网,南京将北部、西部以及东南几个重要地域单元整合起来,是为都城制衡政治、军事、经济格局的突出优势。

而都城核心区人工水系建设的基础是长江、秦淮河、金川河、玄武湖以及燕雀湖等主要自然水系。自孙吴将都城及宫城核心区选定在这几大自然水系之间相对居中的平原地区,人工水利设施的建设一方面通过水道开凿将各自然水系与都城核心区相互连通,另一方面通过堤塘修筑对自然水体进行防洪控制,在基本水体功能完善的基础上进而开发军事及景观等功能。都城区域物资运输的动脉水路为长江和秦淮河,为了便于赋税、建材等都城所必需的大宗物资运输,首先得到建设的是重要运道,包括运渎、青溪、潮沟、城北渠、石头津,均在东吴时期就已经建成,运道的主要走向皆与都城轴线方向相合,且经六朝未曾改变。运渎从西南方向将长江、秦淮河与宫城直接连通,青溪则从都城东边将秦淮河、燕雀湖及玄武湖连成一体,潮沟沿都城北侧将运渎和青溪两大运道相连,城北渠直接从玄武湖向宫城内引水,石头津则直接服务于石头城。到东晋以后,随着都城以及宫城核心区的完善,有着防卫及皇权象征双重意义的宫城壕以及御沟相继完工,各景观用水也伴随着各贵族宅邸苑囿的落成而增加(图3)。

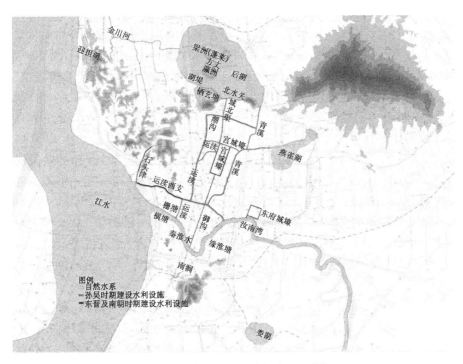

图3 六朝都城核心区水系建设示意图

4 制度草创背景下的政权天授象征——都城政治与礼制核心区布局与发展

4.1 孙吴时期

孙吴帝孙权首先在212年于先楚金陵邑之地建石头城,229年迁都建业后以其兄长沙桓王孙策故府为太初宫,并围绕此建设都城核心区,东晋及南朝皆沿用此都城范围,并对城门及城墙有所增筑。后孙吴于247年在太初宫南建太子宫,于266年起建新宫昭明宫于太初宫之东,并于北侧置苑城,至此建业都城内三宫一苑的格局形成。苑城、昭明宫与白门、朱雀门同处都城南北向中心轴线上,重要官署以及太庙等祭祀建筑沿此轴线向南分布,是禁苑、宫城、中轴御道由北向南顺次排列的单一宫城形制,与秦汉时期北方都城的多宫制有很大不同,体现了"建中立极""面朝后寝""左祖右社"的帝都之制,是王权集中的象征。孙吴的建业宫城与同时期三大政权中的曹魏都洛阳属同一种宫城形制,不仅东晋及南朝沿用此形制,而且对后世都城形制也有深远影响,从建设年代来看应为建业借鉴洛阳布局,是为中原文化对江南区域的输入。然而这一轴线并未完全采用古礼要求的正南北方向,而是北偏东25°,是为顺应区域山川形势,以南郊牛首山双阙为望山[4],使得都城中轴线北对玄武湖、南对秦淮河弯曲处并直指牛首山双阙中线,正体现中原礼制在江南区域的因地制宜。宫城之外的区域则沿用先代原址的石头城、越城、冶城,以及冶城之东的建业县治、乌衣巷南的丹阳郡治,且尚无外郭,都城建业以一组子城环卫宫城的城市体系特征初具规模。

4.2 东晋时期

东晋初期宗室南渡,国力实际较为疲弱,都城宫室均沿用孙吴旧宫[5]。然而东晋建康作为南迁之都,仍存有复国之念,名义上仍以原西晋都城洛阳(沿用曹魏洛阳)为正式都城,而以建康为临时行在,以示不忘旧都。沿袭"凡帝王徙都立邑,皆先定天地、社稷之位"[6]的传统,东晋首先对代表王权礼制的宗庙社稷以及南北郊坛等祭祀设施进行了完善。初期的建设被苏峻兵乱打断后,由于原宫室被焚毁,于330年由权臣王导主持,其堂兄王彬具体负责规划,对都城及宫室进行了修建。至332年,新宫建康宫在吴苑城旧址上落成,宫城墙增至两重并以砖石砌筑,外宫墙开7门,内宫城开5门。而都城城墙仍沿袭孙吴做法以竹篱筑围,正中宣阳门沿用孙吴建业白门,其余5门均为新开。东晋孝武帝太元三年(378年),在重臣谢安的坚持推动下再次对已显破败的宫室进行增建加筑,增以太极殿为核心的宫室3 500间,加筑朱雀门重楼,并对宫内、御道等核心空间进行了景观树种种植。385年至东晋末年(414年)期间,又对太庙等礼制建筑进行复建翻修,且增建东宫、东府城等宗室贵族居所及驻地。通过东晋的建设,都城及宫城核心区的居中南北向轴线得到了加强,朝堂格局亦得到完善。

另一个从东晋成帝咸和时期(326—342年)始建的重要因素为篱门,篱门虽无防御作用,却为都城邑、郊分界的标示,在礼制上亦有空间分野的意义。《太平御览》引《南朝宫苑记》所载"旧南北两岸篱门五十六所"[7]多无迹可寻,其中可考位置或名称的17处篱门大致将建康都邑的范围较为清晰地界定在玄武湖南、雨花台北、燕雀湖西及五台山东这样一个南北长、东西短的近似椭圆形区域内,面积约为23 km²。

在京邑范围之内,以都城及宫城为核心,冶城、西州城、东府城、丹阳郡城、越城以及东冶城各子城于都城南部秦淮河两岸分布拱卫;在京邑范围之外,近郊有西边的石头城、白石垒、宣武城护卫,远郊有东北方向的白城、金城以及西南方向的新亭垒。如此,都城的多子城环卫体系已基本成型。

4.3 南朝时期

南朝的四个朝代虽时有战乱、几经起伏,但因总体统治时间长达170年,其财力以及繁华程度实际要超越前代,在东晋奠定的主要规制基础上,四代政权对都城多进行材料加固及宫室苑囿、设施增建。刘宋增开都城城门,《建康实录》载,于448年"新作阊阖、广莫等门",或可认为并未明确记述新开城门数量。本文根据《至正金陵新志》之台城古迹图以及《同治上江两县志》之六朝故城考图推测应有12门,《景定建康志》亦有引《南朝宫苑记》之记载:"其后增立为十二门云。"[5]此次城门增设经南朝四代不改,此外又对朱雀门进行修缮,并在朱雀浮航与阊阖门以及承天门与玄武湖之间修筑南北两段驰道。南齐最重要的建设是将都城及宫城城墙均改为以砖砌筑,在此之前都城皆为土墙篱门,南齐建元二年(480年)开始改都城为砖墙木门,在原先的夯土城墙外侧包砖。梁天监十年(511年)则"初作宫城门三重楼及开二道"[4],至此宫城共有三重城墙,防御能力大增,由梁末侯景之乱军(548—552年)围城半年以上才攻陷台城可以印证。后陈代对因侯景之乱损毁的台城宫城、东宫城进行了复建,于宫内新建三座奢华楼阁,但都城状况已不复前代之盛。在礼制建筑方面,南朝对邑内郊外的祭祀设施均有完善,在篱门之内新作明堂,增建采桑坛及桑林;在篱门之外的东郊地区重设北郊坛、籍田。自此东郊成为都城重要的郊野延伸发展区,并完善了祭天、祀地、祭祖以及崇圣这一系列国家祭祀设施,在证明政权合法以及教化众民方面起到重要作用。

综上可以认为,对于六朝时期的都城而言,最重要的仍然是以合乎礼制的设施及布局来昭显政权天授的合法性。《宋书》言:"夫有国有家者,礼仪之用尚矣。然而历代损益,每有不同,非务相改,随时之宜故也。"[8]可见礼制虽为国家最为重要的礼仪规范,但也并非一成不变的规则。其中因地制宜、因时之宜也是礼制的一部分,都城、宫城核心区位置以及中轴线角度的确定均为顺应自然山川形势之举,其余礼制建筑布局所依据的诸风水方位并非正南北方向,皆是基于此核心以及轴线所定。六朝时期的另一个显著特点是因战乱迁移和朝代更迭致使的国力有限,因此单一宫城形制也是一种较为紧凑经济的布局形式,对都城大部分建设尽可能地进行了沿用和逐步完善;并且都城是皇城的概念,都城城墙仅包含宫城及核心中央官署,并未对城市生活区进行围合。与国力有限相对应的是王室的式微以及重臣权臣的强势,因此都城及宫城核心区的建设主要由权臣主导,环卫都城的各子城也多由权臣修筑或驻守(图4)。

5 国家与城市职能的结合——都城设施分类及布局

本文将都城内的设施分为行政、军事、仓储、馆驿、居住、市集、寺观七个功能类型,这些设施均与国家机器权力以及城市职能紧密相关。由于历史资料的限制,仅能推断设施中心点的位置所在,无法获知其具体规模与建筑形态,因此本文以设施的数量以及分布规律为主。

5.1 行政设施

从秦代形成统一国家之后,中央行政体制由丞相制变为东汉的三公九卿制,丞相的权力被削弱,皇帝的权力增强,再到六朝时期转变为三省制,即尚书、中书、门下三省制,这些由原皇帝近侍和扈从组成的中央决策和行政职能机构代表着皇帝将权力进一步集中。从曹魏时期开始实行的"九品中正"官员举荐制度,出身高门的各州郡中正官在选举过程中实际只看重门第,至六朝时期门阀贵族的势力已成为朝政的核心,这一方面又对皇帝本身的权力产生了威胁,尤以东晋为甚。行政设施包括中央朝政、中央官署以及地方官署三个等级,使用者

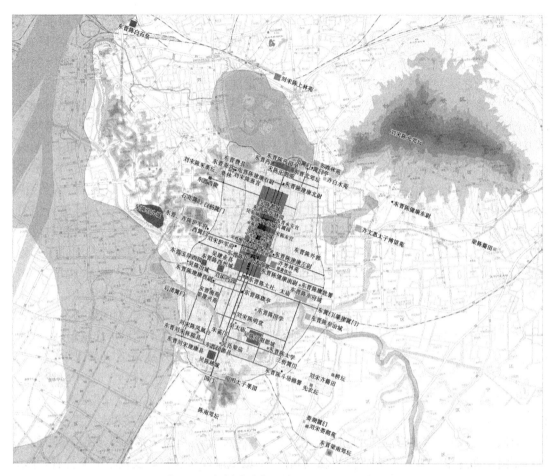

图 4 六朝都城城郭及礼制建筑建设示意图

为皇帝及各级官员,中央权力的分配以及官员与皇帝的亲疏直接反映在行政设施的布局上。

(1) 三省制格局下的中央朝政设施

中央朝政设施在整体布局上遵循建中立极、前朝后寝的礼制布局,但从具体职能来看是以不同等级议政场所与相应政务机构紧密结合的方式被分为了内朝与外朝两个部分。作为皇权绝对中心的太极殿位于内宫城禁中,根据刘敦桢先生的分析,其正殿作为大朝典礼之用,而东、西两堂分别为常朝、日朝之用[9],与皇帝日常起居议政的太极东堂相对应的是与皇帝最为亲近的中央朝政机构中书省以及门下省。中书省前身为汉代掌管文书的宦官机构,到东晋时成为掌管机要、颁发皇帝诏书及中央政令的最高机构;门下省前身则为宫内的侍从机构,东晋始设门下省,与中书省并置作为中枢决策机构。这两个机构设置于东晋内宫城禁中太极殿南,是最为核心的中央朝政机构。而朝堂作为百官每日议事的场所,直接设于尚书省之内,集体议论后再由重臣进禁中与皇帝商议。尚书省在秦汉时期是负责收发文书的秘书机构,至东汉末期发展为全国政务的总汇,东晋以尚书省为行政总管机构。从魏晋时期开始,皇帝忌惮其权力而另设中书省、门下省之后,尚书省逐渐被分权,在空间布局上也有明显的表现,尚书省与每日的议政场所朝堂共同被设置于外宫城南部东侧,并在其东侧置尚书下舍作为官员及家属随从的宫内住所。自此内朝的门下省、中书省与外朝的尚书省共同构成了"三省制"的中央朝政新格局。

（2）中央官署

三省制的确立取代了汉代的三公之制,但原下设的九卿仍有留存,而原九卿的职权随着尚书省和门下省的设立有明显的丧失,致使东晋至南齐的九卿之职有名无实[10],后梁武帝立志恢复汉制,重设并增设至十二卿。根据《建康实录》的记载,这些分属各个职能部门的中央官署沿宫城大司马门前御道两侧向南分布于都城内[4]。尽管职权有所削弱,但其作为三省以下的中央行政设施的地位尚存,确保了都城国家行政功能的实行。

（3）地方官署

地方官署主要包括州治、郡治和县治,位于建康都邑核心区内的包括扬州治、丹阳郡治、都邑首县建康县及秣陵县,以及侨郡县、怀德（费）县。扬州刺史作为辖管都城的地方一级长官,比普通州刺史级别高,州治始设于都城东南侧西州城,后会稽王司马道子任扬州刺史,将州治移治其居所东府城。丹阳郡治设于秦淮河东南并保持稳定。而各县治的位置在六朝各朝代变动较为频繁,这与六朝前期北人南迁和侨郡县的设置紧密相关,可以看到地方官署主要分布于秦淮河南侧地区,都邑首县建康县从宣阳门内迁出代表着地方官署调离了权力核心区,这在一定程度上显示了都城权力空间分布逐步明晰的过程（图5）。

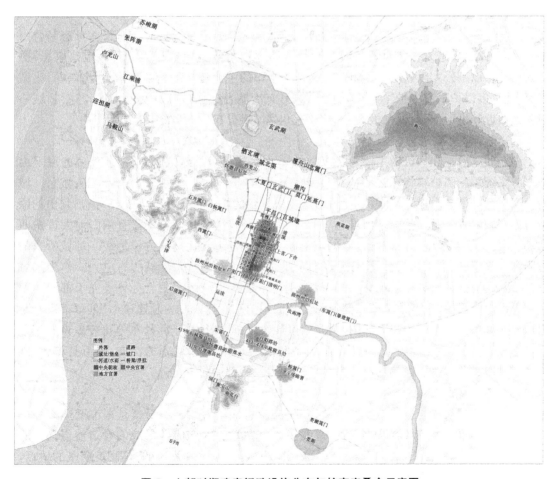

图5　六朝时期建康行政设施分布与核密度叠合示意图

5.2 军事设施

六朝时期军队制度虽然随着朝代更迭有所变化,且战乱频发,但从整体架构来看均可以分为中央军队和地方军队。建康作为都城,以中央军队作为主要军事力量戍守城市的核心及要塞区域,并辅以地方军队维持都邑治安。从军事设施的形态类型来看,戍卫等级最高的为军事城堡,其次为军府及驻兵机构,最后为垒筑及战时屯兵之所。

(1) 军事城堡

建康都城和宫城从形态上和规模上来看都是防卫等级最高的城堡,居于城区中心位置以保护皇室及国家核心设施的安全,并在各朝代不断地以增加城墙圈层、护城河道以及材料加固的方式加大防卫力度。都城和宫城内驻扎的军种也相应地由中央禁军负责,由领军将军统领。最为核心的是随侍皇帝的禁卫亲兵,其驻守机构为内宫东西两侧的左卫和右卫;其次是驻守宫城门户的守兵,其机构为位于宫城西掖门外的卫尉府,负责都城及宫城内的治安以及城门守护,东晋时一度被撤销,刘宋时期重置,南齐时恢复其掌管宫城门户钥匙之职,后梁又恢复其兼统武库令、公车司马令的职能。此外,自刘宋设立太子东宫之制,东宫亦设有宿卫兵,以詹事统领。

都城近邻最重要的城堡是石头城,其占据长江入秦淮河口的高岗之地,平面形态结合山势。其内有小城,是为都城西部的门户。其战略地位与宫城地位相当,如《景定建康志》所言,石头城"以王公大臣领戍军为镇"[5],是京师水军的主要驻扎地。到南朝后专置领石头城戍事一职,多以护军或中护军将军兼任[11]。另有冶城、东冶城、越城几处城堡,与石头城一起于都城近邻拱卫都城,以太极殿为中心,这几处城堡分布于 5 km 之内的圈层中。

(2) 军府及驻兵机构

独立的军府及驻兵机构主要为各级地方军队驻扎之所。都城以外、都邑以内的戍卫由护军将军统领。因护军将军常兼任石头城戍事,所以护军府被设于西篱门外石头城东。城内治安还有一部分由地方军队负责,由扬州刺史领辖的郡县长官均有治安权,扬州刺史的原治所西州城以及其后迁治的东府城均屯有重兵,东府城与西州城分别于宣阳门前大道东西两端拱卫都城,东府城环以护城沟渠的形态特点可以表明其较高的方位等级。都城所属的丹阳郡多以宰辅、诸王、心腹等出任丹阳郡长官,都城东南的丹阳郡城内有屯兵。作为都城首县,建康县在都城郭内及东部近郊共设有七个县尉负责城区治安。孙吴最先于都城西南定阴里设建康西尉;东晋于都城东侧建阳门及清阳门东设建康左尉及建康南尉(草市尉),于都城北广莫门外道东侧设建康北尉、鸡笼山南麓设建康右尉,并于郭外东郊蒋陵里设建康东尉,此外还于三江渚设江尉,后沿用至南朝各时期。此外,建康远郊的白城、临沂县城、江乘县城(金城)、江宁县城、湖熟县城均为具备武装力量的都城戍卫屏障。

(3) 垒筑及战时屯兵之所

垒筑的位置布局与自然地形要素紧密相关,或者说地形要素本身就是军事壁垒的一部分。长江作为最大型的都城防御要素,宽度在 9 km 以上,在建康段形成的弯道使得都城北部、西部和西南部均在长江的护卫之下。而江岸与城区河道交汇口往往是修筑壁垒的地点,沿江分布的山岗也是天然的筑垒。由北向南来看,第一个重要关口是长江与金川河交汇口,江水在此直通玄武湖以达都城核心区,此河口近旁的幕府山南麓筑有要塞垒筑白石垒,与之相通的玄武湖则是水军演习场,湖南岸覆舟山南设有药园垒。第二处关口是长江与秦淮河交汇口，此处距离都城核心区仅 2 km，且距此岸线 3 km 以外的江面上有极易为敌军占领的蔡洲，其是紧邻都城的最重要防线，因此还于沿江筑横塘，于秦淮河口筑相浦垒、廷尉垒[12]，并在战时用栅栏隔断秦淮河口以辅助防卫。第三处关口为都城西南距国门 5 km 的新亭，位于邻近长江与新林浦交汇口的岗地上。由于其险要地位，新亭由六朝早期迎宾和饯别的场所发展成新亭垒，控扼都城西南要塞。六朝时期秦淮河宽 150 m，东晋 323 年战乱烧毁朱雀（浮）航之后河上所有桥梁均改为浮航桥，"每有不虞，则烧之"[4]，以防御进攻。孙吴夹淮立栅，后梁于河道南北两岸修筑缘淮塘将西部石头城、中部越城和丹阳郡城以及东部的东府城、东冶城连成一道完整的重要防线，战时于河南岸驻防。此外青溪两岸亦筑有栅塘以成卫都城。见于记载的屯营之处还包括御道两侧"屯营栉比"[13]，战时宫城内朝堂、中堂，以及北篱门、东掖门、建阳门亦用作屯兵之所[12]。

可以看到，都城建康的军事设施分布从空间上来看可以分为距核心区 15 km、5 km 以及 1 km 三个圈层。15 km 圈层内以大型山水环境结合关卡式军事设施形成京邑外围防御圈；5 km 圈层内以形式多样、各方向环布的军事设施结合地形构成主城区重点防御圈；1 km 圈层内以整合化、形态封闭的大型城池为都城核心防御圈（图6）。

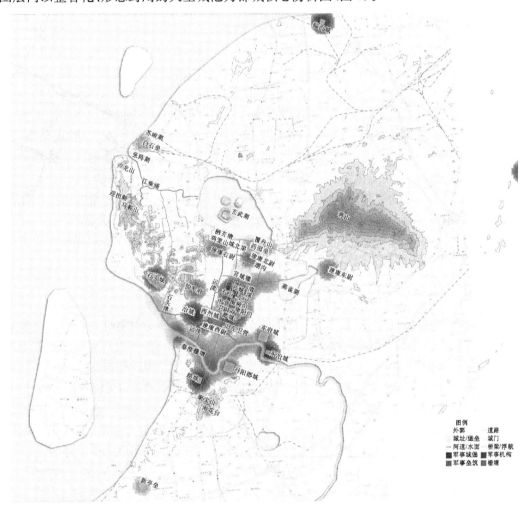

图 6　六朝时期建康军事设施分布与核密度叠合示意图

5.3 仓储设施

都城仓储设施数量及分布均较为稳定，为都城及宫内提供物资储备，其突出特点是均有运道直达。六朝时期官方设置的仓库可分为正仓与军仓两种：正仓为收纳赋税的粮仓；军仓则为储备军需的仓库，贮藏军粮之所还有专称——邸阁[14]。宫城核心区内的正仓包括太仓和东宫仓，《建康实录》有载："建康宫城，即吴苑城，城内有仓，名曰苑仓，故开此渎，通转运于仓所，时人亦呼为仓城。"[4]可见太仓从孙吴时期就是内宫最重要的粮食储备场所，并自都城西南专门开凿运渎引秦淮河水连通长江；东宫仓则是自刘宋设立太子东宫之制后所设，为东宫专供粮食储备。宫城内的军仓主要是储藏武器军械的武库，按《资治通鉴》载，刘宋时期于宫城内开南北两个武库，其中一武库位于宫城西部，另一武库地点无考[6]。此外都城内还设有脂泽库、兰台等中央物资贮藏机构。都城之外的正仓有石头津仓（龙首仓）和南塘仓。石头津是建康城西石头城南的重要津渡，通过长江运至建康的货物需要在此"检察禁物及亡叛者，其获炭鱼薪之类过津者，并十分税一以入官"[15]，可推测石头津仓除了贮存税粮还贮存过津税物；关于南塘仓的记载不详，推断其位于运渎西岸南塘里。石头仓城较为特殊，首先作为都城西部门户要塞；其次石头城内的仓城是与宫城地位相当的重要军仓，贮备大量军械。《吴都赋》中有"军容蓄用，器械兼储"之记载，军粮也是重要的储备物，这部分粮食不粜不籴，作为军需物资常备。而东晋开始设常平仓于石头仓城，常平仓是政府通过丰年增贾而粜、歉年减贾而籴的手段调节粮价并储粮备荒的特殊粮仓，文献中并未提及军粮城与常平仓是如何在石头仓城中并行运作的，但以石头城一直不变的要塞地位可以推测东晋以后石头津仓作为固定军需的军粮储备功能应当持续保留。六朝时期建康境内以邸阁为名的军粮仓见于文献的为东部远郊的破岗渎邸阁。《建康实录》载："破岗渎，上下一十四埭，通会市，作邸阁。"[4]可推测破岗渎上邸阁与河道沿线各埭以及会市结合设立，是吴会地区直达京师的关口，应当兼有征收过往商船税物的功能，其具体位置未详（图7）。

六朝时期民营的货仓被称为邸店，从名称来看"居物之处为邸，估卖之所为店"，因而此种仓库是为往来商贾服务的，为其提供堆放货品的场所，并直接与买卖交易场所结合，还给客商提供住宿。这种设施的发展是六朝时期商业繁荣的表现。文献中没有对建康邸店具体位置的记述，但可以推测其应当与市集和津渡的分布具有相关性。

5.4 馆驿设施

接待各国来使及各地官员，保持与其他国家以及城市的交流是六朝时期都城的重要职能。客馆专职负责接待和管理别国使者、归附者和僧商等特殊人群，一般认为起源于先秦时期安置诸侯的官邸，至汉代开始将郡国邸和蛮夷邸分开设置[16]。因六朝时期未有大一统的政权，客馆除了接待四夷朝觐使节还接待诸割据政权的使者，其管理归于职掌四夷事物的大鸿胪寺属下的典客。《丹阳记》中载："吴帝时客馆在蔡洲上，以舍远使。"[7]孙吴时期将客馆置于建康城西江面蔡洲之上，此地点既邻近都城门户津渡以便于使者往来，又远离都城核心区以保证安全，可以认为这对于处于三国鼎立期都城草创的孙吴政权来说是较为保险的安排。东晋时则将客馆设于都城宣阳门内御道东侧，紧邻其上级机构鸿胪寺。刘宋、南齐时期设南、北两客馆，以区分安排四夷蕃使以及对峙的北方政权使节。其中，南馆沿用东晋客馆旧址；北馆则置于都城东南三桥篱门之外。后梁将前代客馆之制进行了发展，首

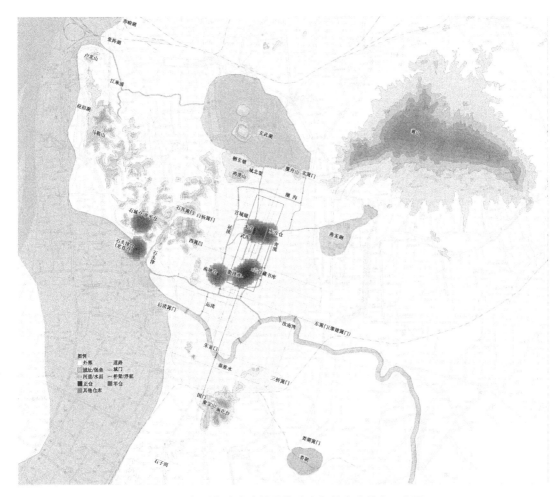

图 7 六朝时期建康仓储设施分布与核密度叠合示意图

先其沿用北方使节单独设馆的形制,改北馆为行人馆,改南馆为典客馆;后梁还专设了显仁、集雅、显信、来远和职方五国馆于都城东阳门外,分别为高丽、百济、吐谷浑、蠕蠕(柔然)及干陁利(三佛齐)五国来使单独设置[17]。梁国所设的七馆中,地位最高的是行人馆,单独设馆的五国也与梁国交往频繁。此外六朝时期在都城还设有一种特殊的馆舍,即任子馆,《建康实录》按吴书载:"诸将屯戍,并留任其子,为立一馆,名任子馆。"[18]任子馆为外征将帅之家人作为人质滞留京师所居的馆舍,是为国政草创时期稳固政权的一种手段,至陈代仍有任子馆的记载(图8)。

5.5 都城居住区与名人宅园布局

六朝都城中的里是里坊制首次在江南区域实行,数量及形态记载多有不全,亦没有任何关于居住区户数的记载,将多个文献结合起来见于记载的里共35处,其中有19处的位置是可以考证的。在可考证位置的里中,仅有3处位于郭外近郊地区,1处位于郭内城北地区,其余全部位于都城横街之南的区域内。在具体位置无法考证的16处里中,有7处属于建康县,推测其应当位于郭内秦淮河以北的区域。可以认为建康城郭内共有里23处。文献所见的皇家苑囿基本根据礼制的要求位于宫城都城以北的区域,而其余官员或大族宅园多分布

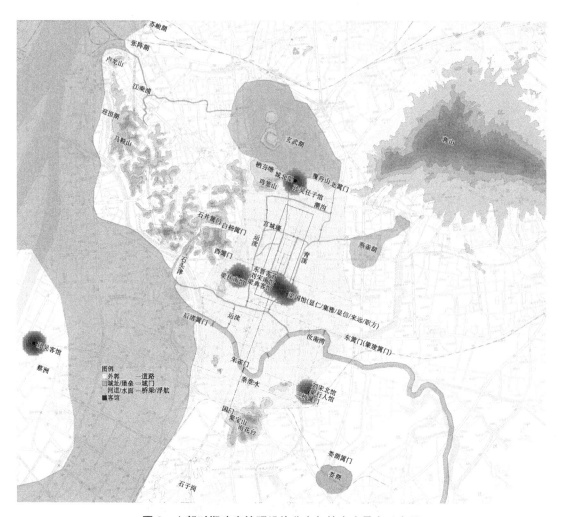

图 8　六朝时期建康馆驿设施分布与核密度叠合示意图

于郭内运渎以西、秦淮河以南、青溪以东的各里巷之内,各皇室成员宅邸位于运渎以东及青溪以西的都城城墙之外,仅有一例杜姥宅位于都城内。

从时间顺序上来看,郭内秦淮河以南的区域是从孙吴开始最早发展起来的居住区;东晋是建康里坊布局重要的成形时期,郭内秦淮河以南的区域成为里坊分布最为密集的区域,都城以南、秦淮河以北的这个区域的里坊较集中分布在运渎以西的地区,此外在郭外东部设立了蒋陵里、斗场里两个近郊居住区;刘宋以后名人宅邸连同皇家苑囿逐渐在潮沟以北、玄武湖以南的地区密集起来,但并未在此区域形成里坊;梁以后在秦淮河以南的东部地区增加了牛屯里、同夏里两个居住区(图9)。

可以看到,在可考证位置的这部分数据中,六朝建康的居住区大部分位于篱门之内,趋近都城南部秦淮河两岸分布密集的趋势较为明显,并且可以认为在都城南部区域的官员及大族宅邸与平民居处并没有明显的区域隔离,而都城东西两侧乃至都城北部区域则除了官员宅邸,更多分布了皇室成员宫宅及苑囿;而郭外仅有的里坊位于东郊蒋山南,亦是都城向东郊延伸的印证。

图9 六朝时期建康里坊与名人宅园分布图

5.6 商市

都城建康是六朝时期商业最为繁荣的城市之一，除了国家垄断的专卖品贸易以及民间普通的农业、手工业产品贸易之外，六朝时期的商业活动有很大一部分是由特权阶级来推动的。对政权建立有显要功绩的世家大族不仅在政治上占重要位置，在经济上也得到政策的倾斜。从孙吴时期开始世家大族逐渐成为占据大型庄园土地的地主，积累起大量财富后这些贵族官僚成为商业活动的重要经营者以期获得更多的利润。与世族相似的特权阶级还包括军将和上层僧侣，均得到政府免除商税的政策优待，出现了军市和僧商。伴随着外交事务的频繁，占据东南沿海岸线的六朝诸政权均十分重视海外贸易，由于陆路贸易通道被北方政权截断，六朝时期的海外贸易依赖内陆水道运输和海上丝绸之路，其贸易对象包括东亚、南亚乃至欧洲地区。

六朝建康的商市并未按前朝后市之礼制分布，而是围绕都城设置了多处商市。首先由孙吴政权先于秦淮河南御街西侧建初寺南设大市，于都城东南斗场篱门外斗场寺南设东市（斗场市/南市），于都城北归善寺南侧设北市，此三处规模较大的官市均设置在寺庙的南侧并持续经营至南朝陈代。见于记载的大市还有东府城东肇建篱门西侧的肇建市，以及都城东侧建康南尉南侧的草市。此外建康还有牛马市、谷市、蚬市及盐市、纱市等多处专门市场。盐市作为国家垄断性市场位于朱雀门西，纱市与皇后祭祀所用蚕室相结合，设置于都城西北鸡笼山南麓耆阇寺南侧,除此两者较为特殊,其他皆为小市,分布于秦淮河岸边。可见民间普通小贩主要经由秦淮河水路从周边地区来都城做生意,小市的分布应当有商业活动的自发性。《景定建康志》对古市的记载还包括"今银行、花行、鸡行、镇淮桥、新桥、笪桥、清化市,皆市也",其中新桥未改变,镇淮桥为朱雀桥,笪桥近西州桥,而南宋时期的银行和花行位于御道西侧的秦淮河北岸,可以认为也属于秦淮河边的小市之一,并可以反映出桥也是商业交易的一种场所。记载中还出现过几种特殊的市,宋少帝和南齐东昏侯都曾于宫城苑中设市模拟游玩,这可以作为特权阶级喜好市集的一种反映;在齐代和梁代的战乱时期,建康都城内还设过军市(图10)。

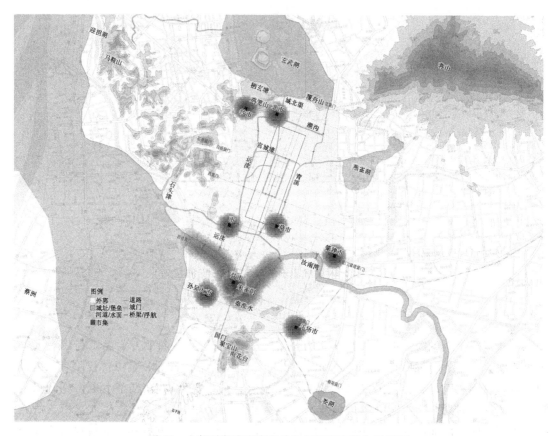

图 10　六朝时期建康商市分布与核密度叠合示意图

5.7　寺观

六朝建康佛教的兴盛早有唐杜牧诗"南朝四百八十寺"为佐证,寺院人口及资产甚为丰厚,僧侣及依附于寺院的平民皆不入户籍,致使"天下户口几亡其半"[18]。这与统治者笃信佛教关系紧密,如梁武帝定佛教为国教并以身行戒,推动僧侣乃至社会各阶层遵守戒律,以达到教化和稳定社会的作用,同时又使得佛教与儒家思想不断融合,在这个过程中周礼得到了传承。

对于本文来说,无法考证其名称和位置的寺院没有研究价值,结合《南朝寺考》《高僧传》及《建康实录》考证后,共整理出229座名称可考的寺庙。其中,有存在朝代记载的寺庙为105座,仅有始建朝代记述的为140座。根据存在朝代记载叠加统计可以看到,从孙吴时期到南朝寺庙数量有一个激增的过程,梁代为寺庙数量的顶峰时期,至陈代寺庙数量又明显回落(图11)。

对于建造者的分析基于有建造者记载的137座寺庙。六朝时期寺院的建设人群主要由皇室成员、官员、僧侣以及其他四类人群组成,建造的方式包括直接出资建设和捐赠自家宅园改建两种。其中,皇室成员出资建造的比例最高,各朝代皇帝、后宫以及皇子主导建设的寺院达42%,皇帝本人建设的更是高达21%,并且自宋至梁代多有皇帝捐其旧居为寺,其中梁武帝一人就建有9座寺庙;占第二大比例的是官员(27%),其中中央官员占到20%,这些官员均为世家大族出身,也多有舍宅为寺的做法;第三大人群为僧侣(18%),能够以个人名义出资建设的僧侣多为著名的高僧,其中有7%的寺院是外国僧侣来京建设的,以当时的交通条件来看,这些高僧自西亚、南亚等地至建康传经的过程十分艰辛,可见六朝建康在对外交流以及佛法传播方面的地位较高;此外还有13%的普通民众和其他个人出资建寺,可见平民虽然不如特权阶级资力丰厚,但仍然积极参与寺庙建设(图12)。

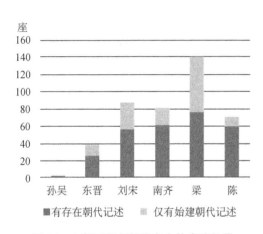

图11 六朝时期各朝代存在的寺院数量　　**图12 六朝时期各类人群建设寺院的数量与比重**

在位置考证方面,有101座可以考证其较为准确的具体位置,66座仅可查其大致方位,对其地理分布的分析将有位置记载以及存在年代记载的寺院相结合统计。按都城分野规模的推测,寺院分布可以分为都内、郭内、5 km以内近郊、10 km以内近郊以及10 km以外远郊五个圈层,除都内圈层以外的四个圈层可以御道及何后尼寺南大道划分为东北、东南、西南及西北四个方位。从图13、图14可以看出,孙吴至刘宋时期的寺院集中分布于郭内,并且郭内西南区为其中最为密集的区域;刘宋时期开始,寺院逐渐向10 km以内的近郊扩张,尤其是都城东北5—10 km的蒋山区域成为近郊重要的寺院集中区;梁作为六朝佛教最兴盛的时期首先体现在都城内皇家寺院的设立,除了郭内及近郊,后梁在都城10 km以外远郊地区建设了众多寺院,尤以东南郊为甚。

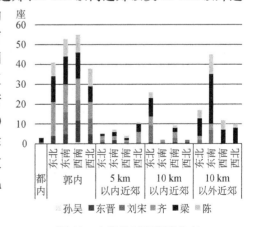

图13 六朝各时期寺院分布

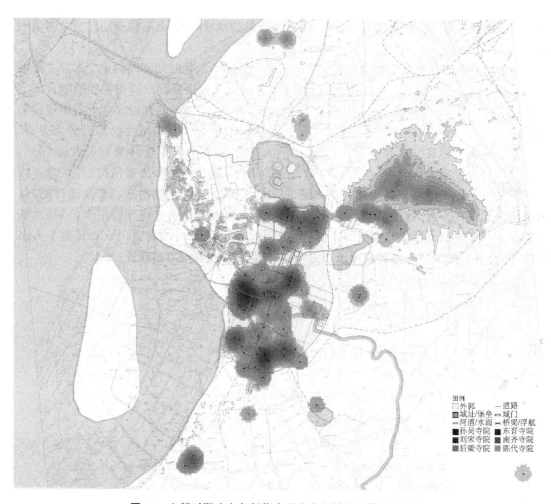

图 14 六朝时期建康各朝代寺观分布与核密度叠合示意图

6 小结

综上所述,在南北分裂割据的政治背景下,六朝建康是一个在制度草创中不断完善的都城。在这个过程中,首先建构的水系、都城核心区选址及轴线对位关系体现了都城对自然山水环境的最佳利用,是符合天时地气的因地制宜之礼法。在此前提到的都城建康是象征政权的合法天授性、保证国家机器运转以及维持城市运作的功能综合体。从不同阶层的使用者对各类型空间的使用来看,单一宫城制度及中央朝政区的布置强调了最高阶层的皇帝对于自身及心腹集团的权力集中,而南迁或本地的世家大族则把持着最高阶级以下的核心政治与军事权力空间,足见其对六朝政权建立及维持的重要作用,但同时也可以看出皇帝与世家大族之间的权力博弈。此外馆驿、商市、寺观等设施体现了六朝时期各政权在国家层面交往、贸易以及宗教文化等方面对海外交流的重视。

[本文根据博士学位论文《中国城市历史图学视角下的江南都城城市形态变迁研究》的一部分改写,为国家自然科学基金项目"基于空间历史信息系统(SHIS)的城市形态变迁研究"(5117896)、国家留学基金项目]

注释
① 本文中所提到的现代地名以及相应的城区、主城区等名词均以今天的地理概念为准。

参考文献
[1] 许慎.说文解字[M].北京:中华书局,1978:1.
[2] 张杰.中国古代空间文化溯源[M].北京:清华大学出版社,2012:119.
[3] 乐史.宋本太平寰宇记[M].北京:中华书局,2000:94-95.
[4] 许嵩.建康实录[M].北京:中华书局,1986:45,53,178,191,256,679,767.
[5] 中华书局编辑部.宋元方志丛刊[M].北京:中华书局,1990:1559,1623-1624,1635-1636.
[6] 司马光.资治通鉴[M].胡三省,音注.北京:中华书局,1956:2315-2316,4178.
[7] 李昉,等.太平御览[M].北京:中华书局,1960:326-329,950.
[8] 沈约.宋书[M].北京:中华书局,1974:327-378.
[9] 刘敦桢.刘敦桢文集(三)[M].北京:中国建筑工业出版社,1987:457.
[10] 刘啸.魏晋南北朝九卿研究[D].上海:华东师范大学,2010:198-200.
[11] 张金龙.南朝的石头城防务与领石头戍事[J].浙江学刊,2005(2):63-70.
[12] 房玄龄.晋书[M].北京:中华书局,1974:251-254.
[13] 严可均.全晋文[M].北京:商务印书馆,1999:775-791.
[14] 王国维.王国维考古学文辑[M].南京:凤凰出版社,2008:110-112.
[15] 魏徵,令狐德棻.隋书[M].北京:中华书局,1973:674-675.
[16] 王静.中国古代中央客馆制度研究[M].哈尔滨:黑龙江教育出版社,2013:20.
[17] 王志高.六朝建康城发掘与研究[M].南京:江苏人民出版社,2015:33-37.
[18] 李延寿.南史[M].北京:中华书局,1975:1721-1722.

图表来源
图1至图10源自:笔者根据《建康实录》绘制.
图11至图14源自:笔者根据《南朝寺考》《高僧传》及《建康实录》绘制.
表1源自:笔者根据《宋书·州郡志》绘制.
表2源自:笔者绘制.

宁波近代城市公共空间形成研究：
以中山公园为中心

李 朝　李百浩

Title：Research on the Formation of Public Space in Modern Ningbo：Centered on Sun Yat-Sen Park
Authors：Li Zhao　Li Baihao

摘 要 1840年以后，随着外国人居留地、租界在中国的开辟，不同于传统的建筑类型与空间形式开始出现，受其影响，中国人逐步接受了以公园为代表的公共空间建设理念，表现出从晚清的外来效仿到民国的自主建设的认知转变。本文以宁波近代第一个公园——中山公园为研究对象，依据当时的建设文件、新闻报道、评论文章等历史文献，从规划史角度梳理分析宁波中山公园的建设背景、机构组织、人员安排、经费筹措以及建设项目、规划布局、影响评价等内容。中山公园是宁波市政府主导下的多种合力之作，是政府与民间共同作用的机制体现，体现出典型的"中体西用"的时代思想和"游学一体"的本土特征，对于当今城市公共空间的人本转向建设无疑具有借鉴价值。
关键词 宁波；近代城市公园；公共空间；中山公园

Abstract：After 1840, new forms of architecture and space began to appear with the development of the concessions and settlements. Affected by that, Chinese gradually accepted the concept of public space construction represented by parks, showing a cognitive change from imitating to self-construction. The article selects Sun Yat-Sen Park, the first park in early modern times in Ningbo, to conduct a social interpretation of the case. Through historical documents such as planning contents, news reports, and review articles, etc at that time, it excavates the construction background, organization, staffing, funding and impact evaluation of Ningbo Sun Yat-Sen Park from the perspective of urban history. The Park was the product of many forces under the leadership of the city government after the city was established in Ningbo in 1927. The cooperation mechanism between the government and the chamber of commerce had created a government-civil interaction platform in the field of municipal construction. The Park reflected the local characteristics of the combination of China-West and 'play-education'. It is undoubtedly a reference for the human-oriented construction of urban public space nowadays.
Keywords：Ningbo；Modern City Park；Public Space；Sun Yat-Sen Park

作者简介
李　朝，东南大学建筑学院，博士研究生
李百浩，东南大学建筑学院，教授

1 近代早期的公园建设

1.1 西方公园的传入

19世纪中期以后,随着租界内各国侨民数量的增加,为解决侨民在异国对游憩娱乐功能的需求,西方人将西方城市里的公共空间引入租界,开始建设公园、跑马场、戏院、俱乐部等休闲娱乐场所。如1868年上海公共租界工部局在苏州河与黄浦江交界处的滩地开辟了中国近代第一个公园——上海外滩公园,当时称之为"公家花园"[1]。它的开设比普遍认为是中国近代公园设计模板的日本东京上野公园(Ueno Park)还要早5年。

租界公园的产生代表了各国的形象,让以往只知有皇家园林、官署内园和豪绅私园的国人大开眼界,为缺少公共娱乐意识的他们提供了形象、具体的示范,从此开始领略和向往公共娱乐空间的魅力[2]。但早期的租界花园往往不对华人开放,这种殖民主义和民族主义的冲突也催生了华界公园的建设。

1.2 华人公园的产生

清光绪三十四年十二月二十七日(1909年1月10日),试图力挽狂澜推行改革的清政府颁布《城镇乡地方自治章程》,其中提出,"地方应当组织公园建设"①。在此之前,已有广州"长堤计划"、天津劝业会会场等地方性尝试,民智已开。该章程一出,更是在全国范围内掀起了一场建设公园的热潮。尤其是进入民国以后,市政运动兴起,作为市政建设和改善城市环境的重要措施,各地的公园建设得到了显著的发展,抗日战争前夕国内共有公园400余座。

1910年,由端方倡导,以"导民兴业"为目的的南洋劝业会②在南京成功举办。早在"五大臣"出国考察宪政归来之时,端方就曾向朝廷呈递奏折,提出可参考西方文明国家的"导民善法",包括建立公园、图书馆、博物馆、万牲园等。因"江南地方交通最早,士绅智识开明",端方提出在江苏试行地方自治,并举办南洋劝业会。借劝业会举办之机,他在南京积极推进公园建

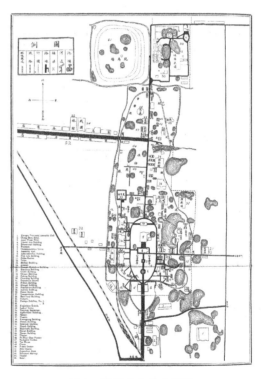

图1 南洋劝业会会场图

设,于南京城北建造"江南公园",并"拟即在江宁城内(江南)公园附近紫竹林一带购地七百亩,组织会场"[3]。在劝业会会场内,以中轴线空间和核心区将工艺馆、农业馆、教育馆、美术馆、演剧场、公议厅、动物园等建筑分布排列,中轴线北达跑马场和绿南筠花圃(图1)。整个会场将建筑和公园一体化,引入"游园"这一新奇的空间体验方式,为国民提供了了解西方文明和技术的平台,不仅推动了南京市政建设和城市公共空间的发展,对于南京旧城北拓、商

业中心转移和交通的发展,都起到了巨大的作用。

同时,南洋劝业会的顺利举办还得到了以张謇和虞洽卿等江浙绅商的支持。尤其是宁波商人虞洽卿,其时任南洋劝业会副会长,出面组织沪商购认商股,并在上海创办《劝业会报》《会场捷报》,成为南洋劝业会上海地区的实际组织者[4]。此次劝业会的成功举办,为他日后主持宁波旅沪同乡会、报效桑梓、支持家乡宁波的市政和公园建设积累了丰富的经验。

华人公园的建设,不同于中国传统城市公共空间的序列模式,即以官衙为中心,棋盘格式道路网铺开,体现出强烈的政治和等级秩序;转而更多地体现出清末民初转型时期公众对于休闲娱乐功能的需求和对民主性、开放性的渴望。

2 宁波的近代化与公园建设计划

2.1 外国人居留地的发展

与上海、广州同为"五口通商口岸"中的一员,同时也是传统港城的宁波,其发展却远没有其他开埠城市那般迅速。1844年宁波正式开埠后,英、法、美等国相继在宁波和义门外、余姚江对岸的"江北岸"一带设立领事馆,并将此地辟为外国人居留地。1862年,驻甬英、美、法三国领事订立协议,明确规定了居留地界址为"东北沿甬江至白沙外国人坟地一带,西北沿姚江过槐花树下至姚江转弯处,南至桃花渡口,北延伸至鄞、镇交界处"[5](图2)。

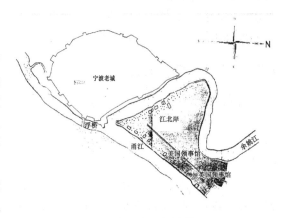

图2 江北岸外国人居留地

此后,各国领事、侨民和外国商人纷纷侨居于江北岸槐花树下至桃渡路法国天主教堂之间的沿江地带,加之太平天国后大量华人涌入外国人居留地定居,江北岸老外滩一带逐渐发展为五方杂处的十里洋场。西方人通过浙海关相继设立公共工程委员会和江北工程局等市政管理机构,在江北岸居留地内进行修筑马路、建设轮船港口等市政基础设施建设。一时间,各国商人在此开设洋行、商号、船埠、工厂等,并建设了戏园、小型公园、跑马场等公共活动场所,宁波形成了西方建筑和空间形式汇集的新市区。

2.2 老城建设公园的计划

与江北岸的繁荣形成鲜明对比,开埠后的数十年中宁波老城没有发生大的变化。老城内部虽然还有兴盛于南宋时的月湖景区,但此时早已因疏于管理而趋于衰落。城内最大的庭院则是晚清薛福成③将官署内院改建而成的后乐园(图3)。但此类官府内园、豪绅庭院,虽有水榭亭阁,却藏而不露[6]。因此直到民国初期,老城内尚没有一处开放性公园。"宁波为通商巨埠,向无公园,殊为市政上一大缺憾。"[7]

当时一位学生曾经在书信中提及:"出了我所在的学校的门,就没有可以游览的地方,也可以说没有可以寻滋润生活的地方。我现在好像被流放于西伯利亚……"[8]市民对城市公共空间的向往从中可见一斑。

当地文人虬公在《宁波不可少之公园》一文中感叹道："以吾甬为浙东第一之商埠,至今无一可供游览之公园,亦谈风雅者,所引为缺憾者也……论者谓甬人富于公益心,喜为慈善事,一岁之中,输出巨资,所成之事业,不堪屈指,若夫点缀风景,表扬古迹,启发人生美感之心。"[9]其倡议由民间自发筹资建设公园。

以陈星庚为代表的甬籍商人曾向政府请愿,认为"公园为卫生之必要,卫生为自治之本原,东西各国,无论城镇乡市,莫不有公园为憩息游览之地,而城市繁盛之区,尤多建公园,疏通空气,以重生命"[10]。他们提出根据

图3　1870年的独秀山

《城镇乡地方自治章程》对建设公园的规定,可以由商人自发组织筹款建设公园。但由于涉及各方利益和土地征收问题,最终不了了之。

1920年,在官民绅商的共同推动下,宁波成立市政筹备处,并于1925年制定并公布宁波市政筹备处的《工程计划书》,对城墙存废、道路和市政建设等内容提出了改造和建设计划,其是宁波历史上第一份系统的城市规划文件。该计划书中对于城市公共空间特别是公园的建设已经有所考虑,在第三节第三款中提出"公园为公余游憩之所,以普遍为主,应于市区适中处所设立模范公园一处,以资提倡";在第五部分"环境治理及保护"中也明确提出"为使人和自然和谐,规划注意治理环境污染和保护环境。……拟于市区选一适当位置兴建模范公园一处,为普通市民闲暇休憩、游乐的场所"[11]。

《工程计划书》发布后不久,随着北伐的胜利,1927年宁波正式设市,在市政筹备处的基础上成立了市政府。市政府时期的宁波对于城市公共空间建设开始谋略规划,延续了《工程计划书》制定的旧城改造计划,并将城市公园建设、城市风景名胜区规划、景观规划等内容提上了日程。

与此同时,宁波的有识之士也纷纷发表文章,讨论建设公园的必要。如报人徐深在《宁波市政月刊》创刊号上发表的《建筑公园的商榷》一文,提到"宁波这个地方,从前叫做府治,后来开做商埠,最近改做市治……这样大的地方,没有一个宽大的公园,不但是可笑,实在是可叹。推想他的缘故,大约是民众不愿要求,政府不肯提倡。……"[12]

而著名旅沪甬籍作家童爱楼④也在《宁波市政月刊》《宁波周报》上连续发表《宁波建筑公园之计划》《市政范围内之点缀》《修筑月湖以惠市民说》《修筑宁波月湖之计画》等多篇文章,提到"市政府所设施之事,无一不加惠市民……保存古迹、修复名胜、增加风景、利益居民之四种深意,岂非较诸他种设施为加厚哉……大概风景愈佳之地,而游客愈多,游客愈多,而就地之店铺生涯愈盛,而市面愈兴"[13];"点缀风景,亦为市政范围内要事之一端,于百废俱举中列作最要之内者也"[14]。

尽管政府有决心、有计划，民间有倡议、有意识，但是设市之初的宁波还是将主要的精力放在了拆城筑路、改善卫生、建设市政管线等旧城改造工程上，加之本地绅商对于市政建设经费负担过重颇有抵触，使得市政府在财政上常常入不敷出。因此宁波的公园建设计划被一再搁置。

3 "纪念热潮"下的宁波中山公园建设

3.1 纪念中山先生的热潮

1925年3月孙中山逝世后，国内各界社会团体迅速发起了"兴建中山公园"倡议书，以纪念中山先生，在全国范围内掀起了近代以来建设公园的第二个热潮。1925年3月15日，上海陈冰伯等人发起《在沪建中山公园》倡议；3月17日，江苏省公团联合会等64个团体向中山治丧事务所倡议，提议在南京紫金山兴建中山公园。在这种氛围下，全国各地纷纷组织建设中山公园，1925—1949年，全国中山公园的数量达到266座（表1）[15]。

表1 1925—1949年全国中山公园数量统计表

省份	数量(座)	省份	数量(座)	省份	数量(座)	省份	数量(座)
广东	57	湖南	13	云南	7	陕西	2
福建	28	江西	13	河南	5	宁夏	1
广西	27	贵州	13	甘肃	6	新疆	1
浙江	22	四川	11	山东	4	辽宁	1
江苏	17	台湾	9	河北	3	吉林	1
湖北	14	安徽	8	山西	2	察哈尔	1

孙中山与宁波有着深厚的渊源，不仅因为宁波帮是其重要的政治支持者和财政来源，还因为在他的实业计划中宁波占有重要的地位。1916年8月22日，孙中山乘火车到达宁波，当日在浙江省立第四中学宁波各界欢迎会上发表重要演说，针对宁波的发展建设阐述了许多精辟的见解。他认为宁波具有良好的地理位置和工商条件，应该仿效上海，实行地方自治、创办实业，即计划交通、修治水道、建设商港市街，特别是整顿市政一项，他认为"市政改良，人民乐趋，商业自会繁荣"[16]。其演说中关于地方自治、城市发展和规划的思想，对后来宁波市政筹备处制定《工程计划书》有着直接的影响。

因此，以这次中山公园热潮为契机，宁波市政府再度将公园建设提上日程。1927年春，在孙中山逝世两周年之际，为纪念对宁波有深厚期盼和情谊的孙中山先生，市政府决定建造一座中山公园，此决定得到了甬城社会各界人士的赞同。

3.2 公园的筹备工作

1927年6月1日，在宁台温防守司令部内召开了建设中山公园第一次筹备大会。参会的社会各界人士达132人，由宁台温防守司令王达天主持。他认为，"筹建中山公园，势在必行"；"建设中山公园，一方面亦是提倡中山主义之一工具，再就市民卫生娱乐上言之，中山公园之建设,尤为目前切要之图"。[17]筹备会议"由王司令主持,各筹备员认募者颇称踊跃"[18]。会上成立中山公园建设筹备处,通过了13条事项的决议,选举出严康懋、俞佐庭、陈如馨等35人为筹备委员;限定委员会于1927年6月15日起开始筹建办公;拟定筹备简章8条;计划募集建设经费20万元;公园地址起初选定在府后山连同前部场地及旁屋附近,后较原计划扩大场地,连旧道署、后乐园一带,占地共约60亩(1亩≈666.7 m²)。

1927年6月4日下午,在宁波总商会内召开了第一次筹备委员会,到会委员28人。根据筹备大会拟定的筹备简章,推选王达天为正委员长,金臻庠为副委员长。筹备委员会下设总务科、财务科、工务科,分别由陈如馨、陈南琴、王玉川为科长。会上确定了各个部分的分工,即总务科负责与市政府接洽公园地址事项,财务科起草募捐事项,工务科进行实地测绘。筹备委员会在副委员长、地方士绅领袖、《时事公报》创办人金臻庠等人的主持下开展工作,每月召开三次筹备委员会议。由工务科负责登报征求方案,由市政府工务局绘图设计,筹备处招工承建并公布施工细则。

1927年7月14日,在筹备委员会上,工务科测得公园面积83.94亩,其中旧道署13.38亩,旧公园草地28.91亩,旧府署28.13亩,后乐园12.56亩,五分署0.96亩。根据工务科拟定的园内布置初步安排,在东南边缘划出5亩作为商会用地,10亩作为运动场,另外议事厅1所,其他各类水池、亭台、棚架、暖房、藏书楼、场、室等共17项[19]。

3.3 公园的选址

中山公园的地址自唐代明州刺史韩察在此地建州衙以来,一直是地方政权机构所在地。唐代为鄞县州治,宋代为明州州署和庆元府治,元代为庆元路总管府,明代先后为明州府署和宁波府署、宁波卫治及巡视海道司,清代为宁绍台道衙署[20]。清光绪十三年(1887年),时任宁绍台道的薛福成以道署西侧明代所筑之独秀山⑤为基础,将内衙改辟扩建为一处庭园。内园竣工后,薛福成取范仲淹"先天下之忧而忧,后天下之乐而乐"之意,将之命名为"后乐园",并撰写了《后乐园记》。建成后的衙署后乐园成为达官贵人游乐赏玩的绝好去处,有"花发而幽香满园"的美誉,但普通市民只能望而兴叹。日后成立的六邑工会、市政筹备处等机构也都在此地办公,但因疏于管理,至民国时期园内景致已经颇为颓败。早在1909年当地商人陈星庚提出由商会筹款自建公园时就对公园的选址有所计划:"某等拟自行筹款建筑公园,人稠地窄,委无合宜隙地可以购置。兹查府后山官地一片,荒废可惜,某等共同商定,拟请将该处荒地改作公园,为合郡官民游息之所。"[10]从投资方面考虑,无论是征地还是建设的费用都颇为昂贵,对财政状况不佳的地方政府来说,改扩建原有府后山、后乐园无疑是最为经济的建园方式,这一选址计划后来也被《工程计划书》沿用并在公园筹备大会上被确认。

3.4 公园的经费筹措

经费筹措工作是重中之重,此前的多次公园计划都因为缺乏经费而束之高阁。为慎重解决这一问题,1927年7月2日筹备委员会于总商会召开了筹备会,讨论经费问题,决定本埠钱业一万元、银行业四千元的捐款最少限度[21]。

后由于经费缺口过大,王达天、金臻庠、陈南琴等人于1927年8月抵沪,向旅沪甬人劝募捐款,并许诺"委员会对于捐款人,定有纪念条例多款,而宁波总商会,会向筹备会函请拨给园地五亩作为建筑会所之用,愿代募公园建筑费半数,已经委员会通过照办矣"[7]。1927年10月,金臻庠、陈南琴、蒋鼎文(第二任委员长)、傅典藩(鄞县县长)再次赴上海,并邀请虞洽卿、袁履登、孙梅堂、徐庆云、陈蓉馆、秦润卿、沈任夫、楼恂如等旅沪商人代表,讨论募捐方法。议定即日成立中山公园上海筹备委员会,推选楼恂如、邬志豪、虞洽卿、励建侯、陈才宝、魏伯桢、方椒伯、许庭佐、徐芹香、胡咏德、袁孟德、沈任夫12人为委员,并公推励建侯为办事主任,委员会设置在宁波旅沪同乡会内。

经过几次会议和赴沪募捐,最终确定经费的分配方法,即"预定经费十万元,除甬商号认五万,并甬筹备员方面得认二万元外,其余三万元,准由旅沪同乡劝募足额"[22]。

3.5 公园的建设与布局

筹备委员会和总商会对公园的建设尤为重视,多次组织委员在中山公园建设筹备处内召集委员会议,"讨论一切建筑进行事宜,并视察工程状况"[23]。

园内所有建筑工程全部采用招标制度,筹备处规定:"所有基地,如旧府署头门、二门及其左右小屋砖石木料,除石鼓外,均在标买之例。订定标价最低限度者六百元,业已通告招买,定今日起至月终止为投标期间。出月一日,即行开标。"[24]

工程多由宁波本地的营造厂中标,如方金记木厂(动物部、围墙工程、后门)、胡森记木作(博物院、棕榈屋、茅草屋、西首后门、荷花池、藏书楼)、钱根记水作(古物陈列所、棕榈屋、山后泥屋)、傅春生木作(纪念室)、陈孝福水作(公书库墙外高平屋)、咸万兴石作(石作工程、府后山路)、刘增华(泥土路)、金路福假山作(假山补修)、陆松记(外墙马路)等[25]。各营造厂按照筹备处公布的施工细则,于1927年夏季全面开始施工。

次年8月,受宁波市党务指导委员会指命,因缺少"革命性的纪念物",在园内增建"理石像一座,纪念堂、纪念碑各一座,石塔或泥塔一座,塔之四面编镌政纲及建国大纲及遗嘱等物"[26]。

经过两年多的努力,宁波中山公园于1929年秋全部落成,实际耗资11万余元,占地约60亩,共建造各式房屋21座、亭台4座、牌坊2座、廊3条、桥5座,是宁波老城内第一个开放性公园[25]。

公园以西式大门—遗嘱亭—八角闲乐亭—动物部为中轴线,园内府山、府后山、独秀山三山鼎立,一水环绕其间,贯穿整个公园(图4),可供扁舟一叶,荡漾其中,五座桥梁跨于水上连接两岸。公园中心的广场中央建有"遗嘱亭",内有石碑一块,一面刻有

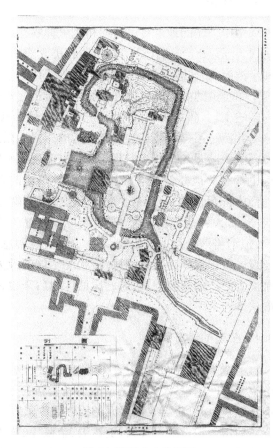

图4 鄞县中山公园图

总理遗嘱,一面是中山公园碑记,为甬籍书坛泰斗沙孟海手迹,供游人凭吊和瞻仰。民众教育馆、博物院、棕榈屋、茅草屋、图书馆、古物陈列所、纪念堂、电话局、俱乐部、通志馆、茶社、弹子房等建筑,分别以广场、花园、假山、亭为中心形成小的组团;清凉洞、一线天、九曲亭等景致点缀其间。整个公园采用西式建筑与传统建筑相结合的方式,"堆石作山,引水成渠,回廊曲折,庭阁相望,经营点缀"[27],亭廊轩榭布局精巧,四季景色各异,成为市民游憩的胜地。1928年10月,公园内又加设了游艺场,放映电影、表演戏曲。1930年代在此基础上开设露天电影院,凡放映之日,均是"人山人海"[28],使中山公园更加融入了市民的生活(图5至图8)。

图5 1929年竣工时的中山公园大门

图6 宁波中山公园风景之遗嘱亭

图7 1930年代中山公园雪景

图8 中山公园内景

3.6 评价与影响

中山公园落成后,立刻取代了传统的集会场所城隍庙,成为市民娱乐聚集的首选,一时间园内"人影如织,而园中之红男绿女,肩鬓相磨,来来往往,真有满坑满谷之像"[29](图9、图10)。对于中山公园,时人评价:"面积颇大,不亚上海之文庙公园;而建筑之美,设备之精,则又胜之。"[30]

图9 中山公园内的游人　　　　　图10 宁波中山公园一角

《申报》撰稿人童爱楼也对中山公园赞赏不已,并督促政府趁热打铁,继续发展城市公共空间的建设:"……今中山公园用旧道府署改筑,化腐朽为神奇,此即功在修改,不在创造之明证也。……希望中山公园告成之后,市政府即注意修改月湖,余于策划改月湖之事,研究有案,可不大费经营,就其所有而修改至,以收事半功倍之效也。"[31]

中山公园建成之后不久,政府对月湖、东钱湖等风景区的整修计划也都提上了日程,在1932年公布的《鄞县建设事业五年计划》中已经专门列出"整治东钱湖"项,并明确标注了"会同地方人士及奉镇两县筹备进行"[32],在政府文件里确认了商人等民间力量参与建设的合法性。

对于宁波人这种公益精神,1936年时任鄞县县长的陈宝麟在撰写《重修灵桥碑记》时称赞曰:"斯邦人士,累多弘毅,县有大建筑,若公园、若马路、若监狱,靡勿举者,邦人之急公好义,实非他乡所能及。"[33]

4 特征与逻辑

在中国城市建设的近代化进程中,公园等城市公共空间的规划建设是其重要的组成部分之一。在近代宁波,月湖、东钱湖等景区早已因疏于治理而破败不堪,老城中除官署庭院和豪绅私园等不对外开放的游园外并没有其他的公共空间。中山公园是宁波近代除西方人在江北岸外国人居留地的公园之外,中国人自己建设的第一座公园,是宁波设市之后市政府主导下多种合力之作,虽然其发展与其他市政建设相比具有不平衡性,但却成功地建立了一个市政建设领域政府与民间互动的平台。就空间组织和使用方式而言,中山公园体现出具有明显"中体西用"的近代思想和"游学一体"的本土特征,探索了从"传统园林"走向"城市公园"、从"文人空间"到"公共空间"的转变路径。

4.1 政府主导下多种合力的产物

与其他开埠城市类似,在宁波以公园为代表的公共空间建设同样是在西方文化、城市发展、地方经济、政治参与、民众需求等多种因素共同作用下运行的。江北岸的公共空间建设让华人和地方政府都眼前一亮,成为老城模仿的对象;公园的应运而生也是城市近代化发展到一定阶段,民众对于开放性和公益性并存的新型空间的必然需求;地方经济的发展和民众对于公共空间的需求又反过来促使以本地商会、旅沪同乡会为主的商贾团体在政府财政捉襟见肘时为政府所倚重,成为公园建设的主要支持者和经费来源。但政府部门例如市政筹备处和市政府还是扮演着城市规划中设计者和决策者的角色。无论是公园的选址、经费的筹措还是设计、招标、施工都是一个复杂的全局性系统,都需要政府部门协调各部门展开。《鄞县中山公园设计委员会简章》中明确规定,设计委员会委员共5人,分别由县长、第二科长、第四科长、第五科长和县财务委员会代表担任,主席和副主席也由县长和第四科长担任,地方士绅领袖可以被聘任为委员,但是为义务职务,年限也仅有一年[34]。

就中山公园而言,公园建成前,有公园筹备会(后更名为筹筑中山公园委员会)、公园设计委员会,建成后有公园管理委员会,都由政府牵头组织成立。建成后的公园也主要受市政府下设的教育局、公安局和卫生局的管理。教育局负责对园内基础设施规划和园内节目活动进行审查;公安局负责派遣园警,由园警负责园内治安管理;卫生局主要负责园内卫生。由此可见,无论是在前期建设还是后期管理时期,政府在公园事项中都占有绝对的主导地位。

4.2 政府与民间互动的平台

如果说上海、汕头等地的城市发展是"政商博弈"的结果,那么宁波的近代化则更多的是一种"政商合力"的产物。如上文所述,固然公园建设是多种势力作用的产物,政府占有主导地位,但是也不能忽视商会在公园建设中的巨大推动作用,近代宁波公园的出现实际上是这种隐性权力的表现与产物。

传统的资本主义社会中为解决过度生产和积累所带来的矛盾,追求更大的剩余价值,会将过剩的资本转化为另一种流通方式,即转向对建成环境的投资,将空间作为一种彻底的商品,房产和土地投机成为新型榨取剩余价值和获取财富的方式。在中国近代许多开埠城市中都有类似的案例,产生了沙逊、先农、义品等一批土地投资寡头。但这种只关注土地和空间交换价值的生产方式,会造成空间的"碎片化"和"同质化",本质上是破坏了空间的增长。而在很多后发型近代城市里,则存在另一种模式,例如以陈嘉庚为代表的华侨与以"宁波帮"为代表的旅外商会团体,心怀爱国之心、桑梓之情,投资建设、回报社会。宁波自古就有"以商兴市""以港兴市"的传统,商业文化较为发达。宁波开埠之后,在原有浙东经济腹地不变的基础上加之与上海频繁的贸易往来,更是"造就了一个数目可观的富有阶层"[35]。这些"先富起来"的宁波商人,自古以来就有热心地方公共事业建设的意识。清末民初,宁波的市政建设发展缓慢,政府有意愿却缺乏计划和经费,民间力量有诉求却缺乏政府的支持,但这种政府、社会与民间的互动关系为日后中山公园的建设积累了经验。前文也曾提及,宁波商人虞洽卿曾经担任南洋劝业会的副会长和上海地区的组织人,后来他担任宁波旅沪同乡会会长,在宁波设市之后的市政道路和中山公园的建设中都起到了重要的推动作用。虞洽卿将组织南洋劝业会的市政和公园建设经验带回宁波,和其他甬籍商人一起,通过捐助、筹款、担任委员等方式参与地方建设与管理,这在一定程度上弥补了市政当局因财政困难所带来的公园建设与管理上的不足。

筹筑中山公园委员会成立时,有130余人参加会议,其中由《时事公报》的创始人、宁波本地商会领袖金臻庠担任会议的组织者和委员会副委员长。中山公园筹备处也设在了宁波总商会内。会议选举出的35名委员中有商人委员15人,占总人数的43%,而在候补委员中也有数位商界人士[17]。公园建成后成立的管理委员会中也"聘请宁波各界领袖及热心公益而有声望者为委员"[36],可见宁波商人在中山公园建设过程中的重要作用。

中山公园成为政府和民间互动的平台,这也是新成立的市政府摒弃传统的"官本位"思想,有效调动民间积极性的结果。类似的合作,在日后的道路建设和月湖、东钱湖景区修浚工程中进一步得到发展和体现,两股力量在不同的历史时期此消彼长,共同推动宁波的城市近代化进程。

4.3 "游学一体"的本土特征

空间是一种特殊的社会产品,每一种特定的社会都历史性地生产属于自己的特定空间模式。中国近代的公园建设作为一种重要的公共空间实践,也带有鲜明的时代烙印。由于宁波中山公园是在后乐园、府后山、旧道署等官府内院的基础上改扩建而来,因此仍然具有中国传统园林布局的特点,在园内建筑和构筑物的工艺上也仍然大部分采用的是传统匠作方式,只是在此基础上吸收了西方公园表达民主、开放和公共意识的一面,是社会转型期在物质和文化的表达上追求中西融合的典型案例。虽然源头来自对西方公园的效仿,但与西方近代公园单纯讲求休闲娱乐功能不同,以宁波中山公园为代表的中国近代公园则更多地呈现出"游学一体"的本土特征,提供游憩功能,"给予劳苦人民的生活以精神的安慰和舒畅"[37]的同时,也成为政府和商会等社会精英阶层对普通民众进行以"教化身心"为目的的社会教育的工具。士绅作为知识文化的传播者,自然也成为社会教化功能的承担者之一;而政府则借助塑造新型城市空间以建设政府的公共形象来树立民众对政治权力、意识形态和文化记忆的认同,维护其统治的合法性的具体空间表达。明显的例子就是,宁波中山公园乃至整个城市的市政建设,都显露出"三民主义化"的趋向。

近代时期的公园与现代意义上的公园有着显著的不同,尽管社会在物质层面快速发展,但在思想层面上,无论是社会精英还是普通民众,仍具有较强的文化惯性,体现在对公园的使用方式上,即出现了一种传统生活方式与西方公共空间相结合的模式,例如公园中常常设置有茶馆和戏院等传统娱乐场所。

4.4 发展的不平衡性

近代以来特别是进入民国以后,市政基础设施的建设成为一个城市走向近代化的标志。而以公园为代表的公共空间,同样也是基础设施建设的重要组成部分。但与各个城市如火如荼地拆城墙、筑马路、修下水道等建设相比,尽管民众呼声甚高,但公园建设却常常成为最容易被忽视和在资金困难的情况下被舍弃的对象。就宁波一市而言,民国时期虽然实施了修建中山公园、修葺月湖景区、疏浚东钱湖等工程,但与在《工程计划书》《鄞县建设事业五年计划》中占据大量篇幅并附有分年进度表的其他工程项目相比,无论是在投入的人力、物力、财力还是建成的数量、受到的关注度上都具有极大的不平衡性。究其原因,一是与公园等公共空间相比,市政建设如马路、卫生、管网、菜场等更能直观和立竿见影地体现出城市近代化的进程和特征,改变民众的生活状态,也更容易成为市政府的政绩,受到执政者的重视也就不足为奇了;二是公园等公共空间作为民主、公共的产物,具有公益性的特点,无论是对市政府、士绅、商会等出资方,还是对筹备处、设计委员会、营造厂等管理施工单位而言,都缺乏足够的利益,因此也就少有人问津。

4.5 从"文人主义"到"人本主义"的转变

中国传统园林历来有"文人主义"的传统。魏晋南北朝时期社会动荡,隐逸畅游成为文人墨客等士大夫阶层的生活追求,他们寄情于名山大川,饮酒吟诗作画,有力地推动了造园艺术特别是私家园林、文人园的发展,开始出现了"文人主义"的园林。近代以来,西方文化的传入、公园的出现,给以文人园为代表的中国传统园林带来了极大的挑战,传统园林开始停滞并走向衰败。华人也纷纷仿效西式公家花园,建设华界公园,迈出了向近代社会公共空间转型的步伐。宁波中山公园在建成之初即提出要达成"公园平民化"的目标,"鄞县县党部以甬市中山公园为纪念总理,并供群众游览之所"[38]。同时园内建筑多是方志馆、大戏院、电话局、教育馆、茶社、照相馆、娱乐部、游艺场等公共性场所,由此确定了公园公共和开放的属性。中山公园本是在后乐园等非开放性官署庭院的基础上改造扩建而成的,是从"传统园林"到"城市公园"的典型案例,体现了从"文人主义"到"人本主义"造园哲学的转变,这也是中国传统城市走向近代化的具体体现之一。

5 结语

总之,以中山公园为代表的宁波近代公园,是在西方文化和技术传入作为示范的历史大背景下,政治、经济、文化、民间等多种元素合力作用下形成的城市公共空间,尤其是以"宁波帮"商人团体为代表的民间力量的参与,其建设和发展影响了城市空间的塑造和民众的日常生活。中山公园的发展轨迹,也恰恰暗合了宁波自1927年市建制之后城市的发展脉络。公园至今仍存在于海曙老城中,成为宁波的城市地标和寄托城市记忆的场所。

注释

① 清光绪三十四年十二月二十七日(1909年1月10日),清政府颁布《城镇乡地方自治章程》,第一章"总纲"第五条"城镇乡自治事宜"第二款中即提出,"本城镇乡之卫生:清洁道路、蠲除污秽、施医药局、医院医学堂、公园、戒烟会,其他关于本城镇乡卫生之事",提倡地方应当组织公园建设。

② 南洋劝业会,即清朝末年官商在江宁(南京)合办的一次全国规模的博览会,由端方提出,张人骏、陈琪主办,并得到江南绅商的支持。南洋劝业会于1910年6月5日开幕,11月29日闭幕,历时半年,每日四五百人进场参观,共计接待约20万人次。以赛会的形式鼓励工商业发展,除战时工商业产品外,劝业会还以便捷的基础设施、丰富的建筑类型和所展现的展览空间展示出一种近代化城市与建筑的面貌。与南洋劝业会类似的还有1929年举办的西湖博览会,同样加速了杭州城市的近代化进程。

③ 薛福成(1838—1894年),字叔耘,号庸盦,江苏无锡宾雁里人,出身于书香门第、官宦之家,先后入曾国藩、李鸿章幕僚,为"曾门四弟子"之一。清光绪十年(1884年),其出任浙江宁绍台道,曾于中法战争镇海战役中率兵击退法军。1889年,其出任驻英、法、意、比四国公使。其是维新派人物,深受西方文化影响,著有反映洋务思想的《筹洋刍议》《治平六策》《后乐园记》等,对宁波的教育、藏书、印刷事业影响颇为深远。他与王韬曾提出"商战"的主张,在江南士绅阶层中引起震撼,也促使众多士绅弃儒从商。

④ 童爱楼,宁波籍旅沪作家、报人,曾任《申报·自由谈》编辑。其持续关注宁波的市政建设,于《宁波市政月刊》《宁波周报》《道路月刊》《时事公报》上发表多篇文章,如《论宁波筑路的工务》《修筑月湖以惠市民说》《市政范围内之点缀》《宁波市工务工在修改不在创造》《改良宁波市政之管见》《论宁波开筑马路之必要》《民国十四年宁波之新希望》《宁波建筑公园之计划》《修筑宁波月湖之计划》《振兴宁波市面之计画》

等,与乌一蝶、布雷、陈如馨等甬籍文人一起用笔耕的方式为宁波市政建设建言献策,为宁波的城市发展做出了贡献。

⑤ 明弘治十一年(1498 年),宁波卫镇抚司张公在卫所官舍西侧聚石为山,高约 2 丈(1 丈=10/3 m),周方 6 丈,山顶构适意亭,山下设清凉洞,南北环绕两方水池。因平地间见此山兀起,故取名独秀山,并请布政司左参政刘洪撰写了《独秀山记》。

参考文献

[1] 李德英.城市公共空间与社会生活——以近代城市公园为例[J].城市史研究,2000(Z2):127-153.
[2] 孙媛.中国近代精英的理想空间:天津中山公园[M]//董卫.城市规划历史与理论 03.南京:东南大学出版社,2018:263.
[3] 端方.筹办南洋劝业会折(光绪三十四年十一月)[M]//沈云龙.近代中国史料丛刊(第十辑).台北:文海出版社,1966:1570.
[4] 苏克勤,余洁宇.南洋劝业会图说[M].上海:上海交通大学出版社,2010:23-27.
[5] 王尔敏.宁波口岸渊源及其近代商埠地带之形成[J].近代史研究所集刊,1991(20):37-69.
[6] 宁波市地方志编纂委员会.宁波市志(上)[M].北京:中华书局,1995:638.
[7] 本报记者.宁波中山公园委员来沪募款[N].申报,1927-08-08.
[8] 刘延龄.从宁波想到中国与人生[N].四明日报(新年增刊),1925-01-01.
[9] 虬公.宁波不可少之公园[J].宁波周报,1925,2(1):10-12.
[10] 本报记者.甬绅创设公园之计划[N].申报,1909-07-10.
[11] 宁波市政筹备处.工程计划书[A]//张传保,陈训正,马瀛.民国鄞县通志·工程志.宁波:鄞县通志馆,1935.
[12] 徐深.建筑公园的商榷[J].宁波市政月刊,1926,1(1):13.
[13] 童爱楼.市政范围内之点缀[J].宁波市政月刊,1927,1(3):13-14.
[14] 童爱楼.修筑月湖以惠市民说[J].宁波市政月刊,1927,1(3):2.
[15] 陈蕴茜.空间重组与孙中山崇拜——以民国时期中山公园为中心的考察[J].史林,2006(1):1-18.
[16] 本报记者.孙中山先生发展宁波之演说[N].上海民国日报,1916-08-25.
[17] 本报记者.筹筑中山公园委员会成立[N].宁波民国日报,1927-06-02.
[18] 本报记者.宁波快信[N].申报,1927-06-03.
[19] 王浙浦.中山公园史话[Z]//中国人民政治协商会议宁波市委员会,文史资料委员会.宁波文史资料(第八辑).宁波:中国人民政治协商会议宁波市委员会,1990:170-177.
[20] 王浙浦,施寅华.同赏清芬——记中山公园[N].宁波日报,1983-02-04.
[21] 本报记者.中山公园筹备会纪[N].申报,1927-07-02.
[22] 本报记者.宁波建筑公园在沪募捐[N].申报,1927-10-03.
[23] 本报记者.商会召集六次建筑会[N].申报,1927-12-15.
[24] 本报记者.中山公园招买建筑物[N].申报,1927-09-23.
[25] 张传保.公园:中山公园各项工程[A]//张传保,陈训正,马瀛.民国鄞县通志·工程志.宁波:鄞县通志馆,1935.
[26] 本报记者.公园建筑革命纪念物[N].申报,1928-08-25.
[27] 本报记者.中山公园游记[N].时事公报附刊·五味架,1928-09-08.
[28] 竹琴.上露天电影院的当[N].时事公报,1930-07-25.
[29] 本报记者.废院杂陈[N].时事公报附刊·五味架,1930-02-04.
[30] 洪明汉.宁波中山公园纪胜[J].华童公学校刊,1937(7):118.
[31] 童爱楼.宁波市工务工在修改不在创造[J].宁波市政月刊,1927,1(3):12.

[32] 陈宝麟.鄞县建设事业五年计划[A]//张传保,陈训正,马瀛.民国鄞县通志·工程志.宁波:鄞县通志馆,1935.
[33] 陈宝麟.重修灵桥碑记[A]//陈宝麟.重修灵桥纪念册.宁波:宁波市城市建设档案馆,1936.
[34] 本报记者.鄞县中山公园设计会[N].时事公报,1936-12-27.
[35] 孙善根.民国时期宁波慈善事业研究(1912—1936)[M].北京:人民出版社,2007:8.
[36] 本报记者.中山公园委员就职[N].申报,1929-09-28.
[37] 本报记者.洁心[N].上海宁波日报,1933-08-29.
[38] 本报记者.公园平民化[N].申报,1929-07-08.

图表来源

图1源自:赖德霖,伍江,徐苏斌.中国近代建筑史(第一卷):门户开放——中国城市和建筑的西化与现代化[M].北京:中国建筑工业出版社,2016:558.

图2源自:笔者根据王尔敏.宁波口岸渊源及其近代商埠地带之形成[J].近代史研究所集刊,1991(20):37-69插图改绘.

图3源自:https://www.hpcbristol.net/.

图4源自:张传保,陈训正,马瀛.民国鄞县通志·地图[A].宁波:鄞县通志馆,1935:65.

图5源自:哲夫.宁波旧影[M].宁波:宁波出版社,2004:128.

图6源自:珊珊照相馆.宁波中山公园风景之总理遗嘱亭[J].宁波快览,1930(1):6.

图7源自:哲夫.宁波旧影[M].宁波:宁波出版社,2004:128.

图8源自:佚名.中山公园[J].宁波旅沪同乡会月刊,1936(161):1.

图9源自:陈正章.宁波中山公园风景[J].图画晨报,1933(38):5.

图10源自:陆瞿士.宁波中山公园一角[J].图画时报,1929(614):封底.

表1源自:林涛,林建载.故园寻踪——漫话中山公园[M].厦门:厦门大学出版社,2014:2.

基于文化遗产信息分析的兰州城市形态演变

陈 谦 郭兴华 张 涵

Title: Urban Morphology Evolution of Lanzhou Based on Cultural Heritage Information Analysis

Authors: Chen Qian Guo Xinghua Zhang Han

作者简介
陈 谦,东南大学建筑学院,博士研究生
郭兴华,兰州理工大学设计艺术学院,副教授
张 涵,兰州理工大学设计艺术学院,讲师

摘 要 经过40余年的改革开放,兰州的城市风貌也正在发生着前所未有的巨大变化。如同每一个历史城市一样,兰州城市经历了规模巨大的"旧城更新与改造、城市基础设施建设、环境美化与治理"等改变城市面貌的城市建设行动。在此过程中,由于种种原因,忽略了对于城市历史、传统风貌、地方文脉的保护,导致城市特色消失、城市风貌相近,甚至是"千城一面"的状况。兰州历史城区建于明代,后经历清代、民国等历史时期,留下众多的历史信息要素。因此,基于历史信息研究的历史城市保护方法可以在一定程度上解决城市风貌相近、地域特色消失的问题,同时也是尊重城市发展规律、延续城市文脉的保护方法。

关键词 历史信息;文化遗产保护;兰州;城市形态

Abstract: After nearly 40 years of reform and opening up, Lanzhou's urban landscape is undergoing tremendous changes. Like every historic city, Lanzhou has undergone a large-scale urban construction, such as old city renewal, urban infrastructure construction and environmental beautification. In this process, due to various reasons, the protection of urban history, traditional style and local context has been neglected, which leads to the disappearance of urban characteristics, the similarity of urban style and features, and even the situation of 'one side of a thousand cities'. the historic city in Lanzhou was built in the Ming Dynasty, and went through the Qing Dynasty, the Republic of China and other historic periods, leaving a lot of historical information elements. Therefore, the method of historic city protection based on historical information research can solve the problems of similar urban features and disappearance of regional characteristics to a certain extent, as well as the protection method of respecting the law of urban development and continuing the urban context.

Keywords: Historical Information; Cultural Heritage Protection; Lanzhou; Urban Morphology

兰州,地处黄土高原中部,位于中国陆地的几何中心,是甘肃省省会城市,也是甘肃省的政治、经济和文化中心。它是黄河上游最大的城市,是古丝绸之路上的重镇,具有非常丰富的地方文化和历史文化遗产。在漫长的历史岁月中,兰州积累和留存了大量的文物古迹。地上、地下的文物遗存基本涵盖了从旧石器晚期到近现代的各个历史时期。在兰州这个城市节点上,丝绸之路文化、黄河文化、游牧民族文化、马家窑农耕经济文化等多民族、多地域的文化融合,创造了丰富多彩的兰州文化,具有非常深厚的历史文化沉淀。兰州的城市与建筑受其影响颇深,留下了异常丰富的物质文化遗产。

1 兰州文化遗产

兰州历史悠久,自然风貌独特,历史文化遗产十分丰富。兰州对中国的历史发展产生过重要影响,是西北地区的区域治府、军事重镇,是各类文化的交点、古丝绸之路上的重要节点,也是中国近现代工业的摇篮之一。在几千年的历史发展中,多元文化融合,形成了具有鲜明特色的兰州。

1.1 物质文化遗产

(1) 史前文化遗存

兰州古人类的活动最早可以上溯到旧石器时期,中间经历马家窑农耕经济文化的诸类型衍进,直至前20世纪的齐家文化。其文化遗存分布广泛,文化内涵丰富。1986—1989年,兰州进行全市文物普查,共确定境内史前文化遗存165处,其中近郊52处,远郊113处;目前保存较好的有56处。其中典型文化遗存如下:西坡坬遗址、曹家嘴遗址、青岗岔遗址、三家山遗址、红山大坪遗址、山城台遗址、把家坪遗址、大沙沟遗址、杜家坪遗址、蒋家坪遗址、李家坪遗址、团庄遗址、方家沟遗址、郭家湾遗址、红寺遗址、马家岀遗址、牟家坪遗址、杏胡台遗址。

(2) 长城、烽燧、关隘、城池、堡寨

兰州自古就是军事重镇,对保卫边陲有十分重要的作用。历代王朝除在兰州地区建城筑堡外,还建有大量其他军事防御工事,有长城、关隘、烽燧等等。兰州长城主要是汉、明长城,关隘最早建于汉代,烽燧历代都有。据粗略统计,兰州军事防御工事有163处,其中已毁16处,残存63处,现存较好的有84处。现存长城主要分布在黄河北岸,主要在永登境内的大同、柳树、中堡保存较多,断续约10 km。

除古金城外,历代在兰州及其周边建有很多城堡,主要有永登县城、榆中县城、西固城、西秦勇士城(夏官营古城)、兰州华林山满城、永登县满城、西固新城堡等,据初步统计,有105座之多,其中已毁坏的有29座,残存的有74座,保存完好的有2座。现状的城障烽燧遗址有汉代长城及其沿线城障烽燧遗址、明代长城及其沿线城障烽燧遗址、夏官营城址。

(3) 古建筑

兰州古建筑以清末所存为限,保存较好的有21处。

(4) 近现代史迹及代表性构筑物、建筑物

兰州黄河铁桥:其又名"中山桥",位于流经兰州市区的黄河河面上,南接中山路和滨河

南路,北连北滨河路。2006年5月,其被国务院公布为全国重点文物保护单位。

八路军驻兰州办事处旧址:包括互助巷2号旧址、孝友街32号旧址两部分。两处旧址于1962年被甘肃省政府公布为省级文物保护单位,现辟为八路军驻兰州办事处纪念馆。

兰州战役旧址:包括沈家岭、狗娃山、营盘岭等处。

华林坪革命烈士纪念塔:位于七里河区华林路南烈士陵园内,为纪念解放兰州战役壮烈牺牲的革命烈士而建。1959年,其被公布为省级文物保护单位。

1.2 非物质文化遗产

兰州市非物质文化遗产项目较多,包括已颁布为国家级及尚未定级的项目,如兰州黄河大水车制作技艺、兰州鼓子、兰州太平鼓舞、永登苦水高高跷。甘肃省级非物质文化遗产保护项目,如兰州刻葫芦、兰州羊皮筏子、兰州剪纸、兰州水烟制作技艺、西固军傩、永登皮影戏。市级非物质文化遗产保护项目,如民间音乐——红古民间小调、窑街社火调、榆中小曲;民间舞蹈——永登硬狮子舞、永登中堡何家营滚灯、青城道台狮子、马衔山原生态秧歌、榆中太符灯舞;传统戏剧——苦水下二曲、木偶戏、青城西厢小调;曲艺——兰州太平歌;民间美术——民间木雕彩绘、兰州秦腔耿家脸谱;传统手工技艺——窑街黑陶制作技艺、窑街陶瓷制作技艺、红古刺绣、李氏皮鼓与挽具制作技艺、榆中古建筑模型制作技艺、榆中纸扎技艺;民俗——兰州清汤牛肉面制作技艺、皋兰地卦子、兰州旱田压砂技术、兰州"天把式"劳作技艺、连城尕哒寺佛诞节、苦水二月二龙抬头、窑街"福"字灯会、榆中汉族人生礼仪、榆中苑川七月官神、兰州铁芯子等。

2 兰州空间演变分析与历史地图重绘

2.1 兰州城市空间格局变迁

古代兰州为边塞军事重镇、交通枢纽城市,古城多且变化频繁,主要有秦榆中城、汉金城、隋唐兰州城(图1)、宋兰州城、明代兰州城(图2)和清代兰州城,以及民国之后的兰州城。

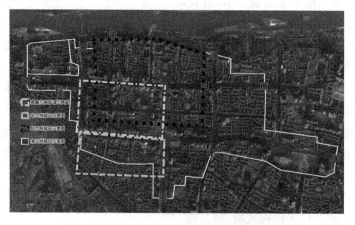

图1 隋、唐、宋、明、清兰州城址变迁示意图

(1) 明代兰州城：明洪武十年（1377年），在宋城基础上增筑兰州城池，城略呈正方形，东西1里280步（1里=500 m），南北1里82步，高3丈5尺（1丈=10/3 m；1尺=1/3 m），宽2丈6尺。开四门：东曰承恩，南曰崇文，西曰永宁，北曰广源。城门上建城楼。宣德、正统时两次增筑外郭，辟外郭城门九，即东名迎恩、东北名广武、再东北名天堑、南名拱兰、东南名通远、西南名永康、再西南名靖安、西名袖川、北名天水，门上建楼[1]。

(2) 清代兰州城：兰州为甘肃省城、陕甘总督驻地，先后于清康熙六年（1667年）、康熙二十四年（1685年）、乾隆三年（1738年）、乾隆三十八年（1773年）、嘉庆十年（1805年）、道光十三年（1833年）在明城基础上六次修补筑城池。光绪多次修葺，城池定型，内城呈方形，外郭呈不规则方形。计内城周长6里200步，敌台上建楼10座；外郭周长18里123步，敌台上建楼6座。城外东、西、南三面为护城河，北为黄河（图3）。

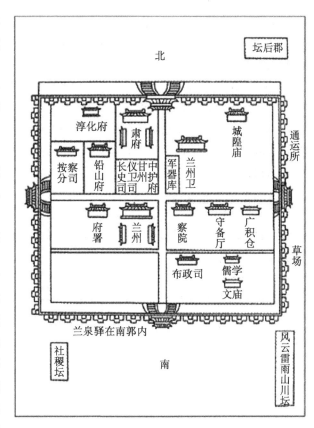

图2　明嘉靖年间兰州卫图

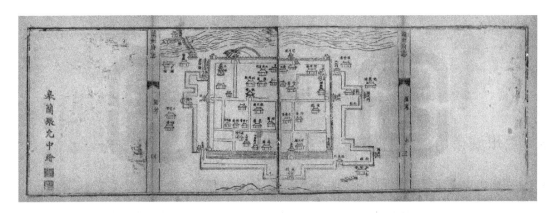

图3　清代兰州府城图

光绪《重修皋兰县志》卷十二《建置》记：道光十三年（1833年）总督杨遇春再葺并改并、改易门名，"内城改承恩曰来煦，永宁曰镇远，崇文曰皋兰；外郭改天堑为庆安、天水曰通济、永康曰安定、靖安曰静安，余如旧"[2]。清同治年间，左宗棠在平定陕甘收复新疆途中，新修筑的城垣也涉及兰州。光绪元年（1875年），文襄公在外城的西北隅创建了一座贡院，在院外包筑了一段外城，长240丈。这样，就形成清代时期兰州城的规模。

（3）民国至新中国成立前：民国时期，由于城市人口增多，城市开始突破城墙向东、西、南三个方向扩张：西向跨越阿干河，东向突破迎恩门，南向突破皋兰门。只有北向，因有黄河的阻挡，难以建设，变化较小。

综上所述，兰州城市空间格局变迁（宋元—明代—清代—民国）呈明显的扩张趋势（向东、西、南三个方向扩张），北侧面临黄河，发展受到限制。城市形态从明代规则形态向清代不规则形态转变。在明代形成方形城市形态，内部街道的双十字结构变化较小；在清代增筑举院（贡院，现兰州大学第二医院），但因阿干河的用地限制，城市向东和向南扩展的趋势较为明显；民国至新中国成立前变化较小。

2.2 兰州历史地图梳理

城市历史信息的解读基本对象是各时期的城市历史地图，现有历史地图的重绘方法可作为本文的借鉴。

对于兰州来说，明代以前的历史地图资料几乎没有，只有少数研究者绘制过所推测的意象图，因此兰州的历史信息空间转译工作主要针对明代及其以后（图4、图5），以下分别从明代、清代、民国和新中国成立后等各时期选取原始历史地图资料，以此来研究和推断兰州城市空间的演变。

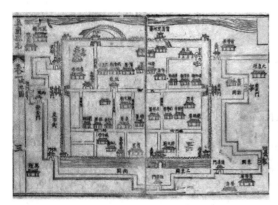
图4 《皋兰县志》中清代兰州城池图

图5 民国时期兰州城关全图

3 兰州城市历史信息空间转译与历史地图重绘

3.1 兰州历史空间要素变迁

兰州历史城区的历史空间要素主要可分为城防体系、街巷系统、用地功能，可从城市初步形成开始研究。

1）城防体系

兰州历史城区城防体系的发展经历了"形成—发展—完善—瓦解"四个阶段。隋唐和宋元是兰州城防体系初步形成时期，明代是发展时期，至清代得到完善，形成了本文概念下的历史城区范围，到民国时开始瓦解，新中国成立后逐渐消失。

（1）形成期：隋唐时期，隋文帝开皇元年（581年），废郡改州，置兰州总管府，府治子城。

兰州之名,始于此时。其名由来,据《元和郡县图志》载:"取皋兰山为名。"隋炀帝大业三年(607年),复置金城郡,隋末改子城为五泉县,并在皋兰山北开始筑城。其旧址约在今五泉山公园之南鼓楼巷、三爱堂之间,此城东西长600余步,南北宽300余步。唐因之,故名"唐城",俗名"唐堡"。

(2)发展期:宋神宗元丰四年(1081年),李宪收复兰州。徽宗崇宁三年(1104年),改五泉县为兰泉县,治所兰州(今城关区),并对隋建城池重修。此时因黄河故道北移,宋王朝为凭借黄河南岸天险防御西夏南侵,便于元丰六年(1083年)三月诏兰州"展筑北城",待北城筑成后,南城即废。新城址约在今中山铁桥南端偏西一隅的黄河南岸。因"河畔有石如龟,伏城垣下",故名"石龟城"[3]。

(3)完善期:明洪武十年(1377年),指挥同知王得增筑东西1里280步,南北1里82步,高3丈5尺,阔2丈6尺。据此换算,洪武十年兰州城墙东西长约1 050 m、南北长约737 m,面积约为773 850 m²,城墙高度11.4 m、宽8.5 m。兰州城除内城外,经过三次增筑,形成了自城东至西北的外城郭(图6)[4]。清光绪元年(1875年),"左宗棠在外城的西北隅,创建贡院,在院外包筑一段外城,长二百四十丈",即为现在兰州大学第二医院所在地。这样,就形成了清代时期兰州的城市规模(图7、图8)。

图6 明代兰州城市城墙及街巷示意图

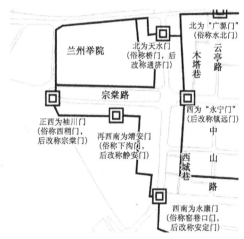

图7 清代兰州举院与西关城墙、城门、街巷示意图

(4)瓦解期:民国初,兰州的城防体系开始瓦解,城墙被打开缺口,但不建门。新中国成立后,从1950年代起,为了适应城市规划建设需要,兰州明代所建旧城城垣及城楼逐渐被拆除,改作城建基地,城防体系彻底被瓦解[3]。

2)街巷系统

兰州城市中街巷系统的变化不大,都是在主要街道上发展起来的,整体呈现出密度增大、大街小巷的特征。

隋唐及宋元时期主体路网格局已无文献查询,且城址变化较大。明代时期主体路网格局呈棋盘式路网结构,为"十"字形,在南侧增加东西向道路一条(图2)。"二"字形东西向的道路主要承担通往城门的交通疏散功能,以此与南北向相交形成"一纵两横"的道路骨架。清代时期主体路网已经形成了交错网状(图3、图4),东西向的主要干道依然存在,南北向道路为四条,但都与城门不直通,呈"T"字形道路交叉方式。同时沿着内城城墙又修建了外郭

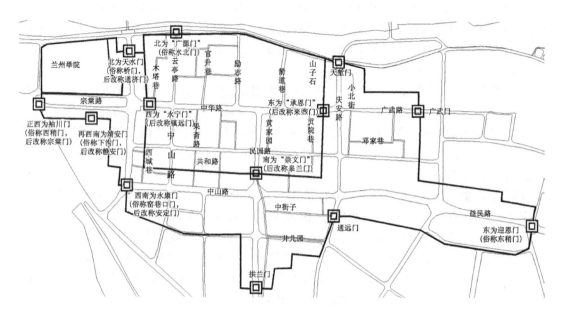

图8 清代兰州城市城墙及街巷示意图

的城墙,城市内部交通呈"四纵两横"的道路骨架,并在现在的张掖路上设立鼓楼。新中国成立后,兰州历史城区内的道路不断处于拓宽中,城墙被拆除后,在原有城墙的基础上逐渐形成街巷。与此同时,原来传统街巷也迅速减少,形成方格网的道路体系。

3) 用地功能

兰州历史城区内的用地一直承担着城市的核心功能。随着城市的发展,历史城区内呈现出越来越综合性的城市功能形态。

明代时期,兰州作为府城,城市被历代行政长官不断营建,城市功能体系完善,分区明确,城市建设体现都城的多样性与丰富性。明代主要以府城为中心,周边环绕各类重要相关功能,如督署府、藩署、府署、臬署、道署、文庙(府县两级)、贡院、庆祝宫、城隍庙、嘉福寺、普照寺等。明代兰州城内具体功能有府行政、军营、商业、文教、居住、手工业、宗教、风景名胜以及城防等。

清代时期以历史城区为中心,用地布局有以下几个特点:首先由于新贡院的修建而使得满城内部又出现了城内的分区;其次在防务方面,除了有旗营的城墙外,还在城内外布置了一定数量的兵营;最后清代兰州城市风貌最大的特点就是市集林立,商贸业的繁荣也带来了城市的建设和发展(图7)。

民国时期,西方大量的新型城市设施被引入中国,如水厂、电厂等,这些都深刻影响着当时的城市用地布局,商业发展也因此具有了一定的集聚规模。

新中国成立以后,兰州历史城区的中心不断被强化,城市的公共设施面积和性质也发生了诸多变化,面积倍增,商业服务成为主要功能。

在1954年的兰州城市总体规划中,城市范围扩展,明确了城市的具体区划及土地使用,将城市分为15个功能片区:西固工业区、七里河工业区、市中心区、东部计划工业区、安宁堡计划工业区、庙滩子工业区、高坪居住区、段家滩、阿干镇煤矿区、休养区、风景地区、仓库地区、蔬菜瓜果供应区、绿化区域和沙井驿砖瓦制造地区。

3.2 兰州历史地图重绘

兰州历史地图重绘是在主要建筑物定位上进行的,从而确定兰州历史城区的范围,以及研究其城市形态的演变过程;然后落实于各个基准历史地图之上,并叠加在谷歌地球(Google Earth)卫星图之上,最终形成兰州历史城区主要构筑物、建筑物以及城市历史城区的演变过程(图9至图12)。

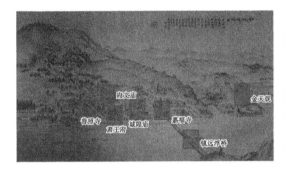

图9 《金城揽胜图》中的主要建筑物定位

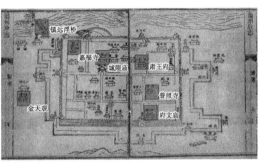

图10 《〈兰州府志〉图考》中的主要建筑物定位

图11 Google Earth 卫星图中的主要建筑物定位

图12 Google Earth 卫星图中将历史要素进行叠加后的示意图

兰州城市主要有如下特征:

(1) 从明代开始,兰州即以军事职能作为主要职能,有完备的防御措施,并成为当时九边重镇固原镇的卫所城市,所以其政治和经济职能不够突出[5]。

(2) 政治地位提升,城市规模扩大。明洪武二十八年(1395年)六月,明肃王朱楧始就藩甘州。建文元年(1399年),肃王府遂移兰州。清康熙五年(1666年),陕甘分治,设甘肃行省,省会由巩昌(今陇西)迁至兰州。兰州城市的政治地位得到提升,城市建设得以加快,城市内部功能开始丰富,城市经济得到一定的发展,城市规模扩大,但主要在城垣之中进行建设。

(3) 从近代开始,孙中山先生在《建国方略》中将兰州定位为"陆都",自此兰州的战略地位得到进一步提升,城市经济开始得到进一步发展。城市用地需求增加,所以城市开始打破城垣、拆除城墙、跨越关厢、向关城以外的地域发展,城市形态出现不规则发展的趋势。而城市也脱离了原先城市以防御功能为主,城市性质开始向军事、政治、文化和经济为一体的综合性地方城市演变。

（4）由任震英主持的 1954 年的第一版城市总体规划，将兰州的城市内部功能分为 15 个主要功能区块，并将兰州的城市性质定位为工业和交通性城市，以石油工业、化学工业、机器制造工业为主，同时还是甘肃、青海、新疆交通枢纽和货物集散之地。城市形态呈"组团状"分布，又呈现出"规则"的情形。

总体来看，兰州城市形态的演变过程是"规则—不规则—规则"的演变过程。第一个"规则"是明代和清代时期，"不规则"是民国时期，第二个"规则"是 1956 年第一版城市总体规划之后。

4 兰州历史信息空间整合的城市空间保护

（1）自然风貌的保护

兰州市所处的皋兰山和黄河的特殊自然山水风貌是其自然天赋，是构成兰州市"山·水·城"空间特色最为重要的部分。因此，维护皋兰山和黄河的工作就成为最为重要的任务。所以，保护皋兰山和黄河的山形水态格局和自然景观风貌，严格禁止随意改变地形地貌、破坏山脉水系进行开发建设。

兰州是"两山夹一川"的山水城市。两山迤逦、黄河蜿蜒曲折，城市的景观要素是"两山一水"，城市格局表现为典型的"带状组团"，组团之间有楔入城市的绿色山体和永久的生态绿色通廊，将"一水两山三绿廊"作为城市历史风貌严格保护，不得开山填河人为地改变山势水形（包括崔家大滩、马滩、雁滩南河道及雁滩中河道）和生态绿色通廊。

（2）兰州历史城区保护

在兰州历史城区保护中，应该将兰州历史城区分为明代城区、清代城区。其具体范围如下：明代城区为现庆阳路以北、南滨河路以南、中山路以西、秦安路以东区域；清代城区为现中山林鼓楼巷以北、南滨河路以南、解放门立交桥以西、广场东口以东区域。

在此区域中，应该通过设立标志物的方法加以展示，利用简要的文字或图示将文物古迹的概况、格局介绍给后人。如兰州历史城区明清时期的城门、城墙、主要构筑物和建筑物等。

（3）城市路网格局保护

兰州城市中心区的城市路网格局，具有明显的"轴线对称"和以广场为中心的"巴洛克放射"特征。明清古城的中轴（酒泉路）对称，1950 年代的皋兰路和东（平凉路）西（金昌路）放射线，表现了中国建设受苏联文化影响的历史，是兰州作为新中国成立初期重点投资建设的新兴工业城市的历史印迹。规划提出保护这一城市历史特征，对由东方红广场、皋兰路—铁路局、东方红广场—平凉路—火车站广场、东方红广场—金昌路—五泉下广场构成的"轴线对称、巴洛克放射"格局进行保护，并对耦合延用这种格局的规划新城区的路网骨架进行保护，即大青山—世纪大道（北段）—世纪广场—世纪大道（南段），世纪广场—银安路东段—银滩广场，世纪广场—银安路西段—深安大桥桥头广场。

（4）城市轴线的保护

城市轴线是城市历史文化浓缩沉淀的重要区域，兰州的城市中轴线历经变迁，由明清时期的酒泉路，1950 年代至今的新轴线皋兰路，到规划的新城中轴线世纪大道，代表了兰州城市中心的变迁和城市的扩展过程。三条轴线都是背靠青山，起于当时的城市中心广场，是"迎山纳水"的视线通廊。规划要求对这三条轴线进行保护,在规划设计之中做好控制性详细规划,对建筑物的高度、体量和形式进行合理控制,以保证可以"显山露水",强化轴线效果。

（5）景观带和视线通廊保护

保护皋兰和白塔山两条绿色屏障,保护黄河百里风情线,特别是南北滨河路的景观建设。要将上述三条带状空间作为兰州城市历史文化的重要媒介,使得保护与展示功能相结合,利用带状空间进行有效的城市历史文化保护展示。同时,在城市设计中,保护和确定城市重要的景观视线通廊,并确定皋兰山、五泉山、仁寿山、九州台、徐家山、白塔山为传统景观风貌主要控制点。

5 结语

基于历史文化遗产信息分析的兰州历史城市保护可以全方位、全面系统地保护,避免了臆想和"拍脑袋式"的保护方案,从而更加全面、科学地保护兰州历史城市形态以及各级各类文化遗产。除了对各类历史文化遗产进行分级分类保护之外,并试图建立一套系统的保护体系,以此作为甘肃地区历史城市保护的范例,走一条"可持续发展"的历史城市保护与发展之路。

[本文为2016年甘肃省哲学社会科学规划项目"基于空间历史信息系统的'华夏文明传承创新区'特色城镇数据库构建"（YB081）、兰州理工大学科研发展基金项目"基于历史信息整合的历史文化遗产保护方法研究——以兰州为例"]

参考文献

[1] 兰州市地方志编纂委员会,兰州市城市规划志编纂委员会.兰州市志(第六卷):城市规划志[M].兰州:兰州大学出版社,2001.

[2] 张国常.重修皋兰县志[M].复印本.[出版地不详]:学识斋,1892.

[3] 赵世英.兰州旧城兴废始末探识[J].兰州学刊,1988(5):96-100.

[4] 卢继旻.明朝兰州城研究[D].西安:西北师范大学,2010.

[5] 党瑜.试论兰州市地理环境与城址的历史变迁[J].中国历史地理论丛,2000(2):143-154.

图表来源

图1源自:兰州市地方志编纂委员会,兰州市城市规划志编纂委员会.兰州市志(第六卷):城市规划志[M].兰州:兰州大学出版社,2001.

图2源自:赵廷瑞.陕西通志[M].复印本.[出版地不详]:学识斋,1542.

图3源自:陈士桢、涂鸿仪《〈兰州府志〉图考》[清道光十三年(1833年)].

图4源自:吴鼎新、黄建中《〈皋兰县志〉图考》[清乾隆四十三年(1778年)].

图5源自:昇允、长庚、安维峻《〈甘肃新通志〉图考》[清宣统元年(1909年)].

图6至图8源自:笔者据谷歌地球(Google Earth)卫星图改绘.

图9源自:马五《金城揽胜图》(现藏于甘肃省博物馆).

图10源自:笔者据陈士桢、涂鸿仪《〈兰州府志〉图考》[清道光十三年(1833年)]改绘.

图11、图12源自:笔者据谷歌地球(Google Earth)卫星图改绘.

第五部分　历史文化保护理论与实践
PART FIVE　THEORY AND PRACTICE OF HISTORICAL AND CULTURAL PROTECTION

根植文化·空间激活：
烟台奇山所城历史街区保护与更新策略研究

王 骏 邱 瑛 王 刚

Title: Rooted in Culture · Space Activation: Research on the Protection and Renewal Strategy of Qishan Suocheng Historic Area in Yantai

Authors: Wang Jun　Qiu Ying　Wang Gang

摘 要 烟台奇山所城历史街区文化底蕴深厚、人文内涵独特、历史风貌完整，街巷、院落、建筑及民俗都具有重要的价值。本文通过梳理所城历史街区的演进历程和场所文脉，秉承"全面保护古城风貌、传承胶东民俗文化、延续传统生活气息"的主旨，提出"根植文化·空间激活"的保护与更新理念，为所城的发展提供一种全新的模式，从而提升区域活力，实现历史街区的全面复兴。

关键词 所城；历史街区；激活；策略

Abstract: Qishan Suocheng historic area in Yantai has deep cultural heritage, unique cultural connotation, historical style integrity, and its streets, courtyards, architecture, folk are of great value. Through the combing of the evolution process and place context of the historic area, the paper puts forward the concept of protection and renewal of 'rooted in culture · space activation', which is the theme of 'protecting the ancient city style, inheriting the folk culture of Jiaodong and continuing the traditional life atmosphere' for Suocheng's development to provide a new model, so as to enhance regional vitality, to achieve a comprehensive revival of the historic area.

Keywords: Suocheng; Historic Area; Activation; Strategy

作者简介
王 骏，东南大学建筑学院博士后，烟台大学建筑学院副教授
邱 瑛，烟台市城市规划编研中心，规划师
王 刚，烟台大学建筑学院，研究员

1 历史上的所城

烟台奇山所城，距今已有600余年的历史。明初，为防海上外敌，政府采用"筑小城建卫所"的军事防范策略，在全国各州县等重要地区设立卫和所。1398年在宁海卫辖区内设建"奇山守御千户所"，海防军事基地形成，此为所城的起源。明嘉靖《山东通志》中记载：所城"砖城，周围2里，高2丈2尺，阔2丈，门4，楼铺16，池阔3丈5尺，深1丈"（1丈=10/3 m，1尺=1/3 m）。城墙内侧建

有环形马道,城内十字街为主干道,布置有重要的公共性建筑。城内建有兵营区、操场区、粮仓区和指挥区(图1)。1655年,清政府裁撤卫所,后将其划归福山县,奇山所改称奇山社,原军籍者变为庶人,从事农工渔商。所城由军事防御转向居住生活,军用基地变为民用地,城内居民大兴土木、建造民宅,人口迅速增加,所城东西南北城门外渐次成村,称之为奇山社十三村[①]。

1861年,烟台开埠,外国资本势力入侵,西方近代城市的新技术、新观念一并移植,开拓了以烟台山为中心,沿海岸线向东的新城区。同时,大量劳力和商人涌入烟台,形成新的居民点,逐渐与奇山所城及天后宫集市连成一片[②],构成烟台最初的城区。这个时期所城内城墙上及城墙内外已遍布房屋,这里成为城市居住街区,城中安刘家族主要以经商和出租经营房产为业。1949年后,城墙、城门楼、牌坊及部分庙宇祠堂等公共建筑渐次被拆除,院落内部搭建渐多。1990年代以后,随着外来人口的入住,人口增多,奇山所城内的民居有一定程度的改造、拆除和重建。至今,其整体空间格局和部分明清传统民居建筑保存较好(图1)。

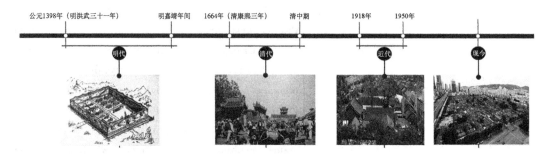

图1 奇山所城历史演变

2 文脉解读

2.1 地理位置

奇山所城历史街区位于烟台中心城区的烟台山至城际铁路南站的城市中轴线上,靠近港口和火车站,具有良好的可达性,北侧为城市主干道,西侧为城市文化中心、万达广场,具有一定的连运发展优势。2006年,其被授予山东省文物保护单位,占地面积为9.86 hm²(图2)。

2.2 整体格局

作为明代海防城堡的城墙、马道、十字大街的空间格局十分完整,十字大街将区域分成东南、西南、东北、西北四大片,院落式建筑布满其中(图3)。沿十字大街的住宅被改造成店铺,以东西大街的数量居多。城内整体上以一层传统院落建筑为主,历史风貌保存较为完整。在明代海防城堡的城墙中,西、南两侧均有基础残留。东城墙为1970年代以前建造的简易住宅楼;南城墙除城门楼地段的东西两段均保存有部分城墙基址,基址上方有清末至民国时期的民居若干,城墙下方亦有少量贴墙而建的民居建筑;西城墙南段保存有部分传统城墙基址,上方亦有风貌保存较为完整的清末至民国时期的民居院落四处。

图 2　奇山所城区位

图 3　奇山所城整体格局

2.3　街巷肌理

奇山所城由明初发展至今，城内共 22 条街巷，除组成环城马道的 8 条街巷和通向 4 座城门的大街外，4 个街区内部有 10 条街巷，大致呈东西向或南北向，多有丁字形相交，曲折复杂，有些不通。除了东门里北胡同因 1971 年建楼被占外，其他历史街巷留存至今，除少数变动，基本保持了原来的走向、尺度和历史风貌，仅名称有所改变③[1]。

2.4　民居风貌

整个街区由 200 余套居住型历史院落组成，并点缀有城隍庙、祠堂、私塾、寺庙，以及近代建设的 8 座二层楼房和大型民国风格的民居院落 1 座，建筑类型高度统一中又有所变化，建筑形制以清代传统四合院院落建筑为主，平面类型有四合院、二进四合院、分东西院的四合院等，大户型有三进四合院、复合型四合院等。除此之外，还有不少三合院。在城墙附近的一些狭窄地段处，甚至形成了面阔极窄或进深极短的二合院。大户型和小户型并存，类型丰富多样（图 4）。

图 4　奇山所城民居风貌

3　现实的困境

通过对所城街区的现状调研，可总结出目前街区中存在的一系列问题，其中以产权分散、配套匮乏、周边风貌较差、政策支撑不足这四大问题最为突出。

3.1 产权分散

所城街区除十字街两侧布置有商业外,其余大部分主要以居住功能为主,多为私人产权。由于受历史原因影响,同一个院落的房屋产权大多分属不同的产权人,大部分房产存在纠纷、抵押情况。目前街区内的房屋大多被外来流动人员租住,原住居民较少,有相当部分建筑处于闲置状态。产权分散、功能不统一导致修缮、改造的前期工作较多,且后期实施管理也面临较大的不确定性。

3.2 配套匮乏

街区内原住居民大都搬离,现主要以流动人口、外来务工人员为主,限于经济及能力问题,对于所住建筑的修缮与改造并无兴趣,导致居住环境每况愈下。几乎所有院落都存在问题:青砖黑瓦逐渐被现代板瓦取代;宽敞的四合院如今拥挤不堪,个人居住面积不足 10 m^2;房屋夏天漏雨潮湿,冬天取暖困难,烧煤是取暖的主要方式;危旧用房占比较高;建筑外墙采用水泥修补,门窗肆意更换,部分民居被私自改建、扩建,建筑风貌遭到破坏;商业外摆空间简陋凌乱,且环境很差;街道和院内院落私自搭建情况十分严重,影响街巷引导与通过;建筑外立面年久失修,失去原本风貌;公共空间较为匮乏,居民没有特定的休憩活动场所(图5)。

历史建筑破败　　公共空间私有化　　内部空间消极,品质较差　　乱搭乱建,秩序缺乏

垃圾乱堆放,环境差　　机动车乱停,不利于步行,配套设施不全　　搁置更新,条件很差　　拆除重建,居民被置换

图5 奇山所城街区现状

3.3 周边风貌较差

街区四周的环境对所城的整体眺望景观影响较大。其东侧和南侧是以 6 层住宅楼为主的现代居住街区,南侧有个别 8 层以上的小高层建筑,西侧有高达 200 m 的超高层建筑万达金融中心,北侧为城市主干道,除西北向的福建会馆外,道路北侧大部分为 6 层以上的公共建筑,对以奇山所城为中心的联系烟台山、塔山、毓璜顶的古城南北、东西轴线的历史视线走廊景观有较大影响。

3.4 政策支撑不足

目前烟台市的发展重点聚焦在南部新城，政府对于历史街区的更新发展缺少有效的政策支撑，主要体现在两个方面：一是没有足够的资金投入，街区内的基础建设项目难以开展。经有关机构测算，所城街区征收资金约3亿元，街区修缮、建设、配套资金约2亿元，安置房建设资金超过5亿元。在保障政府正常运行及经济社会重要项目发展以外，可机动使用的资金非常有限。二是在产业的招商引资上缺少相应的优惠政策，导致产业活力不足。同时由于所城历史街区的商业开发更多依托于文化、旅游、餐饮、住宿等行业，房地产开发等高回报行业较少，导致回报周期长，很难吸引社会资本的参与。

4 保护与更新模式探讨

规划设计要充分考虑到地段的现状特点，以传统街巷空间及历史建筑尺度为依托，将建筑及其周边空间环境和整个街区的历史文化背景作为一个整体来构思设计[2]。经过分析和推敲，秉持"全面保护古城风貌、传承胶东民俗文化、延续传统生活气息"的主旨，提出"根植文化·空间激活"的更新主题，对街巷进行梳理，置入公共空间，保留历史资源，优化公共设施，将地块与周边社区相融合，最终形成网状织补式的交通系统；以公共空间进行带动，构建社会公共空间网络，串联文化资源点，构建社区文化体验网络。具体规划策略如下：

4.1 功能定位

根据奇山所城历史街区风貌保护的需求，以及其在烟台旅游、文化发展和城市建设中的地位，奇山所城的功能定位以胶东民俗文化传承基地、传统生活居住和城市标志景观为主[3]。其中传统生活居住既是历史街区保护的要求，也是胶东民俗文化传承和旅游发展的需求。由此规划确定奇山所城历史街区"两环、四点、十字街"的整体功能结构。其中，两环是所城外环到所城内环的汇聚；四点是围绕文物建筑和历史建筑的四个植入空间，沿用原有场地的历史功能要素进行植入空间的串联，从而形成历史故事线索；十字街是延续原有的肌理进行新业态的重新调整。根据现有情况和场地需求，将奇山所城历史街区划分为七个功能分区：所城历史展示区、所城风情体验区、所城商业街、所城沿街展示广场、所城集市生活一条街、所城文化广场、所城接待中心。

4.2 空间置入

街区广场是容纳街区公共生活的重要空间。由于所城历史街区年代久远，公共空间明显不足，通过调研可知目前居民休憩、交往、娱乐的活动场所几乎没有。因此结合场地现状，一方面借助于街区原有的空间肌理对现有空间进行调整，通过梳理和恢复历史上的街巷空间、拆除障碍建筑以布置街头活动广场，建设以街巷空间串联街头广场空间的公共空间体系；另一方面根据街区的历史内涵进行选择表达，置入四个公共空间，形成不同的主题和场景，为街区居民提供交往和活动场所的同时，以公共空间进行带动，构建社区文化体验网络。同时布置公共设施以形成公共服务体系，通过功能联动，串联片区级公共服务设施节点，形成公共服务设施主轴，而主轴向四周延伸，从而形成资源共享带，带动区域发展（图6）。

图6 奇山所城规划总平面图

4.3 功能置换

为了更好地延续传统,实现文化的活态保护与更新,在功能业态的选择上设立门槛,采取传统文化与现代生活相结合的功能置换策略;在业态类型上对原有经营良好的进行保留,对经营较差和未经营但风貌破败的房屋进行回收,改造优化,加入新的商业业态,在业态规划上尽量考虑到均匀分配、业态互补。一方面,挖掘所城原有的非物质文化遗产以及传统的文化生活形态,如以绒绣、剪纸、面塑、年画等为代表的民俗博物馆和手工艺工作室等,将其整合到历史街区内并进行改造提升。另一方面,在街区已有的具备现代生活文娱功能业态的基础上,进一步引入具有较强灵活性和适应性的中小规模类型的文创、民宿、酒吧等,既便于后期的运营管理,也使得功能复合型的街区业态能够适应不同人群对历史文化的体验诉求和消费理解;既使传统的文化形态得到更好的延续与传承,也为现代都市的发展增添了时尚气息[4](图7)。

4.4 形态重构

物质形态的保护与更新是历史街区必须面对的问题。由于所城历史街区需保留和修复的历史建筑较多,因此在形态重构的维度上,需要通过对建筑采样及权重进行分析评估,对历史建筑进行详细设计。根据建筑保护类别进行评价,从保护传统空间格局出发,充分考虑现状和可操作性的原则,对所城历史街区的建筑提出修缮、维修改善、拆除和改造的保护更新模式。其中修缮是针对文物保护单位和历史建筑,遵循不改变原状的原则,以求如实反映历史遗存,个别构件可加以更换,修旧如故,以存其真;维修改善是该街区内存量最多的类型,主要针对已经被居民肆意改造、历史信息早已不明的一般历史建筑,通过类型学的方法整理并提炼出居住单元的基本原型,从而在最大程度上还原历史风貌建筑的真实状态,在此基础上拆除违章搭建部分,保持基本的院落空间格局及原有砖木结构形式,重点对建筑内部加以调整改造,配备市政设施,从而改善居民生活质量;拆除主要针对与传统风貌冲突较大的一般建筑、建筑质量极差和临时搭建的建筑,采取拆除后建绿地和公共空间的措施;对于改造类型的建筑,在保证整体风貌与历史街区协调的前提下,可以采用拆除墙面、增建玻璃窗,新增台地空间,增建围合栅格,增加附属空间等方式活化建筑,拓展使用功能,满足不同的需求(图8)。

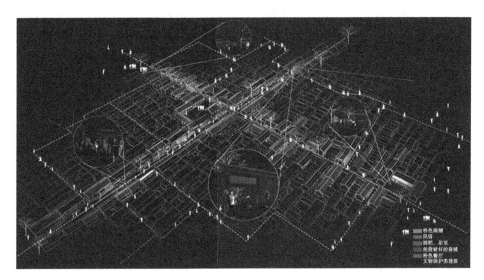

图7 奇山所城十字街规划业态

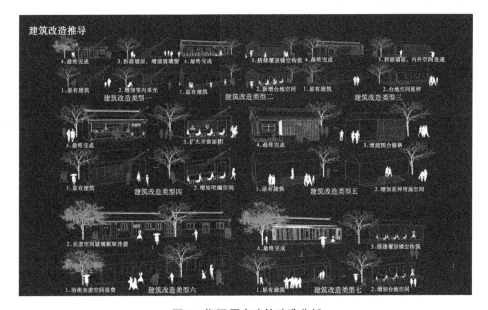

图8 街区历史建筑改造分析

4.5 实施策略

在历史街区的改造过程中,由于不同利益群体有不同的投入偏好,不同的改造政策、模式与背景等必然产生不同的改造绩效,而能否调动一切力量保护历史文化的价值决定了历史街区保护的制度韧性①[5]。在规划设计和实施建设的过程中,专家学者关注历史街区的文化价值,政府看重社会价值,而活化还需要引入开发商的资本,因此需要明确各级角色定位和优势特点,注重公平与效益。同时需要强调公众参与,在城市建设和发展中,本地居民的诉求越来越被重视。公众的参与和自主选择会使区域的建筑与形态发生变化,区域每一刻所呈现的状态便是最适合公众需求的。城市中的历史街区是居民较为集中而且大多生活较为贫困的区域,更新改造应该充分尊重本地居民的意愿,尤其是所城历史街区的老年人相对较为集中,应该在充分访谈、了解其真正需求的基础上,从医疗、健康、生活等方面考虑街区的建设,让公众作为区域发展的真正主人,自主地对区域最适合的形态进行选择。

5 结语

历史街区是一座城市最为完整、最为全面、最为真实也是最为珍贵的历史遗存与记忆,它记载了城市独特的历史、文化、建筑艺术发展的历程,表现了市民生活、工作和传统业态的形态,需要重新发现历史街区的价值,更需要发掘其中可以持续发展的商业模式和文化形态。现在对历史街区的保护、整治与更新需要以规划为基础,以孕育其中的历史文化为灵魂,还要全面、开放地迎接未来。人们的生活方式和风俗习惯依托于基本的规划引导,而规划又以历史文脉为思想根源,以未来的发展为基本导向。本文通过深入调研所城里的历史和现状,充分挖掘

图 9 奇山所城历史街区规划效果图

历史文化资源,在满足区域结构、交通、布局、基础设施建设及公共设施建设等基本前提下,通过采用功能定位、空间植入、功能置换以及形态重构等规划策略凸显所城的特色,延续城市文脉,提升区域活力,从而实现历史街区的复兴(图9)。

[本文为山东省社会科学规划研究项目(17DLSJ01)、山东省高等学校人文社会科学计划项目(J16YD01)]

注释

① 十三村系指奇山所城内四村,即东门村、西门村、南门村、北门村,城外有大海阳、中海阳、小海阳、仓浦村、世和村、西南村、上夼、所东庄和西南关。十三村人口近来自牟平、海阳、文登诸县,远来自高唐、聊城及河北、河南、东北等地。

② 奇山所城落成后,周边渔民在港湾集中捕捞,西南河下河口入海处的自然浅滩成为渔商聚集之地,并在河口东侧建海神庙,后扩建为天后宫,俗称大庙。西南河口逐渐成为港口活动中心,庙前大街也成为重要的交易场所。

③ 东门里街、西门里街和高家胡同并称为所城里大街;夏家胡同并入双兴胡同;傅家胡同、洪泰胡同并入南门里街;永发胡同、王家胡同并入北门里街;尚存的七条环城胡同在1973年被改称为"巷"。

④ "历史街区保护的制度韧性"是指,历史街区在受到外界干扰,急性的破坏或长期的、缓慢的损伤后实现更新改造的能力。

参考文献

[1] 李桓.关于烟台市所城里的保护性规划的基础研究[J].建筑学报,2016(S1):71-76.
[2] 张俊鹏.烟台历史文化街区保护开发中的微循环有机更新模式研究[D].济南:山东大学,2016.
[3] 上海同济城市规划设计研究院.烟台市奇山所城历史街区修建性详细规划[Z].上海:上海同济城市规划设计研究院,2014.
[4] 霍珺,韩荣.历史街区功能置换中公共空间的营造——以无锡市南长街为例[J].城市问题,2014(1):40-44.
[5] 袁奇峰,蔡天抒,黄娜.韧性视角下的历史街区保护与更新——以汕头小公园历史街区、佛山祖庙东华里历史街区为例[J].规划师,2016,32(10):116-122.

图表来源

图1至图3源自:笔者绘制.
图4源自:上海同济城市规划设计研究院.烟台市奇山所城历史街区修建性详细规划[Z].上海:上海同济城市规划设计研究院,2014.
图5至图9源自:笔者绘制.

东北亚视野下的辽宁地区线性文化遗产整体性保护策略

霍 丹 齐 康 肖新颖 孙 晖

Title: The Integrated Conservation Strategy of Linear Cultural Heritage in Liaoning Province from the Perspective of Northeast Asia

Authors: Huo Dan Qi Kang Xiao Xinying Sun Hui

摘 要 线性文化遗产作为一种文化遗产资源的集合，是重要的世界文化遗产类型。本文在东北亚视野下对辽宁地区线性文化遗产资源进行梳理，总结出历史水系、文化线路、辽东长城以及中东铁路（辽宁段）四种类型资源并剖析现状问题，进而提出辽宁地区线性文化遗产整体性保护与开发策略，以期促进辽宁地区历史文化资源发掘、自然生态保护以及经济全面振兴多赢目标的实现。

关键词 东北亚；辽宁；线性文化遗产；整体性保护

Abstract: As a collection of cultural heritage resources, linear cultural heritage is an important type of world cultural heritage. In the perspective of Northeast Asia, the linear cultural heritage resources in Liaoning Province are sorted out. This paper determines four types: the historical rivers, the cultural routes, the Great Wall and Middle East railway (Liaoning section). Then it analyzes current problems and puts forward the protection and development strategy of constructing Linear cultural heritage corridor network in Liaoning Province, so as to achieve the multi-win goal of promoting resources of historical culture, natural ecological protection and economic prosperity.

Keywords: Northeast Asia; Liaoning; Linear Cultural Heritage; Integrated Conservation

1 引言

线性文化遗产（Linear Cultural Heritages）是指"在拥有特殊文化资源集合的线性或带状区域内的物质和非物质的文化遗产族群，往往出于人类的特定目的而形成一条重要的纽带，将一些原本不关联的城镇、村庄等串联起来，构成链状的文化遗存状态，真实再现了历史上人类活动的移动，物质和非物质文化的交流互动，并赋予作为重要

作者简介
霍 丹，大连理工大学建筑与艺术学院，讲师
齐 康，东南大学建筑学院，教授
肖新颖，大连理工大学建筑与艺术学院，硕士研究生
孙 晖，大连理工大学建筑与艺术学院，教授

文化遗产载体的人文意义和人文内涵"[1]。线性文化遗产作为一种文化遗产资源的集合,因其强调线状各个遗产节点共同构成的文化功能和价值以及至今对人类社会、经济可持续发展产生的影响,成为当前世界文化遗产保护的重要类型。

线性文化遗产整体性保护的探讨自 1960—1970 年开始,在联合国教科文组织(UNESCO)的推动下在世界范围内陆续开展,直至 1980—1990 年进入系统、深入探讨时期,并在不同国家、地区及不同学科领域中产生了"文化线路""遗产线路""遗产廊道"等概念,指导各国类似遗产类型的保护与管理实践。如今线性、网络化形态的整体性保护观点,不仅已成为国际范围内公认的世界文化遗产保护途径,更是振兴地区经济、实现文化可持续发展的重要思路及未来新趋势。

在"一带一路"倡议的引导和"振兴东北"重大政策的背景下,本文在东北亚①视野下聚焦辽宁地区具有明显线性分布特征的遗产资源,在进行类型整理和剖析现状问题的基础上,结合先进保护理念提出辽宁地区线性文化遗产整体性保护与开发的建议,为促进东北历史文化资源发掘、自然生态保护及经济全面振兴提供新思路。

2 东北亚视野中的辽宁线性文化遗产构成

2.1 区位背景影响

辽宁地处亚欧大陆东岸,东北亚前沿的黄海、渤海北岸和辽河流域,其南部辽东半岛与山东半岛环抱渤海湾,西南与河北省接壤,西北与内蒙古自治区毗连,东北部与吉林省为邻,东南则以鸭绿江为界与朝鲜隔江相望。辽宁作为中国最北端的沿海省份,也是东北地区唯一的既沿海又沿边的省份,得天独厚的海陆交通区位使其从古至今一直是东北亚古代文明繁荣的中脊和前沿,是东北及东北亚区域的核心枢纽地带,在人类历史文明交流的舞台上显示出了深厚的积淀和鲜明的历史承继关系。

20 世纪,中国辽东半岛与山东半岛、朝鲜半岛及日本列岛调查与发掘的诸多原始社会遗址(如"陶舟"模型、巨型石网坠)、"细石器文化""红山文化"等均显示出年代一致及文化同源性,证明至少在距今五六千年以前的新石器时代中期,远古部族先民们就已借海陆交通便利性持续开展部族往来、迁徙、渔猎、农业、游牧等活动,开启了东北及东北亚环黄海、渤海地区的古人类文化交流。在进入社会历史时期后,辽东地区在海陆通道性区位的基础上进一步显示出了边界性特征。一方面,辽东地区在先秦至近代一直承担着中原北出塞外、沟通东北各少数民族地方政权、实行边域管理的重任;另一方面,由于古辽东境内中的原汉族系与乌桓族、鲜卑族、高句丽族、渤海族、女真族、蒙古族、满族等北方东胡族系、肃慎族系民族先后在这一带活动,各民族或合作或竞争,或冲突或交融,农耕文化、游牧文化以及渔猎文化在这里持续碰撞融合,因此,赋予了地理空间更为丰富的层次和内涵。在区位背景的影响下,辽宁地区自古作为多民族政权势力对抗、合作的军事要地,多元民族文化发展的沃土,以及保卫疆土完整的军事屏障,成为东北及东北亚海陆文明的核心交流区域,其域内文明形态在历史上发生着连续的、动态的变化,真实地反映出东北及东北亚各地区在历史上持续的文化、政治、经济交流,为多种类型跨地区、跨文化线性文化遗产的形成奠定了基础。

2.2 类型构成分析

本文在综合国内外各领域对欧洲文化线路、美国遗产廊道(区域)与历史路径以及我国线性文化遗产等类型遗产判别标准研究的基础上,通过对地方史志、历史地图和古籍文献的研究以及专家咨询,初步梳理出辽宁地区线性文化遗产的主要类型:历史水系、文化线路、辽东长城和中东铁路(辽宁段)(图1)。

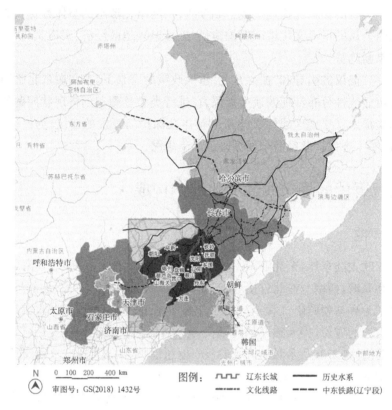

图1 东北亚视野中的辽宁线性文化遗产分布概况图

(1)历史水系

辽河流域作为辽宁历史发源地,孕育了博大精深的"红山文化""三燕文化""辽文化"等文化,在中国文明史的演进中起到不可替代的助推作用,是反映人类文明历史变迁的重要线性文化遗产资源。辽河河宽水急,自古即利于行舟。明清时辽河航运事业的开拓不仅极大地推动了辽东地区海、河、陆三位一体联运的空前繁荣,更加速了东北及东北亚地区文明发展的进程。官方、民间的各类物资自山东莱州(今蓬莱)、登州经渤海海运航行后,或直接登陆旅顺口进入陆路官道,或者由牛庄、营口等码头继续在辽河内河航运再转至东北腹地各城镇。沿河诞生了众多商贾重镇,与古码头、商埠等文化遗产共同记载了辽河两岸经济与文化发展的历程,具有重要的保护意义。

(2)文化线路

辽宁在进入社会交通阶段后因其特殊区位背景诞生了多种社会交通文化,展示了辽东大地波澜壮阔的历史格局和多姿多彩的民族风俗。本文试将这些历史交通线路分为辽东邮驿文化线路、东北亚商贸文化线路以及辽东历史专题文化线路三种类型。

辽东邮驿文化线路:我国古代邮驿系统伴随古代交通体系的发展已有3 000多年的历史,被视作我国古代文明的"国脉"[2]。辽东地区邮驿体系于辽、金、元三代建立完备,明清时期发展最为成熟与完善。在历代政权经营下,辽东地区路驿、水驿结合,驿站设置密集,形成了统一覆盖全东北的交通路线网,塑造了东北亚核心区域的主要干线。辽宁境内邮驿遗存以明清时期居多,据《寰宇通志》记载,明代"辽东都司境内的陆路有4条,水路有2条,驿站有35个",是目前遗存线索较为完整的历史线路。驿道与其沿线曾经肩负重任的驿堡、古驿道、烽火台等物质遗存,作为辽东军事防御体系的信息传递系统在历史上发挥了重要的作用,也成为辽东邮驿文化线路最鲜明的特征。

东北亚商贸文化线路:考古学界称之为"东北亚丝绸之路"或"东疆丝路",开启于公元前2000年前后部族方国"朝贡"活动,于明清兴盛并在新中国成立后展示出了新样态,是东北及东亚地区历史上最重要的国际经济贸易线路[3]。"东北亚丝绸之路不仅经过我国东北辽宁、吉林、黑龙江、内蒙古,并且经过包括库页岛在内的远东、蒙古、朝鲜半岛、日本。这段丝绸之路包括陆上丝绸之路、草原丝绸之路、海上丝绸之路。"[4]辽宁境内是这一线路的重要交通枢纽及交通节点。在历代朝廷恩赏与民间贸易的驱动下,各类商品交易、文化交流活动在辽东境内沈阳、辽阳、"丝关"开原等古城持续不断地展开,留下了大量如商号、市集、马店等与运输功能、经济功能相关的文化遗产,见证了东北及东北亚繁荣的经济、文化、科技交流。

辽东历史专题文化线路:本文认为在某一历史时间段内发生的以历史路径及相关遗迹为鲜明特征的重要军事、政治、文化、民俗等历史活动事件,应归为辽东历史专题文化线路进行专项研究。如秦始皇东巡辽海碣石文化线路,曹操北征乌桓军事文化线路,隋唐东征辽东军事文化线路,以《燕行录》为代表的朝鲜、日本朝贡文化线路,清帝东巡祭祖满族文化线路等[5]。这些专题线路从多元视角综合反映了当时的社会生活、生产水平及民族风俗等方面,具有重要的政治、历史意义,极具保护价值。

(3) 辽东长城

辽东长城史迹从公元前3世纪燕将"秦开却胡"开始,历经秦汉、高句丽、辽金至明代边墙,历代都有修筑。尤以燕秦汉长城和明代长城涉及地域广阔,体系完备而遗迹明确[6]。由于明代辽东镇作为"宁国首疆""京师左臂",曾是东北亚地缘政治格局视角中的华夏核心边疆,因此,明长城作为古代冷兵器时代的军事防御工程,在总体规划、选址布局、修筑结构、建造技术等方面均显示出了极高的研究和保护价值。

(4) 中东铁路(辽宁段)

中东铁路是我国东北近代工业遗产的重要组成,是近代东北亚地区日、俄侵略中国东北领土及东北人民反抗殖民统治的历史见证。作为我国跨区域、大尺度线性工业遗产的典型代表,中东铁路(辽宁段)完整体现了我国20世纪早期工业化及时代化进程。中东铁路(辽宁段)沿线留下了鞍山钢铁集团、本溪湖煤铁厂、旅顺船坞等国家工业遗产,以沈阳、大连等城市为代表的近代建筑遗产群以及近代铁路工程遗产等,体现了线性文化遗产的地理空间连续性、完整性以及历史背景与遗产功能相统一等鲜明特征。

3 遗产资源调查及现状和问题

3.1 遗产资源调查

整体性的遗产调查与研究在当前快速城镇化背景下具有抢救性的意义,为了发掘和保护辽宁文化遗产资源的综合价值,对线性文化遗产所包含的资源调查应建立在辽宁地区文化遗产资源全线普查的基础上。因此,本文对辽宁省文化遗产资源的分布情况进行了初步研究,以完成与文献研究结果进行相互验证。本文以《中华人民共和国文物保护法》中所列的"具有历史、艺术、科学价值的古文化遗址、古墓葬、古建筑、石窟寺和石刻壁画"为主要分类对象,根据辽宁省政府公开的文物保护单位名单等文献信息进行初步汇总。截至2017年年底,辽宁省内从史前至新中国成立前的时间范围内,国际级、国家级和省级物质文化遗产点为252处[7],国家级、省市级非物质文化遗产共248项②。进一步将遗产点进行数据登录,在通过与四个类型的线性文化遗产线路位置及走向进行对照后,发现辽宁省的物质文化遗产分布趋势呈现出带状聚集的表面形态,各类遗产点与线性文化遗产在地理位置上具有强相关性。遗产点整体分布连续性较好,与前文辽宁地区线性文化遗产起源与发展在地理空间中相互印证,也为辽宁地区文化遗产的整体性保护打下了良好的基础(图2、图3)。

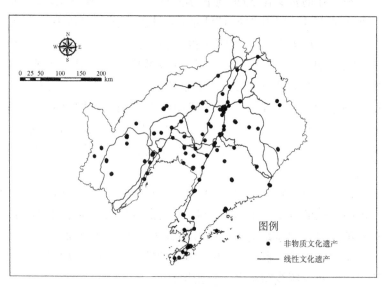

图2 辽宁非物质文化遗产与线性文化遗产之间的关系

图3 辽宁物质文化遗产分布与线性文化遗产之间的关系

3.2 现状和问题

为了极大限度地压缩时间成本,省际、城际高速公路、铁路等道路设施的建设快速发展,大大提高了生活效率,满足了快速城市化进程的需要。与此同时,历经岁月洗礼的各类型线性文化遗产正面临着不同形式不同程度的保护问题。第一,辽宁历史悠久、遗产资源丰富,在世界及我国文化景观遗产研究发展的带动下地区整体性保护理念逐渐加强,但近年来各种类型的线性文化遗产整体价值的探讨尚处于探索阶段。第二,线性文化遗产存在整体形象单薄、社会认知度低以及因结构受损而连续性缺失、辨识困难的问题。大量遗产单体如驿馆、驿城、烽火台、关隘等线路物质坐标因历史身份不明确而缺乏统一联系,在土地性质变化、土地开发建设的过程中逐渐破碎化、盆景化,这使得线性文化遗产的真实性和完整性受到严重威胁。第三,线性文化遗产跨尺度跨地区的特性为整体性保护的统一协调带来了难度。如辽东长城地跨省内30多个县市区,沿线历经丘陵、平原、山地等地貌,地质情况极为复杂,长城本体损毁残缺、保护维护不均衡以及修建性破坏的情况亦十分棘手。辽宁省历史城镇体系的发展与线性文化遗产的兴衰息息相关,沿线曾经繁荣昌盛的古城、古镇、村落,当前正面临因偏离新规划交通枢纽而陷入经济衰落、发展迟滞的窘境。因此,对辽宁省线性文化遗产资源实行整体性保护势在必行。

4 辽宁地区线性文化遗产整体性保护策略

4.1 东北亚视野下的辽宁线性文化遗产多维价值提升

科学认识辽宁线性文化遗产的价值是进行合理保护与再利用的前提。首先,应对辽宁地区线性文化遗产进行整体价值评价,挖掘其所承载的人类历史文明交流的记忆与地域文化认同功能,提升国土尺度层面的文化意义和历史价值。如文化线路类型可参考我国文化线路申报世界遗产相关研究的价值评估,结合地方实际将辽宁地区历史线路纳入东北亚广阔的地理范围和时空背景中,探讨其作为国际、国内文化线路资源重要组成的价值并予以评价,进一步推动线路的保护、管理和申报策略的制定等。其次,线性文化遗产构成要素的价值是其整体价值的基础,二者之间存在明显的整体与局部关系,互为有力支撑。因此,需要以历史、艺术、科学三大价值结合辽宁地区各类型线性文化遗产突出的主题性价值进行综合考量,从而完成遗产区域、街区、遗产单体等多个尺度的多维价值评价。许多因遗产单体保护级别低未予以重视而在线性文化遗产整体价值中成为关键证明的遗产点将得到身份认可和保护,已受到良好保护的遗产点的自身价值评述也可以通过线性文化遗产整体价值的确定得到提升和扩展。

4.2 结合生态保护与经济发展构建线性文化遗产廊道网络

遗产廊道作为"拥有特殊文化资源集合的线性景观,通常带有明显的经济中心、蓬勃发展的旅游、老建筑的适应性再利用、娱乐及环境改善等特征"[8]。其最显著的特征是作为一个综合的保护措施,注重保护与规划的整体性,将历史文化资源发掘、自然保护和经济发展三者并举。辽宁地区线性文化遗产类型丰富,历史文化价值十分突出,而从地理环境来看,各线性文化遗产沿线环境涵盖了省内山地、丘陵、平原、河谷及海滨等全部类型的自然风景资源,为遗产线路的接续提供了宝贵的生态基底,体现了生态价值和游憩开发价值。因此,引入遗产廊道理念,结合生态保护与经济发展构建辽宁地区线性文化遗产廊道网络,将为促进遗产保护与城乡绿色空间协调发展、共建人地和谐提供有价值的思路(图4)。遗产廊道的建立是以主题为线索划定廊道范围对构成要素进行判别、登录,进而完成价值评价及管理规划等工作,并将廊道空间分为绿色廊道、游步道、遗产点和解说系统[9]四个主要构成内容。辽宁线性文化遗产廊道网络的主题应在类型基础上结合考古领域研究成果及各领域专家意见,从不同角度总结特色主题线索并进行解读,形成呈现地域历史文化发展的多元化解说体系,进而实现文化的可持续发展(图4)。

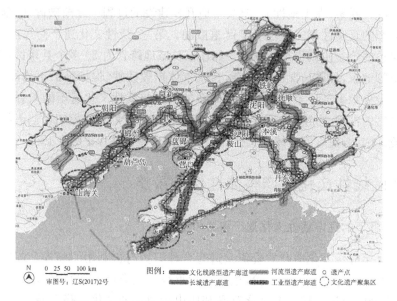

图4 辽宁线性文化遗产整体性保护概念规划图

4.3 建立辽宁线性文化遗产整体性保护机制

辽宁线性文化遗产整体性保护是大尺度跨地区的项目,不仅需要遗产穿越行政区管理机构之间的共识,更需要地区内部文物保护、建筑、园林、规划、旅游等多部门协调。成立地区联合遗产保护合作平台来构建整体性保护机制将起到积极的作用:一方面,可为各领域专家学者根据辽宁省线性文化遗产特点共同制定遗产认定标准及评价体系提供便利条件;另一方面,在区域联合的过程中积极发挥政府引导作用,建立相应的规划和管理机制,可使整体性保护项目的确立、规划及保护管理过程得到合理监督和法律保障,促进地区内外遗产保护、生态保育和旅游开发的统筹协调。历史上线性文化遗产沿线城镇的经济兴衰与线路本身的发展密切相关,可借鉴美国国家遗产廊道(区域)的政府与营利或非营利组织合作开发和保护的运作模式,促进公众参与,制定适用于本地的保护与经济开发利用策略,也可为当今辽宁地区城镇经济的振兴与发展带来新的契机。

5 结语

伴随世界范围内大型跨地区文化景观遗产的保护与研究的深入展开,我国对文化景观遗产的重视日益加强,丝绸之路、京杭大运河的成功申遗及整体性保护探索加深了对线性文化遗产的价值认识,为国内各地方线性文化遗产资源的保护与实践打开了良好局面。辽宁境内拥有历史水系、文化线路、辽东长城、中东铁路(辽宁段)四种类型的线性文化遗产,是我国拥有线性文化遗产类型最全面的地区之一,真实地反映出东北及东北亚地区人类文明发展历史上的文化、政治、经济交流。本文于东北亚广阔视野中对辽宁线性文化遗产的类型、分布及现状进行探讨,进而对构建辽宁地区线性文化遗产廊道网络提出初步建议,以期促进遗产保护、文化旅游资源发展、生态基础设施建设以及经济全面振兴多赢目标的实现。

[本文为教育部人文社会科学研究项目"东北地区历史遗产廊道构建研究"(16YJCZH032)]

注释

① 东北亚,是指亚洲的东北部地区,按地理位置的分布,包括俄罗斯的东部地区[滨海边疆区、萨哈林岛(库页岛)等地],中国的东北、华北地区,日本的北部与西北部,韩国,朝鲜以及蒙古国,即整个环亚太平洋地区。其广义的陆地面积超过1 600万 km²,占亚洲总面积的40%以上,有中国、日本、韩国、朝鲜、蒙古五国全境和俄罗斯远东沿海[10]。东北亚地区历史悠久,自古以来,陆海相连、毗邻而居的国家在经济上相互连接与依赖,在安全利益上相互交织,在文化上相近相通,尤其以中国汉文化对这个地区的影响最为深远,日本、朝鲜半岛都深受它的影响。

② 辽宁省非物质文化遗产保护中心提供。

参考文献

[1] 单霁翔.大型线性文化遗产保护初论:突破与压力[J].南方文物,2006(3):2-5.

[2] 单霁翔.从"文物保护"走向"文化遗产保护"[M].天津:天津大学出版社,2008:274.

[3] 佟大群.东北亚丝绸之路发展历程考察[J].学问,2017(1):85-89.

[4] 窦博.东北亚丝绸之路与中国"一带一路"战略(倡议)的拓展[J].人民论坛,2016(29):70-71.

[5] 王绵厚,朴文英.中国东北与东北亚古代交通史[M].沈阳:辽宁人民出版社,2016:27.

[6] 辽宁省文物局.辽宁省燕秦汉长城资源调查报告[M].北京:文物出版社,2017:6.

[7] 辽宁省文化厅.文物保护单位[EB/OL].(2016-01-01)[2017-12-30].http://www.lnwh.gov.cn/whjjx.html.

[8] FLINK C A, SEARNS R M. Greenways[M]. Washington:Island Press, 1993:167.

[9] 王志芳,孙鹏.遗产廊道——一种较新的遗产保护方法[J].中国园林,2001,17(5):85-88.

[10] 崔丕.东北亚国际关系史研究[EB/OL].(2018-08-20)[2019-04-23].http://mooc1.chaoxing.com/course/91461216.html.

图表来源

图1源自:辽宁省文物局.辽宁省明长城资源调查报告[M].北京:文物出版社,2017;杨正泰.明代驿站考(增订本)[M].上海:上海古籍出版社,2006;王绵厚,朴文英.中国东北与东北亚古代交通史[M].沈阳:辽宁人民出版社,2016;邵龙,张伶伶,邵珊.中东铁路工业文化景观资源系统整合与景观重塑[M].北京:中国建筑工业出版社,2016.

图2、图3源自:辽宁省非物质文化遗产保护中心提供的《辽宁省非物质文化遗产保护名录》;辽宁省文化厅.文物保护单位[EB/OL].(2016-01-01)[2017-12-30].http://www.lnwh.gov.cn/whjjx.html.

图4源自:笔者绘制。

文物保护规划与城乡规划体系的衔接研究

李 琛　苏春雨

Title：Study on the Connection between Conservation Planning for Cultural Relics and Urban and Rural Planning System

Authors：Li Chen　Su Chunyu

摘 要　在当前"多规合一"的背景要求下，为了使具有资源保护特性的专业规划——文物保护规划得以有效落地实施，同时起到指导文物保护规划编制的作用，本文开展文物保护规划与城乡规划体系的衔接研究。本文从概念阐述、衔接方式、衔接工作过程及衔接关系和重点衔接内容等方面进行研究和阐述，说明在文物保护规划的编制和实施过程中如何与城乡规划进行衔接，才能指导文物保护规划的编制，使两类规划对文物的保护工作达成统一认识，实现合力保护文物，促进城乡经济与文化协调、可持续发展的目的。

关键词　文物保护规划；城乡规划体系；衔接

Abstract：Under the background of 'multiple-plan coordination', in order to effectively implement conservation planning for cultural relics, which is a professional planning with characteristics of protecting resources, and as a guidance for compiling conservation planning for cultural relics, this article carries out research on connection between conservation planning for cultural relics and urban and rural planning system. With study and explanation on aspects of concepts, connecting ways and process, relationship, as well as key content, etc, this article explains how to connect conservation planning for cultural relics and urban and rural planning system in the preparation and implementation process. This article achieves the aims of guiding compiling conservation planning, unifying understanding of protection for cultural relics, realizing the purpose of protecting cultural relics together and promoting harmonious and sustainable development of urban and rural economy and culture.

Keywords：Conservation Planning for Cultural Relics；Urban and Rural Planning System；Connection

作者简介
李　琛，中国建筑设计研究院有限公司建筑历史研究所，副研究员
苏春雨，中国建筑设计研究院有限公司建筑历史研究所，高级城市规划师

1 引言

1.1 研究背景

"多规合一"是当前中央全面深化改革的一项重要任务。习近平总书记在2013年12月召开的中央城镇化工作会议上强调,"要建立一个统一的空间规划体系……一张蓝图干到底";空间规划是经济、社会、文化、生态等政策的地理表达,我国目前的空间规划主要包括城乡建设规划、经济社会发展规划、国土资源规划三大系列以及其他众多功能性规划[1]。

文物保护规划与城乡规划体系分属不同的行政管理部门,2016年发布的《国务院关于进一步加强文物工作的指导意见》明确指出,"加强文物保护规划编制实施。要将文物行政部门作为城乡规划协调决策机制成员单位,按照'多规合一'的要求将文物保护规划相关内容纳入城乡规划"。

国家文物局2018年1月发布的《全国重点文物保护单位保护规划编制要求(修订稿草案)》第二章"编制基本要求"中也提出保护规划要与相关规划内容进行衔接。为了使文物保护规划能够得以落地实施,文物保护规划在编制过程中应与各部门的相关规划进行衔接。而在众多部门规划中又与规划建设部门的城乡规划的衔接关系最密切,因此本文着重进行文物保护规划与城乡规划体系的衔接研究。

1.2 研究目标

本文从指导文物保护规划编制的角度出发,研究文物保护规划与城乡规划进行衔接的依据和操作方式。

1.3 概念阐释

1) 文物保护规划

文物保护规划是以《中华人民共和国文物保护法》和各类相关法规性文件为依据,对已公布保护等级的不可移动文物及其环境实现"整体保护"的具有纲领性意义的科技手段,其性质属于不可再生的"资源保护"专业规划[2]。文物保护单位保护规划是实施文物保护单位保护工作的法律依据,是各级人民政府指导、管理文物保护单位保护工作的基本手段①。文物保护规划的初步体例产生于1990年代中期,自2004年国家文物局发布《全国重点文物保护单位保护规划编制要求》开始就有了较为规范的技术体系,并在实践的过程中不断发展完善。

2) 城乡规划体系

本文所指的城乡规划体系是指由规划建设部门主管的规划类型,包括城乡规划,历史文化名城、名镇、名村及街区保护规划,传统村落保护发展规划,风景名胜区规划等专项规划。按照《中华人民共和国城乡规划法》第二条的规定:"本法所称城乡规划,包括城镇体系规划、城市规划、镇规划、乡规划和村庄规划。城市规划、镇规划分为总体规划和详细规划。详细规划分为控制性详细规划和修建性详细规划。"我国从19世纪后半叶开始引入城乡规划体系,已建立相对成熟的技术体系。

3）两者的关系

文物保护规划与城乡规划作为两个不同行政管理系统下的规划体系，其工作目标和立场等方面既有区别也有联系。

（1）在空间上发生联系

文物保护规划必然与实施于同一行政区域的城乡规划产生联系，两者出于不同目标进行各类空间资源策划，在土地利用、空间管控、交通联系等方面的措施都会产生相互影响。

（2）在文化内容上发生联系

历史文化保护规划是城乡规划编制内容的重要组成部分，文物保护单位通常是城乡历史文化资源的重要支撑，因此城乡规划与文物保护规划在文化资源保护方面的目标是一致的，在文物的保护与利用等方面的内容也应达成一致。

（3）规划层级对应发生联系

文物保护单位的规模大小差别巨大，既有规模较小的，也有跨区域、内涵丰富的大型文物保护单位，如长城、大运河等。一个大型文物保护单位的保护规划既有类似于城镇体系规划层级的全国和省级保护规划，也有类似于详细规划层级的针对单个构成要素的保护规划，如长城保护规划既包含全国所有长城的《长城保护总体规划》，也包含省内所有长城的《省级长城保护规划》以及省内单段长城的保护规划，这些规划涉及文物保护单位所在地城乡规划各个层级的相关内容。

需要强调的是，文物保护规划与城乡规划两者各自在体系内与上一层级和下一层级的规划互为上下位规划，各自体系里的下位规划应遵循上位规划，而两个体系相互之间无上下位规划关系。

1.4 衔接的方式

（1）关于纳入

"纳入"指将文物保护规划的强制性内容直接编入各级城乡规划的相关部分。《中华人民共和国文物保护法》第十六条②规定了该项内容，在编制城乡规划时要明确保护规划中的哪些内容是需要纳入城乡规划的，并且要明确纳入哪级规划。《全国重点文物保护单位保护规划编制要求（修订稿草案）》第七条明确规定："全国重点文物保护单位的保护区划与管理规定应纳入所在地的城市空间管制措施，其中建设强度控制要求应纳入城市控制性详细规划……与城乡建设用地发展方向相关的规划要求应纳入所在地的城乡规划。"

（2）关于协调

"协调"指在不影响保护需求的前提下，保护规划应尽量和各类城乡建设规划进行协调。协调内容包括保护区划边界与其他相关区划边界尽量协调一致，保护工作专项措施寻求相关规划的支撑，对影响保护需求的相关规划内容提出调整要求③。协调几乎涉及规划内容的各个方面。

2 保护规划编写过程中的衔接操作

2.1 衔接内容概况

本文按照国家文物局于2018年1月发布的《全国重点文物保护单位保护规划编制要求

(修订稿草案)》所规定的规划内容进行衔接研究,各部分内容的衔接方式详见表1。

表 1 保护规划各部分内容衔接说明

规划内容	衔接操作
(一)总则	协调
(二)文物概况	无
(三)价值评估	纳入
(四)保护对象	纳入
(五)现状评估	评估
(六)规划目标、原则与对策	参考
(七)保护区划与管理规定	纳入和协调
(八)保护措施	纳入
(九)环境规划	协调和参考
(十)管理规划	参考
(十一)利用规划	协调和参考
(十二)研究规划	无
(十三)规划衔接	说明衔接方式
(十四)规划分期	参考
(十五)经费估算	无

2.2 衔接工作过程说明

(1)规划编制和评审阶段

以全国重点文物保护单位保护规划的衔接工作过程为例,在规划编制初期收集城乡规划时,需要了解目前的审批阶段、审批单位和审批时间计划,明确相互之间的上下位关系、编制时序。在编制保护规划讨论稿时,按照表1所列出的内容和方式进行规划衔接。如存在多个法定城乡规划,在衔接操作中,对于规划内容出现的差异以上位规划为准。讨论稿编制完成后,在与地方讨论的过程中应征求包括规划建设部门在内的相关部门的意见,取得协调一致后,地方城乡规划委员会方可同意上报省级评审。省级评审时,按照《全国重点文物保护单位保护规划编制审批办法》第十七条要求,应当由省级文物行政部门会同建设规划等部门组织评审通过后,方可往国家文物局上报行政许可。文物保护规划各级评审汇报中应该阐明衔接的相关规划内容。

(2)规划公布实施阶段

文物保护规划由相应级别的政府公布后即生效,在城乡发展建设过程中应严格执行保护规划的相关内容。

以全国重点文物保护单位为例,在保护范围、建设控制地带内的建设项目在经所在地省级人民政府或地方规划建设部门批准前应征得国家文物局的同意,在审批程序上保障了文物保护优先。

2.3 规划衔接关系说明

(1) 按区位选择

按文物所在区位分类,不同区位考虑与不同的城乡规划内容进行衔接,并且衔接的侧重点也不同(表2)。

表2 不同区位文物保护规划衔接关系说明

规划类型	文物区位				
	城市建成区	乡镇建成区	城市开发区	农村腹地	郊野区
全国及省域城镇体系规划	◎	◎	◎		
城市总体规划	■●	●	■●	◎	◎
镇、乡、村庄规划及建设规划		■●	◎	■●	◎
控制性详细规划	■●	■●	■●		
修建性详细规划	■●	■●	■●		
城市近期建设规划	■	■	■	■	■
名城、名镇、名村、街区保护规划	■●	■●	◎	■●	◎
传统村落保护发展规划				■●	◎
风景名胜区规划				◎	●

注:■规划要求纳入;●重点协调;◎协调。

(2) 按规模选择

依据规划对象的规模及复杂程度制定不同层级的保护规划,衔接的城乡规划层级按照规划范围包含行政单位的层级和数量考虑,应与范围内所涉及的相应层级及上一层级的城乡规划衔接。城镇区域一般最小规划单位为控制性详细规划单元分区,乡村最小行政单位为行政村(表3)。

表3 不同规模文物保护规划衔接关系说明

规划类型	规模分级				
	国家级(长城、大运河等)	省级(超出地级市范围)	地级行政区(超出市县范围)	市县级行政区(超出镇范围)	镇级行政区(超出村范围)
全国及省域城镇体系规划	●	■●	●	◎	
城市总体规划	◎	◎	■●	■●	●
镇、乡、村庄规划及建设规划		◎	◎	●	■●
控制性详细规划			◎		■●

续表 3

规划类型	规模分级				
	国家级（长城、大运河等）	省级（超出地级市范围）	地级行政区（超出市县范围）	市县级行政区（超出镇范围）	镇级行政区（超出村范围）
修建性详细规划				◎	◎
城市近期建设规划			◎	◎	◎
名城、名镇、名村、街区保护规划	◎	◎	◎	■●	■●
传统村落保护发展规划				◎	◎
风景名胜区规划	◎	◎	◎	◎	◎

注：■规划要求纳入；●重点协调；◎协调。

2.4 文物保护规划衔接的重点内容

1）衔接内容概述

依据国家文物局 2018 年发布的《全国重点文物保护单位保护规划编制要求（修订稿草案）》所规定的内容，在保护规划编制过程中，涉及衔接的内容包括总则，价值评估，保护对象，现状评估，规划目标、原则与对策，保护区划与管理规定，保护措施，环境规划，管理规划，利用规划，规划衔接以及规划分期等，其中与城乡规划衔接较多的是现状评估、保护区划与管理规定、保护措施及环境规划的衔接。比较重要的衔接内容是价值评估与保护对象的衔接以及规划分期的衔接，前者是两类规划达成共识的基础，只有完整、全面地认识到文物的价值和构成才能在相关保护管理措施中进行合理衔接。规划分期的衔接有利于规划项目在资金和时间计划上的衔接，有利于项目的实施。下文对于衔接的重点部分进行论述。

2）保护区划的划定衔接

（1）文物保护规划的保护区划内容

文物保护规划的保护区划包括：保护范围、建设控制地带④以及环境控制区⑤。

（2）城乡规划的保护区划内容

城乡规划的保护区划包括历史文化名城、名镇、名村保护规划的核心保护范围和建设控制地带⑥，历史文化街区和历史建筑保护范围的城市紫线⑦，各类城市规划划定的城市地表水体保护和控制的地域界线——城市蓝线⑧，城市绿地系统规划划定的城市各类绿地范围的控制线——城市绿线⑨，传统村落保护发展规划划定的保护区⑩以及风景名胜区总体规划划定的一级保护区、二级保护区和三级保护区⑪。

（3）城乡规划中还可衔接的内容

在划定文物保护单位的保护区划时，还需要考虑与各类规划用地边界等线性数据的衔接，比如与城乡规划确定的绿地、水域、农田用地边界的衔接，以利于文物保护区划的管理实施。

（4）与保护区划的衔接操作

位于历史文化街区中的文物保护单位的保护范围和建设控制地带应按照保护文物本体完整性、安全性和保护文物景观环境和谐性（含不影响视觉景观）的要求进行划定，对于已有批准公布的历史文化名城保护规划或街区保护规划的，若街区的保护范围和环境协调区的控高能满足文物保护单位的环境和谐性要求,则可不再划定文物保护单位的环境控制区,按历史文化街区保护范围和环境协调区的控制要求进行管理即可。

对于涉及风景名胜区的文物保护单位,应充分了解风景名胜区分级保护范围的界线以及分级保护规定,包括开发利用强度控制要求和生态环境保护要求等内容。按照《风景名胜区总体规划规范(征求意见稿)》(2017年)的规定,风景名胜区的一级保护区(1999年发布的规范中还有特级保护区,此次修订将特级、一级保护区合并为一级保护区)为禁止建设区,二级保护区为严格限制建设区,三级保护区为控制建设区。在区划边界的衔接上,一级、二级保护区边界因保护对象的不同一般难以直接衔接,三级保护区可与建设控制地带或环境控制区进行衔接。

(5) 与空间管制规划的衔接操作

保护范围、建设控制地带分类也可与城乡规划中的空间管制规划内容相衔接,城乡规划中已确定的空间管制规划内容,包括禁建区、限建区等,依据其对建设强度控制要求的不同,可与文物保护规划中保护区划的划定及其分类相结合,为将文物保护区划的边界及建设控制要求纳入城乡规划提供了衔接的通道。保护范围一般可纳入城乡规划划定的"禁建区"[12],建设控制地带和环境控制区可纳入城乡总体规划划定的"限建区",安排的开发项目应符合全局发展要求,包括文物保护的要求。

地下文物埋藏区则应属于城乡总体规划划定的"限建区",要求在建设前进行考古工作。在《全国重点文物保护单位保护规划编制要求(修订稿草案)》中也提到,"在保护范围之外,有待考古确认的边界可划为文物埋藏区,并纳入建设控制地带或环境控制区的范围"。因此,地下文物埋藏区是"限建区"。

3) 管理规定衔接

文物保护规划、保护区划管理规定的制定,往往会考虑结合文物所涉及的相关规划内容来制订具体的限定和控制要求,从而使得保护区划的管理规定得以落实,一般包括以下几个方面的内容:

(1) 用地性质

用地性质的确定依据文物本体和环境的保护要求来确定,对于保护范围内的用地性质,文物本体分布区域的用地应尽量调整为文物古迹用地,保护范围内的其余用地应为不影响文物本体安全的用地性质,多数应该是非建设用地,包括绿地、耕地等,尽量避免建设用地。建设控制地带和环境控制区内应为不污染环境的用地性质,不能包括二类、三类工业用地。对于不符合文物保护要求的用地应提出调整建议,调整后的用地性质应纳入相关规划。

(2) 高度控制

建筑高度控制在满足文物环境协调的前提下,通过视线分析再结合现状建筑高度确定。同时,应与相关城乡规划中确定的建筑高度进行衔接,规划中要明确可采用的内容和需要调整的内容。对位于历史文化街区中文物建设控制地带的控高要求可以严于历史文化街区保护范围的控高要求。位于风景名胜区的文物,风景名胜区总体规划的分级保护规定一般均有利于对文物本体及环境的保护,因此文物建设控制地带及环境控制区的建筑高度控制可与之充分衔接。

(3) 容积率、建筑密度

当文物保护单位的建设控制地带和环境控制区位于城镇建成区或规划区内时,还应结合现状容积率、建筑密度以及文物保护要求确定合理的容积率和建筑密度,同时应与城镇控制性详细规划确定的容积率和建筑密度进行衔接,不符合文物保护要求的应提出调整要求。

（4）建筑风貌要求

对于文物保护单位保护范围内的保护展示设施,包括博物馆建筑、管理用房以及标识牌等,应提出与文物保护单位内涵相符合的要求,可以考虑规定色彩、屋顶形式、主要外立面材质等。保护区划范围内的其他建筑有新建、改建、扩建需求的,应结合文物所处环境中的传统建筑特征提出新建、改建、扩建建筑的风貌要求。

（5）生态保护

位于风景名胜区等有生态保护要求地带的文物保护单位,应将生态保护要求纳入文物保护规划建设控制地带和环境控制区的管理规定中,并且在历史环境要素保护规划中,从保护文物历史环境要素的角度衔接相应的生态保护要求。

4) 保护措施衔接

（1）本体保护措施

对于城乡规划中与文物本体保护直接相关的措施,可与之相协调,并将其纳入文物本体保护措施中,这有利于文物保护措施的实施,如对文物造成影响的水位的控制,以及对影响古墓葬、窑址类遗存的现代坟提出治理的措施等。

（2）防灾措施

防灾措施包括:防火、防洪、防震、防雷等措施。对于规划范围内有河流的文物保护单位,应提出防洪措施;对于有密闭空间、木构建筑、位于林区的文物保护单位,应提出防火、防雷措施;对于有地震威胁的文物保护单位,应提出防震措施。防洪设施可衔接规划范围所涉及的城镇、村庄规划中的减灾规划,还可参照《防洪标准》(GB 50201—2014)、《城市防洪工程设计规范》等技术规范提出防洪设施技术要求,并根据环境协调要求提出防洪设施的外观要求。

5) 环境规划衔接

（1）历史环境要素保护、生态环境保护

对于文物的历史环境要素包含山体、河流的,可与涉及山体、河流保护的相关城乡规划进行衔接,包括与风景名胜区规划中的风景保育规划要求相结合,与城镇总体规划中的水源地保护、水源涵养等规划要求相结合等。

（2）村庄及企事业单位迁并、居民社会调控规划衔接

对于文物保护规划范围内影响文物本体和环境的村庄及企事业单位的搬迁,应结合文物所在地的城乡规划进行,其中,企事业单位的搬迁可结合城镇总体规划所确定的产业发展及用地规划实施搬迁。对于村庄的搬迁,可依据城镇规划、风景名胜区规划所确定的村庄布局规划、搬迁规划来制订搬迁措施。具体来说,当文物保护单位处于风景名胜区范围内,可结合风景名胜区规划分级保护规定所确定的居民点搬迁要求,编制居民社会调控规划,以实现某个区划范围内的人口减少或无人口,达到保护文物本体和环境的目的。位于风景名胜区规划范围外的居民,制订居民社会调控策略时应与村庄布局规划相结合。

（3）环境整治衔接

当土地利用规划或城镇、乡村规划所确定的用地性质不利于文物本体和环境的保护时,应提出调整建议。一般将文物所在用地调整为文物古迹用地、文化资源保护用地或绿地等;

结合村庄、企事业单位的搬迁,将建设用地调整为绿地、林地或耕地等非建设用地;在城镇、乡村规划区,采用《城市用地分类与规划建设用地标准》(GB 50137—2011)、《镇规划标准》(GB 50188—2007)中的镇用地分类以及《村庄规划用地分类指南》;在非城镇和乡村规划区,采用国土部门制定的用地分类标准。

对于文物所处的村镇环境的整治,可结合美丽乡村规划中的村容村貌整治规划以及绿化美化工程,或者是村庄规划中的乡村环境整治工程,来提升文物环境的品质。

(4) 道路交通调整规划衔接

① 影响文物本体及环境的道路交通调整

文物保护规划中对于穿越文物分布区、对文物本体造成负面影响的现状或规划道路一般会进行调整,对于现状道路的调整内容为绕道取消或改为遗址区内部路,对于绕道方案应结合城乡规划所确定的道路规划方案来制订,对于周边没有规划道路的可参考《城市道路交通规划设计规范》(GB 50220—95)进行选线设计、规定道路宽度等。而对于城乡规划中穿越遗址的规划道路也应提出调整方案,纳入城乡规划执行。

对于没有穿越文物分布区,但是宽度过宽并无大量通行需求的现状或规划道路,为减小噪声干扰及车流干扰,应提出缩小宽度的调整建议。

② 交通调整需要考虑文物的利用需求

对于特别重要的文物保护单位,比如同时是世界文化遗产的全国重点文物保护单位,利用需求较大,可结合展示流线及游客疏散要求提出对周边道路的调整建议。

对于周边有高速公路而没有出入口的文物保护单位,也可以结合文物的展示利用需求和周边居民的出行需求,提出增设出入口的建议。

3 结论

"多规合一"是实现智慧城市、提高城乡治理能力的重要手段,文物保护规划与城乡规划体系的衔接是实现"多规合一"的重要环节,本文通过总结文物保护规划编制实施过程中与城乡规划的衔接研究,实现指导文物保护规划的编制,使得文物保护规划得以落地实施、文物切实得到保护,同时达到实现"多规合一"、提升城乡规划管理水平的目的。

[本文依据中国建筑设计研究院有限公司自立课题"文化遗产保护规划与城乡规划体系的衔接"(Y2016076)的部分内容写成]

注释

① 参见《全国重点文物保护单位保护规划编制审批办法》第三条。
② 《中华人民共和国文物保护法》(2017年修正)第十六条规定:"各级人民政府制定城乡建设规划,应当根据文物保护的需要,事先由城乡建设规划部门会同文物行政部门商定对本行政区域内各级文物保护单位的保护措施,并纳入规划。"
③ 参见《全国重点文物保护单位保护规划编制要求(修订稿草案)》第七条规划衔接要求:"(3)全国重点文物保护单位的本体与环境的主要保护措施与利用方式应与所在地的生态、土地、旅游等资源的综合保护与利用相结合。(4)涉及区域性的全国重点文物保护单位保护规划应与区域的社会经济发展规划相衔接。2.与不同管理部门相关规划的衔接:文物分布范围与政府公布的历史文化名城、名镇、名村、传统村

落、历史文化街区范围相重叠的全国重点文物保护单位，以及分布于风景名胜区、自然保护区、世界自然与文化遗产中的全国重点文物保护单位，在规划编制过程中应就全国重点文物保护单位的保护区划与其他相关规划区划之间的关联程度进行评估，制定专项衔接措施。"

④《中华人民共和国文物法（2017修正）》第十五条规定："各级文物保护单位，分别由省、自治区、直辖市人民政府和市、县级人民政府划定必要的保护范围……"第十八条规定："根据保护文物的实际需要，经省、自治区、直辖市人民政府批准，可以在文物保护单位的周围划出一定的建设控制地带，并予以公布。"

⑤《全国重点文物保护单位保护规划编制要求（修订稿草案）》在第二十一条还规定："建设控制地带之外仍有空间视觉景观控制要求的地带，可根据实际需要划定环境控制区。……在保护范围之外，有待考古确认的边界可划为文物埋藏区；并纳入建设控制地带或环境控制区的范围。"

⑥《历史文化名城名镇名村保护条例》第十四条第四款规定历史文化名城、名镇、名村保护规划应包含"核心保护范围和建设控制地带"的内容。

⑦《城市紫线管理办法》第二条规定："本办法所称城市紫线，是指国家历史文化名城内的历史文化街区和省、自治区、直辖市人民政府公布的历史文化街区的保护范围界线，以及历史文化街区外经县级以上人民政府公布保护的历史建筑的保护范围界线。"

⑧《城市蓝线管理办法》第二条规定："本办法所称城市蓝线，是指城市规划确定的江、河、湖、库、渠和湿地等城市地表水体保护和控制的地域界线。"第五条规定："编制各类城市规划，应当划定城市蓝线。"

⑨《城市绿线管理办法》第二条规定："本办法所称城市绿线，是指城市各类绿地范围的控制线。"第五条规定："城市绿地系统规划……应当……确定防护绿地、大型公共绿地等的绿线。"

⑩《传统村落保护发展规划编制基本要求（试行）》在第五部分"传统村落保护规划基本要求"第二条"划定保护区划"中写道："传统村落应整体进行保护，将村落及与其有重要视觉、文化关联的区域整体划为保护区加以保护；村域范围内的其他传统资源亦应划定相应的保护区。"

⑪《风景名胜区总体规划规范（征求意见稿）》（2017年）规定风景名胜区的分级保护范围包括一级保护区、二级保护区和三级保护区，分别遵循禁止建设、严格限制建设、控制建设的原则。

⑫ 2017年修订完成的《城乡规划基本术语标准》在"空间管制"部分规定"禁建区"为"在总体规划中划定的，为保护生态环境、自然和历史文化环境，满足基础设施和公共安全等方面的需要，禁止安排城镇开发项目的地区"，"限建区"为"在总体规划中划定的，不宜安排城镇开发项目的地区；确有进行建设必要时，安排的城镇开发项目应符合城镇整体和全局发展的要求，并应严格控制项目的性质、规模和开发强度"。

参考文献

[1] 王向东,刘卫东.中国空间规划体系:现状、问题与重构[J].经济地理,2012,32(5):7-15,29.
[2] 陈同滨.国家文化遗产保护规划概述[M]//中国文化遗产研究院.文化遗产保护科技发展国际研讨会论文集——中国文物研究所成立七十周年纪念.北京:科学出版社,2007:19-20.

图表来源

表1至表3源自:笔者整理绘制.

基于东亚视角对西南地区苗族传统聚落空间中自然观的研究

任亚鹏　王江萍

Title：Studies on the View of Nature in Traditional Settlement Space in Miao Ethnic Group in Southwest China from the East Asian Perspective

Authors：Ren Yapeng　Wang Jiangping

摘　要　传统聚落的保护与发展日渐成为城乡规划设计领域关注的热点,在业内也将尊重传统村落的空间形态纳入常规的统筹领域中。然而在不少的传统聚落改造过程中,也出现了因为一些规划、设计方法的陈旧以及认知层面的欠缺,或是将诸多源于西方现代城市的建设手法复制到了其中的现象。这致使不仅无法精确地提炼和描述所涉及聚落的空间形态与特征,而且破坏了其原有的面貌。本文以发源于我国、有着悠久历史、世界分布广泛的苗族所居住的传统聚落为研究对象,同时基于东亚地区历史的视角,结合日本相关类型研究,探讨我国先民对于自然、空间的认识,并运用于聚落营造中的过程及现状,认识其规律,旨在为后续相关的研究与建设提供参考,从而在尊重传统、有利于当下的前提下使其保存和发展。

关键词　苗族;传统聚落;道家思想;自然观

Abstract：The protection and development of traditional settlements have gradually become the hot spots of urban-rural planning and design. In the industry, respecting the spatial form of traditional villages has also been considered in the conventional overall planning. However, the duplication of modern city construction methods in the western countries occurs in the transformation of many traditional settlements due to obsolescence of planning and design methods and lower cognitive level. This leads to incapability to accurately extract and describe the spatial form and characteristics of the related settlement and damages to their original styles. With the traditional settlement of Miao Ethnic Group originating from China, with a long history and widely distributed in the world as the study object, this paper discusses the understanding of China's ancestors about the nature and space from the perspective of East Asian history and by combining with the settlement of relevant types in Japan, and applies it into the creation process and the status quo of the settlements so as to learn about the law contained in it. The purpose of this paper is to provide reference for the subsequent relevant studies and con-

作者简介
任亚鹏,武汉大学城市设计学院,副研究员
王江萍,武汉大学城市设计学院,教授

struction and enable the preservation and development of the settlements under the premise of respecting the history and bringing benefits to the current society.

Keywords: Miao Ethnic Group; Traditional Settlement; Taoism; View of Nature

本文是以"道家思想"中所蕴含的"自然观"对于我国传统聚落空间与建筑空间的形成有着重要影响的认知为前提,进而通过对以我国西南地区苗族传统聚落为例的空间实态发掘,反映有该种自然观具体表现的考察研究,希望明晰其特性、发展以及现状,并以从中获取其自然观的构成要素为目标。为此,列举以下三点背景:

(1)先前在经济发展过程中保护传承意识的薄弱,以及城市化进程的急速增长,导致诸多传统乡村改造中问题的出现。例如,经常会看到包括本文所探讨的苗族传统聚落在内,经过改造后虽然起到了一定的改善乡村经济的作用,但也使得传统聚落中的住民由于空间结构的大范围更迭,严重剥离出其传统习俗[1],而导致了城乡无差、千村一面的局面。

(2)传统聚落的固有景观是先人世代创造的历史遗存,也是蕴含文化习俗的有形载体。正如张良皋在其著作中所描述的那样,我国西南地区的一些传统村落在选址、建造等过程中保存有诸多先民对于宇宙、自然、空间的认识[2]。因此,我们对其进行考察可从中直接获得对于土地利用、空间感知、民俗信仰、历史变迁等珍贵信息[3]。同时,这些信息所包含的智慧能够为当下诸多研究提供启发。

(3)源于我国中原文化的儒道思想影响周遭至深,包括西南地区的少数民族在内,将其有用部分融入自身文化传承至今。以道家思想为例,不仅是与其有着深刻关系的"风水思想"在我国乃至东亚地区传统的城市规划、空间配置、建筑造型等方面有着深刻的反映[4];而且受道家思想中自然观的影响,在欧美的一些现代建筑设计当中道家思想也存有深刻的展现[5]。

1 既往研究

1.1 关于苗族传统聚落

(1)国内的苗族聚落

苗族是一个发源于我国,与楚文化有着密切关联,广泛分布于越南、美国、法国、澳大利亚、加拿大、阿根廷等世界各地的国际性民族[6]。国内苗族居住的传统聚落主要分布于广西、湖南、贵州三省(自治区),自然环境优美,境内沟壑纵横,山峦延绵,重崖叠峰。但苗族传统聚落为多山地形,交通不便,由于自然条件限制,经济相对落后[7]。相对于社会经济发展较早的汉族地区,苗族较多地遗存有对先祖、传统的记忆,较好地保留着较多的民间习俗,这些都是优秀的民族文化遗产。苗族的传统聚落注重围绕公共空间的规划,适应斜面地形进行空间合理布局,建筑采用干栏式木构建筑,强调景观共有的序列,体现了浓厚的地域特色,具有丰富的研究价值。

但因条件限制以及认识不足,对其研究的范围与深度有待提升。特别是近年来,部分过激开发模式的导入[8],也使得一些苗族传统聚落中的固有景观逐步消亡,甚至出现了个别为修建新型砖混设施,但未能获得批准,而私自焚毁原有木造的情况发生①。作为不可再生的文化财产，苗族传统聚落的保存与发展不可滥用或照搬他处之法，为此需要从其所具有的自然观谨慎研究。

（2）文化的传播与外延

站在东亚文化传播的视野上，有日本学者经研究认为，现处中国西南地区的苗族与被称为"倭族"的日本先民有着较深的关联[9]。经考证后的推测认为"倭族（弥生人）"从中国南方迁徙到日本列岛后依然延续了来自中国内地的稻作习俗，使用常见于中国南方的干栏式建筑（高床建筑②）[9]。史料显示，早期的倭族先民从地处日本西南的佐贺县唐津市登陆[9]，途经九州地区逐渐扩散至濑户内海沿线。此后濑户内海作为唐使和朝鲜通信使的必经之地一度繁荣，至今该地区仍有400余个斜面地村落[10]（图1）。

图1　日本濑户内海传统聚落风景版画

着眼邻国日本，其对于传统村落的各方面研究一直保有一种持续的热情，从意识形态、空间特征到保护政策以及发展策略都有着较高的参考价值。此外，从地势特征来看，日本国土的70%处于山地与丘陵上，因此"斜面地村落"的布局是一种常态[11]，同时对其特点的研究以及空间景观的营造是他们长期以来的重点方向[12]。

1.2　关于自然观

经过长时间杂糅形成的"儒释道"作为我国主流的哲学思想体系，一直影响着国人的自然观至今。然而，"自然"一词最早出现于代表"楚文化"精髓的道家思想经典著作《道德经》中[13]，其间共计使用五回，此外含有"自然"意味的语汇则更加众多。虽然"自然"一词含有多重意义，但"道家思想"认为"道"即"自然"，"自然的"万物遵从其法则而运行。

关于道家思想中所蕴含的自然观，陶思炎③认为"……道家主张重返自然才能得到天真、空灵、生动而又无拘无束。……象征山林、烟雨，空漾而去留无迹，强调的是自然的美好和内在功利"[14]。换言之，具有道家思想自然观的传统聚落和建筑之主要特征在于人工环境和自然环境的统一调和，而此种观点也可从象征古代中国人对自然认知的山水田园绘画④中得到进一步的确认[15]。

正如《道德经》第二十五章中的"人法地，地法天，天法道，道法自然"所言，在古代中国的城市规划、聚落营造、建筑设计中遵从和借助自然力量、寻求人与自然的共生是先人们一贯的法则。以"山水格局"这一规划的指导思想为例,古人是希望依山傍水而栖,将居住环境与山水等自然要素关联得更加紧密。而与自然观有着较为深刻关系的"风水思想"在形容择地环境良好时通常也会用到"山环水抱""背山面水""负阴抱阳"等词汇,事实上这些与现代社会所强调的"环境生态学"多有吻合[16]。总之,人类在接受大自然的恩惠时,大多会按照山水脉络来配置建筑物。下文中笔者所考察的依据地形条件兴建的两种吊脚楼,即我国的传统建筑在建造时基于自然环境考量的事例。这不仅是唯己所利,也含有维护自然的深意。

2 聚落的选定与概要

苗族的祖先"三苗九黎"早在春秋战国时期作为楚国民众主体的一支,深受"楚文化"影响[17],且较中原汉族而言,苗族的传统聚落及其至今沿用的半干栏式建筑具有更为原始的自然形态。因此为把握反映在聚落空间构成中的传统自然观,本文选择了两处苗族传统聚落作为考察对象。其中贵州雷山县陡寨(以下简称陡寨)为未开发苗族聚落,雷山县西江千户苗寨(以下简称西江苗寨)为已开发、有外来人口移居的苗族聚落。

(1)陡寨

陡寨位于相对海拔为 1 030 m 的山腰处,山体倾角为 45°—60°,整个聚落上下高差超过 200 m,现有 251 户、900 多人居住于此。该聚落因有较多长寿者,故被称为长寿村。该聚落的住居基本上都配置于山体上由两条小路分开的三块斜面部分,由于坡度极为陡峭,部分场所架有攀登用的梯子。这些住居均为依山而建的 2—3 层半干栏式建筑,一般具有 3 间以上的房间,同时半数以上的住居之屋顶为当地产杉树皮所制成,具有鲜明的地域特色(图2)。

图 2 贵州黔东南雷山县陡寨

(2)西江苗寨

西江苗寨为两山之间十几个自然村落连接所构成的特大型苗族传统聚落,其规模达 1 420 户、5 515 人之多,有"中国苗都"的称号。西江镇的相对海拔为 833 m,其地形是典型的川谷形态,白水河贯穿于整个聚落之中。聚落内主要住居群落布局于河川东北、西南

图 3 贵州黔东南雷山县西江千户苗寨

两侧的山体西坡上,也有小部分配置于河川西段西南岸的临水区域。上千栋半干栏式建筑沿山体斜面错落相叠,与周边大面积的梯田、森林共同形成了具有丰富层次的景观特征(图3)。

3 聚落的考察与分析

3.1 考察的类别

本文从聚落空间中能够反映自然观的空间要素中之民俗文化、立地环境、住宅建筑等方面进行了调查。(1)从"聚落的选址"考察发生期的自然观念,包括居民的构成、民俗信仰、择地条件等;(2)从"聚落的配置"考察形成期的自然观念,包括生产方式、路网关系、建筑配置、重要设施等;(3)从"聚落的建造"考察发展期的自然观念,包括建造施工、建筑材料、产业构成、聚落机能等;(4)从"聚落的保护"考察保全期的自然观念,包括周边环境、自然资源、保护措施等;(5)从"聚落的现状"考察存续期的自然观念,包括聚落现状与评价、发展状况等。

在对两个聚落进行比较考察时,本文以其中规模较大、调查项目较为细密的"西江苗寨"为例进行详细阐述。

3.2 聚落的选址

(1)陡寨

陡寨择址于陡峭的雷公山麓雷公坪东南侧的东北向山腰上,半干栏式吊脚楼建筑至上而下层叠延展。该聚落的居住者均为苗族原住民,2008年至今居民户数有所增加,但人数减少了近20人。其固有风俗保持完整,具有强烈的自然、图腾、祖先崇拜,信奉道教[18],传统的祭祀活动按照苗历举行。在此聚落中,"风水树"等具有风水思想的标志物明显,对于周边丰富的自然资源,住民有着较为广泛的利用。

(2)西江苗寨

西江苗寨择址于雷公山麓雷公坪西侧较为开阔的山谷河道处,广泛立地于其中的山脊、山腰、山脚等地形,形成围合的状态。该聚落95%以上的居住者为苗族原住民,2008年至今居民户数增加了近200户,人数也增加了约200人。其固有风俗保持完整,具有强烈的自然、图腾、祖先崇拜,其中以蝴蝶、牛、凤鸟为主,信奉道教。因旅游开发等商业活动,迁居至此的侗、汉等民族居民也遵循该地区习俗,主要的活动均按照苗历进行。虽然该聚落由多个

图4 鼓藏头的住所

自然村组成,但共同由负责祭祀活动的"鼓藏头"与负责生产工作的"活路头"两位世袭的首领所带领。其中尤以鼓藏头为重(图4),其居所被设置于聚落的最高点,意为最近于天。同时在此聚落中,"风水树"等具有风水思想的标志物明显,对于周边丰富的自然资源,住民有着较为广泛的利用。

由以上可见,相较于我国平原地区,苗族聚落用地的自然平地极少,多为交通不便、自然

环境自成一体的山林地区。这些聚落在择地之初,较为充分地考虑到人类生存发展所必要的阳光、空气、土地、水源、植被等自然条件与自然资源,并且事前招有巫师(风水师)进行过相应的观测[19]。然而一般来说,在风水考量上优质的场所于普通人的视点看来也多为周边自然环境优越的地点。为保证居住者对于优美环境的均等享有,在西江苗寨中可以发现,观察者在聚落内的任一途中甚至最高点,都较难欣赏到聚落整体的风景,可一旦进入某一住居的"堂屋"则有了极为开阔的视野,可以看到较为整体的

图 5　途中的风景

聚落风貌(图 5 至图 7)。由此可知该聚落的单个住居通过选址的交错来实现自然环境与人工环境的调和,使其达到居民对于自然景观的全员共有。

图 6　进入堂屋的风景

图 7　从堂屋中看到的风景

道家思想认为"无名,天地之始。有名,万物之母"(《道德经》第一章),即自然是万物的母体,因此人类作为其中之一,亲近自然是其与生俱来的共性。存在于自然之中的事物有着不可分割的依存的关系,建筑虽是人工的产物,却客观地反映着建造者的自然观念,因此使聚落内外有着优良的自然环境是人们对于自然的不变向往。

3.3　聚落的配置

(1) 陡寨

陡寨为自然发生的聚落,人为规划较少。聚落中的建筑沿地形配置,道路则依据建筑而设置。聚落内无宽幅的大路,以 1—3 m 宽的小路居多。其居民生活方式与自然紧密相连,以农林为主业,对于周边环境的破坏性影响较小。

(2) 西江苗寨

西江苗寨为自然发生的聚落,含有一定成分的人为规划因素(图 8)。在其形成之初该聚落的先民进行有"立中"⑤的活动(我国西南地区的部分聚落至今保有立中的习惯[20]),而后在不开山、不扩地的前提下,围绕立中这一既是地域的中心也是精神的中心,依照山势进行小规模工事并结合自然的地形来布局建筑。其中依照山体等高线与地势走向的配置为主要

形式，因此一栋栋前后错落的建筑形成了鱼鳞状的层叠形态附于山体之上（图9）。但不论是在山谷平地，还是在山腰斜面，甚至是落于山顶的住居建筑，大多将"退堂"开窗朝向立中的方向。而设置于聚落外围的散置建筑，在早年因兼有瞭望监视的功能，故其"退堂"开窗朝向多为背对聚落内部的状态。

由于是自然生成，故西江苗寨中的路网不具有明显的规律性，形似散落在地面的树枝，分为贯穿整体聚落的 5 m 左右的主路、次一级横纵延展的 3 m 左右的次路、分散连接各住居的 1.5 m 以下的小路这三种层级（图10、图11）。这种依据建筑而自然配置的道路网将各户住家紧密关联，同时因其主要利用建筑周边的零星空地，故而具有占地面积较少、施工劳作较少的特征。并且其自然形成的曲折变化使得人们在移动中能够感受到移步异境的体验。

图8　西江苗寨旧广场上的立中之木

图9　西江苗寨核心区域远景

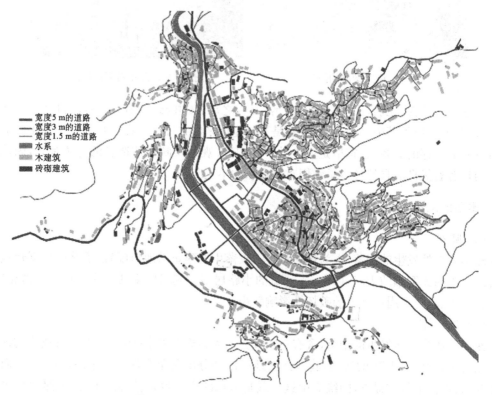

图10　西江苗寨道路、水系、建筑类型分布图

由以上可见,受调查的苗族传统聚落较我国其他传统的村镇在规划方面存在着一定的差异,既无具体的形态参照⑥,也无具体的边界限定,甚至不强调单户住居的规则,呈现出的是一种自然形成的状态。换言之,苗族聚落在最初形成时基本上为顺应当地环境而考量,与道家思想中"道常无为而无不为"(《道德经》第三十七章)所认为的人们实现自身意图时不应过度强求,须顺应和遵从自然的规律以求调和,有着高度的一致性。

图11　西江苗寨核心区域内道路状况

3.4 聚落的建造

（1）陡寨

陡寨的半干栏式住居在建造时采用苗族传统的木造技艺,有着对于土方的填挖工程量小、施工过程简单、建造时间短等特点。该聚落的建筑基本都设置在对于农业而言利用价值小的倾斜坡地上,同时采用当地的间伐材作为主要用料,包括屋顶在内也多采用本地杉树皮,除村委会等少量具有公共性质的建筑外都较少使用其他材料作为主材。因此聚落中建筑对于自然环境的影响较小,并与其有着紧密的结合。

（2）西江苗寨

西江苗寨的住居多为半干栏式建筑,由于该聚落是由十几个村落共同组成的庞大体量,故而其聚落在建筑用地与农林用地方面的配比为要点。在聚落外部,分布着主要的农田与林地。在聚落内部,建筑除设置在对于农业而言利用价值小的倾斜坡地上外,也较为充分地利用临水区域进行配置(图12)。建造时,多采用当地的间伐材作为主要用料,沿袭苗族传统的木造技艺与构建方式。其中的优点有:①苗族等西南少数民族在进行建造前均由经验丰富的匠人依据委托者的需求,并结合环境、习俗等条件进行构思,但无需制图,并且在建造时会召集乡邻共同出力,因此大大节省了营建步骤与工期;②半干栏式建筑较其他类型建筑更容易应对丰

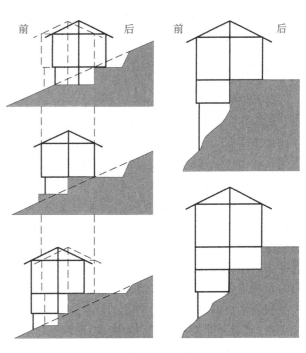

图12　建筑与缓坡地形的关系(左)、建筑与陡坡地形的关系(右)

富的地形变化,使对于基地的自由配置成为可能,客观上减少了对自然环境的改变;③基于山地建造的半干栏式建筑因其土方填挖量最小化,故在施工和用材方面达到了对资源的低耗处理,也使得建设速度迅捷;④半干栏式建筑的内部空间分割便利,易于对应多目的性使用,同时半开敞的空间形态既有助于住民间的交流,也有利于建筑空间与自然环境的交融。

历史上的民族战争导致大规模的迁移,使得大多数的苗族迁至山林地区居住。作为脱离了狩猎方式的农耕民族,为解决生产方面的地理限制必然对不利的自然条件进行改造。但对于古代的中国人来说大地是有生命的,如西汉刘向于《别录·小勤有堂杂钞》中认为,"凿山钻石则地痛,蚤虱众多则地痒";西晋张华在《博物志》中认为,"地以……石为之骨,川为之脉,草木为之其毛,土为其肉"。这些皆表明在古人的眼中,于自然界中而言草木犹如毛发,山石犹如骨骼,毛发取用后可再长,而伤筋动骨则不宜复原。这种观点与当今的"再生"与"非再生"颇有相似之处。西江苗寨也是秉承此种理念,活用当地固有的自然资源同时发展观光、农业、手工业等。但是近年来由于众多商业项目的导入以及外来人员的迁入,西江苗寨开始了大量的兴建事宜,如政务单位、博物馆、接待中心等均采用了现代工业材料作为主材,并伴随有大规模拓土开挖的场地扩建。同时有部分原住民为应对现代需求及扩大经营也将原有的木造住宅进行改建或重建,使之与砖混、钢构等结合使用。这些活动使得原有环境变得复杂,甚至出现自然环境恶化的倾向,但为了能够延续聚落的吸引力和文化价值,因此在总体把控方面当地人最终还是将人工景观与自然景观统合考量,力图协调发展。

由以上可见,人类对于自然的改造不仅是必要的,而且是不可避免的,但正如道家思想所认为的"持而盈之,不如其已;揣而锐之,不可长保"(《道德经》第九章)那样,没有节度的或过于激进的行为都有着适得其反的可能,因此苗族在对于聚落建造和发展这一问题上具有与传统一致的认识。

3.5 聚落的保护

(1) 陡寨

陡寨作为传统农林产业的聚落,周边自然环境优美,重视原生态与水环境保护,自发性地进行废弃物的分类处理,并有效地利用有机垃圾再循环。因其所固有的自然观念强烈以及现代社会环保意识的导入实施,所以现有的自然环境处于良好状态。

(2) 西江苗寨

西江苗寨原本作为传统农林产业的聚落,周边自然环境优美,重视原生态与水环境保护、聚落内部绿化建设,自觉性地进行废弃物的分类处理,并有效地利用有机垃圾再循环。该聚落在导入现代环保规范之前,还具有以下诸多特征:①包括建筑、道路甚至墓葬(图13)等建造物消耗资源最小化,减少对自然的损害;②结合"风水树""风水林"等传统信仰,在聚落内重视绿化,自觉地开展造林育林活动(图14),同时确保对于聚落外间伐材的合理利用;③重视借用自然的力量,如利用水力输送木材(图15)、利用合理排布建筑空间引导通风等传统手段;④着力保护水环境的清洁,在水源地设有专门的管理设施(图16),同时将排水污水系统分离,进行单独处理。

图 13　西江苗寨东引村路旁墓葬

图 14　西江苗寨羊排村的风水林

图 15　西江苗寨搬运木材的河流

图 16　西江苗寨中的水源地之一

由以上可见,苗族对于自然环境有着源于自身的较强保护意识。正如道家思想所言"天下有始,以为天下母。既得其母,以知其子;既知其子,复守其母,没身不殆"(《道德经》第五十二章),面对自然环境不断恶化这一人类共同的问题,需要能够认识到自然对于人类而言的根源与意义,方能从中寻找到循环往复的共生之道。

3.6　聚落的现状

（1）陡寨

陡寨作为自然风光优美和民族特色浓郁的传统农林聚落,于 2013 年被列入第二批中国传统村落名录,观光者逐渐增多,相应的管理措施有待进一步加强与落实。

（2）西江苗寨

西江苗寨为自然风光优美和民族特色浓郁的传统农林聚落和旅游景区,吊脚楼于 2005 年被列入首批国家级非物质文化遗产名录,西江镇于 2007 年入选第三批中国历史文化名镇（村）。其审美价值、文化价值、建筑价值等获得了多方面的关注与研究。面对大规模外来游客的涌入和建设开发,虽然有着《雷山县苗族村寨建筑建设指导性规范》《雷山民族旅游村寨和旅游景区、景点民族建筑建设强制性规范》等控制性法规,但由于相对于原先生活较新的日常需求激增,从而面临着管理模式和营造技术的革新。如何确保其固有的"虽由人作、宛若天开"之独特景观,还需更多关于传统聚落保护新思路与新方法的探索。

苗族作为一个自身崇尚自然的民族,也吸取了如道家思想等诸多源自中原的文化因子。对于聚落的建设、规划来说,道家的"无为"并不是不作为,而是与"开发性"不同的"约束性"。

例如，进行建造时不破坏水系、绿地等，并适当地在空间上留白等，基于自然的条件来合理地解决问题。同时在苗族人看来，人类只是构成自然的要素之一，怀着对自然的敬意在发展与利用时，以"无为"这种"约束性"的方法达到与自然耦合共存的目标。"天人合一"这一理念作为"人与自然共生"的最高境界，也正是如此体现。

4　总结

通过对以上两个聚落的现状调查（表1）与文献研究可以得出以下结论：

表1　陡寨、西江苗寨调查一览表

视点	调查地	
	陡寨吊脚楼群（贵州省雷山县）	西江苗寨吊脚楼群（贵州省雷山县）
调查年月	2009年8月、2010年10月	2009年8月、2010年10月
周边环境	山地丘陵多，有水系	山地丘陵多，有水系
民族类别	苗族	苗族等
民俗信仰	自然崇拜、祖先氏族崇拜、英雄崇拜、道教、神鸟、蝴蝶、牛、神鬼巫术	自然崇拜、祖先氏族崇拜、英雄崇拜、道教、神鸟、蝴蝶、牛、神鬼巫术
吊脚楼类型	依山型	依山型、少量滨水型
产业构成	农、林	观光、商、农、林、手工
主要调查范围内建材类型比例（截止日为初调日期）	木造　　80% 砖木混合　15% 砖瓦（含混凝土）　5%	木造　　60% 砖木混合　30% 砖瓦（含混凝土）　10%
地形切片及重要设施		
平面空间		
图底分层		

4.1 聚落的选址环境与自然观

苗族聚落的立地环境可以分为以下三种类：
(1) 布局于山脊、山腰的斜面类型；(2) 布局于山脚的平地类型；(3) 布局于水边的类型。通过对上述两处苗族传统聚落构成特征的总结,可发现反映在自然观方面的共通点如下所述：①选址的周围环境良好,延续传统风俗习惯,风水思想有着集中体现；②顺应地形条件配置聚落空间与建筑；③采用当地再生材料,建造时工程量小且快,对环境破坏小；④重视人工景观与自然景观存辅关系,协调发展；⑤对于自然环境的保护有相应的对策,可持续发展的意识较强等。

4.2 聚落与自然观的变迁

根据中国西南地区苗族传统聚落中所保有的关于"自然观"之特性,以及聚落变迁的过程,可以整理出以下认知：(1) 顺应自然,选择适合居住的场所；(2) 尊重自然,营造最初的聚落；(3) 适度地开发自然,创造自身必要的空间；(4) 保护自然,防止居住环境的恶化；(5) 与自然共生息,获得可持续的生存环境。虽然这一变迁过程与人们对事物认识的顺序有着一致性与共通性,但如图17所示,实际的变迁过程是集中于聚落中环境轴与人工轴之间的,共包含发生期、形成期、发展期、保全期、共生期。

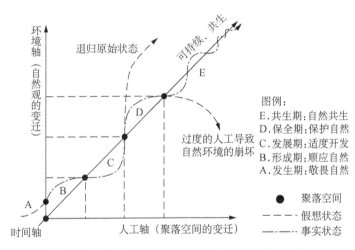

图17　苗寨中反映出的聚落空间与自然观变迁过程

这种传统自然观的变迁过程揭示了在开发行为中对于环境问题处理的方法与理念,对于传统聚落的持续发展有着指导性的作用。而其中道家思想的作用及影响也是重要和持续的,不论是古代的农耕社会,还是现代的半农业地区,其都有着较高的适应性。同时在具有此种观念的地域可以看到与自然共生的生态系统有明显的优势。

然而这一系列的自然观并非只是聚落空间中构成要素的单项叠加,而是具有高度相互依存关系并指导人与自然如何协调的连续性理论。其中对任何一环的轻视都将打破人与自然的均衡,并产生有碍发展的问题。正如在本文背景部分所提及的传统习俗和区域文化的消亡,即是由于对传统的自然观下所生成的生活环境之轻视而产生的结果。

5 展望与后续研究

在2012年日本东北地区发生地震后,曾有学者针对受灾地区的聚落迁移提出移至聚落内最高处利用斜面地的想法,他们认为在斜面地上配置梯田状的住宅,既可增强观海的视线,也不妨碍渔业生产并且有助于防灾[7]。该思路与本文的研究对象苗族传统聚落的地理布局有着高度的相似。基于日本传统高床住居与我国干栏式住居存有内在关联的前提,通过实地考察得知,特别是诸多现存于日本濑户内海的海岛聚落与我国西南地区苗族聚落有着地形与配置的相同之处,故希望在今后的研究中进行两者的关联思考。

[本文为第60批中国博士后科学基金项目(2016M602356),中央高校基本科研业务费专项资金项目(2042017kf0229);部分内容已发表于《风景园林》杂志2018年第11期]

注释

① 2009年11月笔者在贵州黔东南苗寨所见案例。
② 高床建筑,为日文中对于干栏式建筑等底层架空建筑的称呼。由于在住居环境演变的过程中逐步矮脚化,因此从形态上看,现代日本的高床建筑的架空部分空间较低,功能上基本丧失储物、养殖等功能。
③ 陶思炎,博士,中国民俗文化研究第一人,东南大学艺术学院教授、中国民间文艺家协会副主席、东南大学东方文化研究所所长;日本东北大学"外国人研究者";从事民俗、民族艺术、民间信仰、文物保护等方面的研究。
④ 据英国著名艺术史学家、汉学家苏立文(Michael Sullivan)研究,传统的中国山水画的起源与浪漫的楚文化及其子项道家思想有着继承发展的关系。
⑤ 古代中国人在聚落建造时,为进行基地定位会在选址的中心树立标记。甲骨文的"中"字标记,表示中心标记与用以测定风向的绳带。
⑥ 据研究,有大量古村落、城镇将对于具体事物的"象形"引入聚落形态的营造之中。
⑦ 参见2012年10月14日,日本产经新闻、关西评论《高台移転は自然の斜面利用をせよ!!》。

参考文献

[1] 赵秀忠.弘扬民俗文化促进新农村建设[J].湖南省社会主义学院学报,2009,10(1):81-84.
[2] 张良皋.巴史别观[M].北京:中国建筑工业出版社,2006.
[3] 陈昌勇.苗族和侗族传统聚落对国内住区设计的启示[J].华中建筑,2013(4):178-182.
[4] 任亚鹏.东曦:中日韩在华青年建筑师作品巡展纪要[M].北京:九州出版社,2015.
[5] 中国大百科全书总编辑委员会本卷编辑委员会,中国大百科全书出版社编辑部.中国大百科全书:建筑 园林 城市规划[M].北京:中国大百科全书出版社,1988.
[6] 李廷贵,张山,周光大.苗族历史与文化[M].北京:中央民族大学出版社,1996.
[7] 罗德启.中国贵州民族村镇保护和利用[J].建筑学报,2004(6):7-10.
[8] 车震宇,保继刚.传统村落旅游开发与形态变化研究[J].规划师,2006,22(6):45-60.
[9] 鸟越宪三郎.古代中国と倭族-黄河・長江文明を検証する[M].东京:中央公论新社,2000.
[10] 宫崎笃德.沿岸部斜面地聚落における公私境界の利用形態についての研究-瀬戸内海沿岸に点在する集落を事例として.内容の要旨[A].甲博文第6号,2010-03-23.
[11] 宫崎笃德.沿岸部斜面地集落の公私境界部における敷地利用形態について[C].第204回意匠学会研究例会,発表要旨,2010.

[12] 平井信夫.斜面都市における地域特性と整備課題[C].日本建筑学会大会講演梗概集F,1994.
[13] 刘笑敢.老子古今：五种对勘与析评引论(上卷)[M].北京：中国社会科学出版社,2006.
[14] 陶思炎.风俗探幽[M].南京：东南大学出版社,1995.
[15] 苏立文(Michael Sullivan).中国山水画の誕生[M].中野美代子,杉野目康子,译.东京：青土社,2005.
[16] 苏光麒,龙炳清,宗浩,等.论"风水"精华与生态环境保护[J].四川环境,2004,23(6):91-93,117.
[17] 石宗仁.苗族与楚国关系新论[J].中央民族大学学报(哲学社会科学版),1994(6):23-26.
[18] 刘泳斯.少数民族与道教信仰[N].中国民族报,2009-10-03.
[19] 李先逵.干栏式苗居建筑[M].北京：中国建筑工业出版社,2005.
[20] 张良皋.匠学七说[M].北京：中国建筑工业出版社,2002.

图表来源
图1至图9源自：笔者拍摄.
图10、图11源自：笔者绘制.
图12源自：李先逵.干栏式苗居建筑[M].北京：中国建筑工业出版社,2005.
图13至图16源自：笔者拍摄.
图17源自：笔者绘制.
表1源自：笔者根据调研资料绘制.

后记

2017年12月4—6日,"第9届城市规划历史与理论高级学术研讨会暨中国城市规划学会-城市规划历史与理论学术委员会年会"在南京东南大学召开。作为中国城市规划学会-城市规划历史与理论学术委员会会刊的"城市规划历史与理论"系列,既是每届城市规划历史与理论研讨会的论文集,同时也是中国城市规划学会的学术成果。

本届会议受到了社会各界的高度关注,收到了来自高校、研究机构、规划设计单位、规划管理部门等专家、学者的积极反馈,得到了来自地理学、经济学、政治学、管理学等相关学科学者的大力支持。本届会议共收到57篇会议论文,经专家组筛选,其中45篇入选为会议宣读论文。

本书由本届会议的24篇优秀论文编纂而成,所收录的论文基本反映了当前城乡规划界对"历史文化保护理论与实践""城市规划历史与理论"的思考。论文涵盖了"古代规划文化与思想""近现代城市规划""外国城乡规划演变与实践""城市空间形态研究""历史文化保护理论与实践"等具体议题。其中,既有对中国本土和国外城市理论与规划实践的研究,也有对中西城市规划互动影响的探讨;既有对中国城市整体空间的研究,也有对城市重要功能空间的研究;既有对中国古代城市规划的研究,亦有对近现代中国城市演变的分析等。

在《城市规划历史与理论04》付梓之际,谨代表编写委员会衷心感谢各方人士的支持。感谢会议的主办单位中国城市规划学会、东南大学建筑学院,感谢协办单位江苏省城市规划学会、江苏省城市规划设计研究院、南京市城市规划设计研究院有限责任公司、南京东南大学城市规划设计研究院有限公司、南京历史文化名城研究会和东南大学城乡规划与经济社会发展研究中心的大力支持,感谢在会议筹备和组织过程中给予热情关心和支持的各单位和同行专家们。

感谢王鲁民、张松、田银生等委员对会议征集论文的审查、推荐和建议,保证了该书中所载论文的学术性和代表性。

感谢东南大学出版社的编辑徐步政先生和孙惠玉、李倩女士,由于他们专业和高效的工作,该书才得以顺利地与读者见面。

感谢东南大学建筑学院的研究生们,如李朝、任小耿、王斐、仝梦菲等同学,他们从会议筹备、论文征集到论文校对、与论文作者联系等,均进行了认真的工作,给予了很大的帮助。

最后,还要感谢学术委员会各位委员和所有撰稿作者。当然,由于本书篇幅和主题所限,部分稿件未能收入书中,敬请作者谅解。

学术委员会将充分利用高端学术会议等平台,搭建多元化交流网络,不断推进立足中国本土的规划历史与理论研究,拓展对世界优秀规划理论和实践成果的研究与借鉴,为中国特色城乡规划理论体系的构建发挥支撑作用。

由于编者在认识和工作上的不足,书中不妥之处,望不吝批评指正。

董　卫　李百浩　王兴平

2018 年 12 月 8 日